PHYSIK

in Aufgaben und Lösungen

TEIL II: Wärmelehre - Elektrizität und Magnetismus - Optik - Struktur der Materie

von H. Heinemann, H. Krämer, P. Müller, H. Zimmer

3. Auflage

Fachbuchverlag Leipzig
im Carl Hanser Verlag

Dr. rer. nat. Hilmar Heinemann (Federführender)
Dr. rer. nat. Heinz Krämer
Dr. rer. nat. Peter Müller
Prof. Dr. rer. nat. Hellmut Zimmer

Die Deutsche Bibliothek – CIP-Einheitsaufnahme

Ein Titeldatensatz für diese Publikation
ist bei Der Deutschen Bibliothek erhältlich.

3. Auflage

ISBN 3-446-22253-7

Fachbuchverlag Leipzig im Carl Hanser Verlag

www.fachbuch-leipzig.hanser.de
Druck und Bindung: druckhaus köthen GmbH
Printed in Germany

Inhaltsverzeichnis Teil II

3. WÄRMELEHRE

1. Kalorimetrie, thermische Ausdehnung 8
   1. Stahlstab / 2. Stahlring / 3. Quecksilberbarometer
   4. Umwandlungswärme / 5. Eistemperatur / 6. Aluminiumquader
   7. Eisenkugel / 8. Zustandsbestimmung / 9. Destillationsapparat
   10. Tauchsieder / 11. Quecksilberstrahl

2. Wärmeausbreitung 20
   1. Verbundfenster / 2. Keramikplatte / 3. Eisblumen
   4. Etagenheizung / 5. Ziegelmauerwerk / 6. Wasserspeicher I
   7. Wasserspeicher II / 8. Eiskugel

3. Zustandsänderungen - Erster Hauptsatz der Thermodynamik 31
   1. Sauerstoffflasche / 2. Luftblase / 3. Druckluftbehälter
   4. Luftpumpe / 5. Ballon / 6. Calciumcarbonat / 7. Kreisprozeß
   8. Polytroper Prozeß / 9. Barometrische Höhenformel
   10. Zylinder / 11. Siedendes Wasser / 12. Entropieänderung von N_2 / 13. Luftballon / 14. Entropie von Wasser

4. Carnotscher Kreisprozeß 46
   1. Temperaturen / 2. Warmwasserheizung / 3. Dampfmaschine
   4. Nutzeffekt / 5. Maximalwerte / 6. Stadtheizung
   7. Kältemaschine / 8. Kühlschrank

5. Zweiter Hauptsatz der Thermodynamik 57
   1. Eisenstück / 2. Messingkugel / 3. Dachziegel / 4. Mischvorgang
   5. Rührwerk / 6. Gay-Lussac-Versuch / 7. Druckausgleich
   8. Wärmeleiter / 9. Zwei Luftmengen / 10. Mischentropie

6. Gaskinetik 67
   1. Geschwindigkeitsintervall / 2. Häufigste Geschwindigkeit
   3. Geschwindigkeitsverteilung / 4. Teilchenenergie / 5. Mittlere freie Weglänge / 6. Wegsumme / 7. Hochvakuumgefäß / 8. Gasdruck
   9. Teilchenstromstärke / 10. Saugvermögen / 11. Bedeckungszeit
   12. Adiabatenexponent

4. ELEKTRIZITÄT UND MAGNETISMUS

1. Gleichstromkreis 80
   1. Glühlampe / 2. Tauchsieder / 3. Generator / 4. Widerstände
   5. Anlasser / 6. Bügeleisen / 7. Vorwiderstand
   8. Vielfachmesser / 9. Meßanordnung / 10. Dreieck - Stern
   11. Masche I / 12. Masche II

2. Elektrisches Feld 93

1. Coulombkräfte / 2. Pendel / 3. Hochspannungsüberschlag
4. Kondensatorentladung / 5. Ladungsausgleich / 6. Sechs Kondensatoren / 7. Ladungsmessung / 8. Elektronenstrahl
9. Millikan-Versuch / 10. Aufsteigende Ladung / 11. Dielektrikum
12. Porzellanplatte / 13. Kondensatorpendel / 14. Zählrohr

3. Magnetisches Feld 110

1. Geschwindigkeitsfilter / 2. Luftspalt / 3. Kupferscheibe
4. Tangentenbussole / 5. Elektromotor / 6. Spiegelgalvanometer I
7. Spule ohne Streufeld / 8. Zyklotron / 9. Fernsehbildröhre
10. Massenspektrograph

4. Induktion 123

1. Eisenbahngleis / 2. Rotierender Stab / 3. Magnetfeldmessung
4. Generator / 5. Rotierende Spule / 6. Spiegelgalvanometer II
7. Spule im Wechselstromkreis / 8. Wechselfeld / 9. Induktivität
10. Ringspule / 11. Leiterrechteck / 12. Einschaltstrom

5. Wechselstromkreis 137

1. Parallelschaltung / 2. Reihenschaltung / 3. Drosselspule
4. Vorschaltkondensator / 5. Leistungsfaktor / 6. Resonanzfall
7. Reihenschwingkreis / 8. Hoch- und Tiefpaß / 9. Resonanzkurven

5. OPTIK

1. Reflexion, Brechung, Dispersion 150

1. Brewsterscher Winkel / 2. Refraktometer / 3. Prisma I
4. Planparallele Platte / 5. Prisma II / 6. Lichtleiter
7. Luftprisma / 8. Münze / 9. Achromat I / 10. Geradsichtprisma
11. Regenbogen

2. Dünne Linse 162

1. Formatfüllende Abbildung / 2. Fotoapparat / 3. Kleinbildkamera
4. Brillenglas / 5. Projektor / 6. Zerstreuungslinse I
7. Schattenprojektion / 8. Beliebiger Strahl / 9. Optische Bank
10. Besselsches Verfahren

3. Spiegel 174

1. Ebener Spiegel / 2. Hohlspiegel / 3. Rasierspiegel
4. Wölbspiegel / 5. Rückspiegel / 6. Objektverschiebung
7. Spiegelteleskop

4. Dicke Linse, Linsensysteme 183

1. Ersatzlinse / 2. Abstandsbedingung / 3. Beleuchtungseinrichtung / 4. Linsensystem / 5. Teleobjektiv I
6. Teleobjektiv II / 7. Zerstreuungslinse II / 8. Achromat II

5. Auge, optische Vergrößerung 196

1. Weitsichtigenbrille / 2. Alterssichtigkeit
3. Kurzsichtigkeit / 4. Sonnenbeobachtung / 5.Vergrößerungen
6. Leseglas / 7. Sonnenfinsternis

6. Optische Geräte 204

1. Lupe I / 2. Lupe II / 3. Normalvergrößerung
4. Mikroaufnahme / 5. Meßmikroskop / 6. Mikroskop / 7. Schülermikroskop / 8. Prismenfeldstecher / 9. Astronomisches Fernrohr
10. Fernglas / 11. Theaterglas / 12. Opernglas
13. Kollektivlinse

7. Interferenz und Beugung 223

1. Schallwellen / 2. Lautsprecher / 3. Beugungsbild
4. Gitterbreite / 5. Überlappungsfreier Bereich / 6. Gitterdimensionierung / 7. Reflexionsgitter / 8. Satellitenkamera
9. Laserlichtbündel / 10. Seifenblase / 11. Newtonsche Ringe
12. Tolansky-Verfahren

6. STRUKTUR DER MATERIE

1. Welle-Teilchen-Dualismus 238

1. Photonenzahl / 2. Gamma-Quant / 3. De-Broglie-Wellenlänge I
4. De-Broglie-Wellenlänge II / 5. Wellenlänge-Energie-Funktion
6. Photoelektronen / 7. Wellenlängenbereich / 8. Compton-Effekt I
9. Maximale Energieänderung / 10. Compton-Effekt II

2. Atomhülle 249

1. Balmerserie / 2. Li^{++}-Radius / 3. He^{+}-Linie
4. Hauptquantenzahlen / 5. Li-Linie / 6. Na-D-Linie / 7. Rubidium
8. Elektronenkonfiguration / 9. Anodenmaterial / 10. W-Röntgenstrahlung / 11. K-Alpha-Strahlung / 12. Abschirmkonstante
13. Li-Röntgenübergang

3. Quantenmechanik 263

1. Kasten mit unendlich hohen Wänden / 2. Lichtquant
3. Harmonischer Oszillator / 4. Klassischer harmonischer Oszillator / 5. Elektron im Kastenpotential / 6. Erbse
7. Ein Zustand / 8. Alpha-Zerfall

4. Atomkern 275

1. Präparat-Alter / 2. Aktivität / 3. Neutronenstern
4. P-Nuklide / 5. Bindungsenergie I / 6. Bindungsenergie II
7. C-N-Umwandlung / 8. Li-He-Umwandlung / 9. Lebensdauer der Sonne / 10. Weltmeere / 11. Stern-Energie / 12. Altersbestimmung
13. Kern-Rückstoß / 14. Rückstoßenergie

Inhaltsverzeichnis Teil I

1. MECHANIK
   1. Bewegung auf einer Geraden
   2. Bewegung in der Ebene
   3. Bewegungsgleichung
   4. Arbeit, Energie, Leistung
   5. Impulserhaltungssatz
   6. Bewegung im Zentralfeld
   7. Statik
   8. Rotation starrer Körper
   9. Beschleunigtes Bezugssystem
   10. Spezielle Relativitätstheorie
   11. Äußere Reibung
   12. Verformung fester Körper
   13. Ruhende Flüssigkeiten und Gase
   14. Strömung der idealen Flüssigkeit
   15. Strömung realer Flüssigkeiten

2. SCHWINGUNGEN UND WELLEN
   1. Harmonische Schwingungen
   2. Gedämpfte Schwingungen
   3. Erzwungene Schwingungen
   4. Wellenausbreitung
   5. Schallwellen

3. WÄRMELEHRE

3.1.1. Stahlstab

Ein beiderseits fest eingespannter Stahlstab (Querschnittsfläche A, Elastizitätsmodul E) kühlt sich um die Temperaturdifferenz ΔT ab.

a) Welche Zugkraft F entsteht?

b) Zerreißt der Stab? (Ist die Zugspannung σ größer als die Zerreißspannung σ_B?)

$A = 1{,}0\ \text{cm}^2$ $\quad \Delta T = 80\ \text{K}$ $\quad \alpha = 11{,}0 \cdot 10^{-6}\ \text{K}^{-1}$

$E = 21{,}5 \cdot 10^4\ \text{MPa}$ $\quad \sigma_B = 1{,}0 \cdot 10^3\ \text{MPa}$

---

a) Thermische Kontraktion:

$$l = l_0(1 + \alpha\vartheta) = l_0 + \Delta l$$

$$\Delta l = l_1 - l_2 = l_0\alpha(\vartheta_1 - \vartheta_2)$$

$$l_0 \approx l \qquad \vartheta_1 - \vartheta_2 = \Delta T$$

$$\frac{\Delta l}{l} = \alpha\,\Delta T$$

Elastische Dehnung auf die ursprüngliche Länge:

$$\frac{\Delta l}{l} = \frac{\sigma}{E}$$

$$\frac{\sigma}{E} = \alpha\,\Delta T \qquad \sigma = \frac{F}{A}$$

$$F = \sigma A = \underline{EA\alpha\,\Delta T} = \underline{\underline{19\ \text{kN}}}$$

b) $\sigma = \underline{E\alpha\,\Delta T} = \underline{\underline{189\ \text{MPa}}} < \sigma_B$ Der Stab zerreißt nicht.

3.1.2. Stahlring

Ein dünnwandiger Stahlring (Elastizitätsmodul E, Zerreißfestigkeit σ_B, linearer Ausdehnungskoeffizient α) soll auf eine Welle vom Durchmesser d aufgeschrumpft werden. Dabei soll die in dem Ring auftretende Spannung $\sigma = 0{,}3\ \sigma_B$ betragen.

a) Wie groß ist der Innendurchmesser d_0 des kalten Ringes vor dem Aufschrumpfen?

b) Wie groß muß die Temperaturdifferenz ΔT zwischen Ring und Welle mindestens sein, damit der Ring sich aufschrumpfen läßt?

Der Ring ist wie ein gerader Stab zu behandeln.

$E = 2{,}2 \cdot 10^5$ MPa $\qquad \sigma_B = 687$ MPa $\qquad \alpha = 12 \cdot 10^{-6}\ K^{-1}$

$d = 40{,}000$ mm

---

a) Elastische Dehnung:

$$\frac{\Delta l}{l_0} = \frac{\sigma}{E}$$

$$l_0 = \pi\, d_0$$

$$\Delta l = \pi\, \Delta d$$

$$\sigma = 0{,}3\ \sigma_B$$

$$\frac{\Delta d}{d_0} = \frac{0{,}3\ \sigma_B}{E}$$

$$\Delta d = d - d_0 = \frac{0{,}3\ \sigma_B}{E}\, d_0$$

$$d_0 = \frac{d}{1 + \dfrac{0{,}3\ \sigma_B}{E}}$$

Wegen $\frac{0{,}3\sigma_B}{E} = x \ll 1$ gilt $\frac{1}{1+x} = 1 - x + \ldots$, und es wird

$$d_0 = d - \frac{0{,}3\ \sigma_B}{E}\, d = 39{,}963 \text{ mm}.$$

b) Thermische Ausdehnung:

$$l = l_0(1 + \alpha\vartheta) = l_0 + \Delta l \implies \Delta l = l_0 \alpha\, \Delta\vartheta\ ; \quad \frac{\Delta l}{l_0} = \frac{\sigma}{E}$$

$$\Delta\vartheta = \Delta T = \frac{0{,}3\ \sigma_B}{\alpha E} = 78 \text{ K}$$

3.1.3. Quecksilberbarometer

Ein Quecksilberbarometer ist bei $\vartheta_0 = 0\ ^\circ C$ geeicht. Bei der Temperatur ϑ_1 wird der Luftdruck p_1' abgelesen.
Bestimmen Sie den wirklichen Wert des Luftdrucks p_1, der sich bei Berücksichtigung der Dichteänderung des Quecksilbers ergibt!

Volumenausdehnungskoeffizient des Quecksilbers: $\gamma = 181 \cdot 10^{-6}\ K^{-1}$

$p_1' = 1024,7$ hPa $\qquad \vartheta_1 = 28,5\ ^\circ C$

Zusammenhang zwischen Druck p und Höhe h der Quecksilbersäule:

$$p = \rho g h$$

Wegen $\rho = \frac{m}{V}$ ist

$$\frac{\rho}{\rho_0} = \frac{V_0}{V} = \frac{1}{1 + \gamma\vartheta}$$

$$\rho = \frac{\rho_0}{1 + \gamma\vartheta}$$

$$p = \frac{\rho_0 g h}{1 + \gamma\vartheta}$$

Abgelesener Druck p_1' beruht auf Umrechnungsfaktor bei $\vartheta = 0\ ^\circ C$:

$$p_1' = \rho_0 g h$$

Richtiger Druck p_1 wird mit Umrechnungsfaktor bei ϑ_1 bestimmt:

$$p_1 = \frac{\rho_0 g h}{1 + \gamma\vartheta_1}$$

$$p_1 = \frac{p_1'}{1 + \gamma\vartheta_1} \approx p_1' - \gamma\vartheta_1 p_1'$$

$$p_1 = 1019,4 \text{ hPa}$$

3.1.4. Umwandlungswärme

Eis der Masse m und der Temperatur ϑ_A soll so viel Wärme zugeführt werden, daß es zunächst schmilzt und anschließend die Hälfte des Wassers verdampft.
Welche Wärme Q muß zugeführt werden?

$m = 2{,}0$ kg $\quad \vartheta_A = -8\ ^\circ C \quad c_E = 2{,}09$ kJ/(kg·K)

$q_f = 332$ kJ/kg $\quad q_d = 2{,}26$ MJ/kg $\quad c_W = 4{,}19$ kJ/(kg·K)

$$Q = m[c_E(\vartheta_0 - \vartheta_A) + q_f + c_W(\vartheta_S - \vartheta_0) + \frac{1}{2} q_d]$$

$\vartheta_0 = 0\ ^\circ C \qquad \vartheta_S = 100\ ^\circ C$

$Q = 3{,}80$ MJ

3.1.5. Eistemperatur

Eis (m_E) wird in siedendes Wasser (m_W) gebracht. Die Mischungstemperatur ist ϑ_M. Als Kalorimeter dient ein Thermosgefäß, dessen Wärmekapazität zu vernachlässigen ist.
Welche Temperatur ϑ_E hatte das Eis?

$m_E = 100\ g$ $\quad m_W = 500\ g$ $\quad \vartheta_M = 69\ ^oC$

$c_E = 2{,}09\ kJ/(kg \cdot K)$ $\quad q_f = 332\ kJ/kg$ $\quad c_W = 4{,}19\ kJ/(kg \cdot K)$

$$\Sigma Q_{ab} = \Sigma Q_{auf}$$

$$m_W c_W(\vartheta_S - \vartheta_M) = m_E c_E(\vartheta_0 - \vartheta_E) + m_E\ q_f + m_E c_W(\vartheta_M - \vartheta_0)$$

$$\vartheta_E = \vartheta_0 + \frac{m_E q_f + m_E c_W(\vartheta_M - \vartheta_0) - m_W\ c_W\ (\vartheta_S - \vartheta_M)}{m_E c_E}$$

$$\vartheta_E = 0^oC - 14\ K = -\ 14\ ^oC$$

3.1.6. Aluminiumquader

Ein auf die Temperatur ϑ_A erwärmter Aluminiumquader mit der Dichte ϱ_A und den Kantenlängen l, b, h wird in Wasser (m_W, ϑ_W) gebracht. Es stellt sich eine Ausgleichtemperatur ϑ_E ein. Das Kalorimeter hat die Wärmekapazität C.
Wie groß ist die spezifische Wärmekapazität c_A des Aluminiums?

$\vartheta_A = 100\ ^\circ C$ $\quad \varrho_A = 2{,}72\ g/cm^3$ $\quad l = 5{,}0\ cm$ $\quad b = 4{,}0\ cm$

$h = 2{,}0\ cm$ $\quad m_W = 200\ g$ $\quad \vartheta_W = 17{,}0\ ^\circ C$ $\quad \vartheta_E = 24{,}1\ ^\circ C$

$C = 209\ J/K$ $\quad c_W = 4{,}19\ kJ/(kg \cdot K)$

$$\Sigma Q_{ab} = \Sigma Q_{auf}$$

$$m_A c_A (\vartheta_A - \vartheta_E) = (m_W c_W + C)(\vartheta_E - \vartheta_W)$$

$$m_A = \varrho_A lbh$$

$$c_A = \frac{(m_W c_W + C)(\vartheta_E - \vartheta_W)}{\varrho_A lbh(\vartheta_A - \vartheta_E)} = \underline{\underline{0{,}90\ \frac{kJ}{kg \cdot K}}}$$

3.1.7. Eisenkugel

In ein Gefäß (C) mit Wasser (m_W, ϑ_W) bringt man eine Eisenkugel (m_E, c_E). Dabei verdampft Wasser der Masse m_D.
Welche Temperatur ϑ_E hatte die Eisenkugel?

$C = 209$ J/K $\quad m_W = 100$ g $\quad \vartheta_W = 95$ °C $\quad m_E = 35$ g

$m_D = 3{,}0$ g $\quad c_E = 465$ J/(kg·K) $\quad q_d = 2{,}26$ MJ/kg

$c_W = 4{,}19$ kJ/(kg·K)

$$\Sigma Q_{ab} = \Sigma Q_{auf}$$

$$m_E c_E(\vartheta_E - \vartheta_S) = (m_W c_W + C)(\vartheta_S - \vartheta_W) + m_D q_d$$

$$\vartheta_E = \vartheta_S + \frac{(m_W c_W + C)(\vartheta_S - \vartheta_W) + m_D q_d}{m_E c_E} = 100\ ^\circ\mathrm{C} + 610\ \mathrm{K}$$

$$\vartheta_E = 710\ ^\circ\mathrm{C}$$

3.1.8. Zustandsbestimmung

In einem Kalorimeter vernachlässigbarer Wärmekapazität befindet sich Eis der Masse m_1 im Temperaturgleichgewicht mit Wasser der Masse m_2. Eine Wassermasse m_3 von Siedetemperatur ϑ_S wird zugegeben.
Welcher Gleichgewichtszustand (gekennzeichnet durch die Temperatur ϑ', die im Kalorimeter vorhandene Wassermenge m_W und die Eismasse m_E) stellt sich ein, wenn m_3

a) als Wasser
b) als Dampf

zugegeben wird?

$m_1 = 200$ g $\quad m_2 = 300$ g $\quad m_3 = 100$ g $\quad c_W = 4{,}19$ kJ/(kg·K)

$q_f = 332$ kJ/kg $\quad q_d = 2{,}26$ MJ/kg

Vorprüfung: Wird das Eis völlig geschmolzen?

Erforderliche Schmelzwärme: $Q_f = m_1 q_f = 66{,}4$ kJ

Maximal zugeführte Wärme Q_m:

a) $Q_m = m_3 c_W(\vartheta_S - \vartheta_0) = 41{,}9 \text{ kJ} < Q_f \Longrightarrow$ nein

b) $Q_m = m_3 q_d + m_3\, c_W(\vartheta_S - \vartheta_0) = 268 \text{ kJ} > Q_f \Longrightarrow$ ja

Lösung:

a) $\underline{\vartheta' = 0\ ^\circ\text{C}}$

$$\Sigma Q_{auf} = \Sigma Q_{ab}$$

$$(m_1 - m_E)q_f = m_3 c_W(\vartheta_S - \vartheta_0)$$

$$m_E = m_1 - \frac{c_W(\vartheta_S - \vartheta_0)}{q_f}\, m_3 = \underline{\underline{74 \text{ g}}}$$

$$m_W = m_1 + m_2 + m_3 - m_E = \underline{\underline{526 \text{ g}}}$$

b) $\underline{m_E = 0}$ $\quad\quad$ $\underline{m_W = m_1 + m_2 + m_3} = \underline{\underline{600\ g}}$

$$\Sigma Q_{auf} = \Sigma Q_{ab}$$

$$m_1 q_f + (m_1 + m_2) c_W (\vartheta' - \vartheta_0) = m_3\, q_d + m_3 c_W (\vartheta_S - \vartheta')$$

$$(m_1 + m_2 + m_3) c_W \vartheta' = m_3 q_d - m_1 q_f + m_3 c_W \vartheta_S + (m_1 + m_2) c_W \vartheta_0$$

$$\underline{\vartheta' = \frac{m_3 q_d - m_1 q_f + m_3 c_W \vartheta_S + (m_1 + m_2) c_W \vartheta_0}{(m_1 + m_2 + m_3) c_W}}$$

$$\underline{\underline{\vartheta' = 80\ ^{\circ}C}}$$

3.1.9. Destillationsapparat

In einem Destillationsapparat tritt Wasserdampf mit der Siedetemperatur ϑ_S in die Kühlschlange ein. Die Kühlung erfolgt durch Wasser, das mit der Temperatur ϑ_1 in den Kühlmantel einströmt und ihn mit ϑ_2 verläßt. Der kondensierte Wasserdampf verläßt den Kühler mit der Temperatur ϑ_K.
Wie groß ist die Stromstärke I des Kühlwassers, wenn stündlich die Wassermenge der Masse m_K kondensiert?

$m_K = 5{,}0$ kg $\vartheta_S = 100$ °C $\vartheta_1 = 10$ °C $q_d = 2{,}26$ MJ/kg
$\vartheta_K = 30$ °C $\vartheta_2 = 60$ °C $c_W = 4{,}19$ kJ/(kg·K)

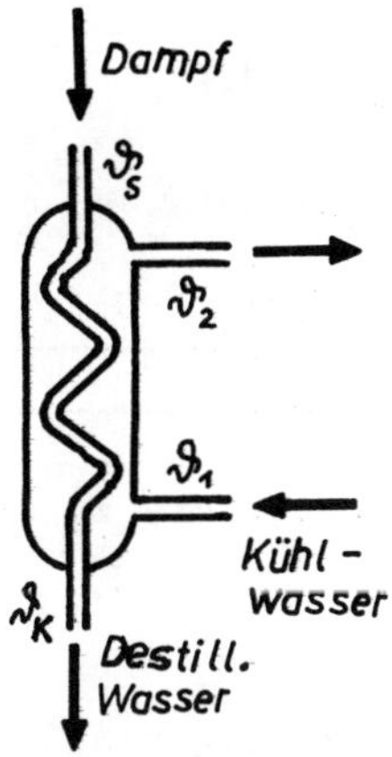

$$\Sigma Q_{ab} = \Sigma Q_{auf}$$

$$m_K q_d + m_K c_W(\vartheta_S - \vartheta_K) = m_W c_W(\vartheta_2 - \vartheta_1)$$

$$I = \frac{V_W}{t} = \frac{m_W}{\rho_W t}$$

$$I = \frac{m_K}{\rho_W t} \cdot \frac{q_d + c_W(\vartheta_S - \vartheta_K)}{c_W(\vartheta_2 - \vartheta_1)} = 61 \text{ l/h}$$

3.1.10. Tauchsieder

Wasser (m, ϑ_A) wird in einem Kalorimeter (C) mit einem Tauchsieder (Leistungsaufnahme P) erwärmt.

a) Nach welcher Zeit t_1 ist die Siedetemperatur ϑ_S erreicht?

b) Es wurde vergessen, den Tauchsieder abzuschalten. Befindet sich noch Wasser im Kalorimeter, wenn das erst nach der Zeit t_2 (nach dem Einschalten) bemerkt wird?

$m = 500\ \text{g}$ $\vartheta_A = 16\ ^\circ\text{C}$ $C = 480\ \text{J/K}$ $P = 600\ \text{W}$

$\vartheta_S = 100\ ^\circ\text{C}$ $c_W = 4{,}19\ \text{kJ/(kg·K)}$ $q_d = 2{,}26\ \text{MJ/kg}$

$t_2 = 25\ \text{min}$

---

a) $Q_{auf} = W_{el}$

$$(mc_W + C)(\vartheta_S - \vartheta_A) = Pt_1$$

$$\underline{t_1 = \frac{(mc_W + C)(\vartheta_S - \vartheta_A)}{P}} = 6\ \text{min}$$

b) Zeit t_3, bis zu der das Wasser völlig verdampft ist:

$$Q_d = W_{el}$$

$$mq_d = P(t_3 - t_1)$$

$$t_3 = t_1 + \frac{mq_d}{P} = 37\ \text{min} > t_2 \quad \Longrightarrow \quad \underline{\text{Ja}}$$

3.1.11. Quecksilberstrahl

Ein Quecksilber- und ein Wasserstrahl strömen beide mit der gleichen Geschwindigkeit v aus einem waagerecht liegenden Rohr und durchfallen beide die gleiche Höhe h.
Um welchen Faktor erwärmt sich dabei die eine Flüssigkeit mehr als die andere?

$c_Q = 138\ \text{J/(kg·K)}$ $\quad c_W = 4{,}19\ \text{kJ/(kg·K)}$

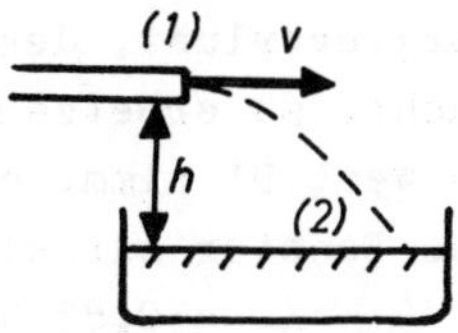

$$\Delta E_p + \Delta E_k = Q$$

$$mgh + \frac{m}{2} v^2 = mc\ \Delta T$$

$$gh + \frac{v^2}{2} = c_W \Delta T_W = c_Q \Delta T_Q$$

$$\Delta T_Q = \frac{c_W}{c_Q}\ \Delta T_W = 30\ \Delta T_W$$

3.2.1. Verbundfenster

Ein Verbundfenster der Fläche A besteht aus zwei Glasscheiben der Dicke d_1, zwischen denen sich eine Luftschicht befindet. Das Glas hat die Wärmeleitfähigkeit λ_1, die Luftschicht den Wärmedurchgangskoeffizienten k_2. (Die Konvektion ist damit berücksichtigt.) Die Wärmeübergangskoeffizienten sind innen α_i (Zimmerluft ruhend) und außen α_a (Außenluft leicht bewegt). Die Innentemperatur ist ϑ_i, die Außentemperatur ϑ_a.

a) Berechnen Sie die Heizleistung P, die erforderlich ist, um den Energieverlust, den der Wärmestrom durch das Fenster verursacht, zu ersetzen!

b) Welchen Wert P' nimmt die erforderliche Heizleistung an, wenn das Fenster nur eine Scheibe der Dicke d_3 hat?

$A = 2{,}0\ m^2$ $\quad \lambda_1 = 0{,}85\ W/(m \cdot K)$ $\quad k_2 = 5{,}9\ W/(m^2 \cdot K)$

$\alpha_i = 12{,}5\ W/(m^2 \cdot K)$ $\quad \alpha_a = 25\ W/(m^2 \cdot K)$ $\quad d_1 = 3{,}5\ mm$

$d_3 = 5{,}4\ mm$ $\quad \vartheta_i = 22\ ^{\circ}C$ $\quad \vartheta_a = -\,10\ ^{\circ}C$

---

a)

$$P = \dot{Q} = kA(\vartheta_i - \vartheta_a)$$

$$\frac{1}{k} = \frac{1}{\alpha_i} + 2\frac{d_1}{\lambda_1} + \frac{1}{k_2} + \frac{1}{\alpha_a}$$

$$P = \frac{A(\vartheta_i - \vartheta_a)}{\frac{1}{\alpha_i} + 2\frac{d_1}{\lambda_1} + \frac{1}{k_2} + \frac{1}{\alpha_a}} = 0{,}21\ kW$$

b)

$$P' = \dot{Q}' = k'A(\vartheta_i - \vartheta_a)$$

$$\frac{1}{k'} = \frac{1}{\alpha_i} + \frac{d_3}{\lambda_1} + \frac{1}{\alpha_a}$$

$$P' = \frac{A(\vartheta_i - \vartheta_a)}{\frac{1}{\alpha_i} + \frac{d_3}{\lambda_1} + \frac{1}{\alpha_a}} = 0{,}51\ kW$$

3.2.2. Keramikplatte

Zur Messung der Wärmeleitfähigkeit λ_1 einer Keramikplatte wird folgende Anordnung benutzt:

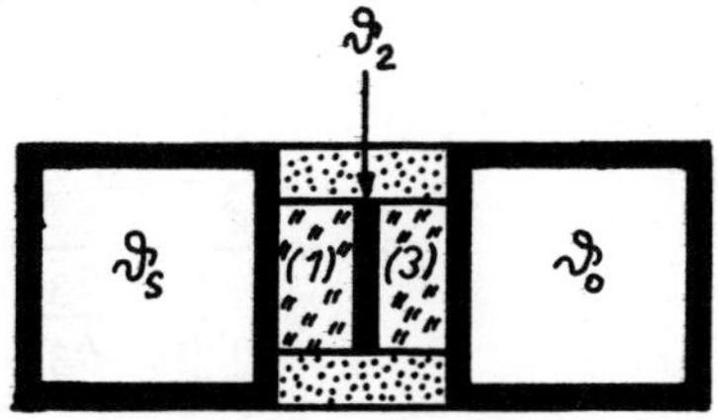

Zwischen zwei kupfernen Behältern, von denen der eine mit siedendem Wasser (ϑ_S), der andere mit Wasser und Eisstückchen (ϑ_0) gefüllt ist, befindet sich ein seitlich durch Glaswolle von der Umgebung isolierter Wärmeleiter, der aus drei Schichten gleicher Querschnittsfläche A aufgebaut ist. Diese Schichten sind die zu untersuchende Keramikplatte (Dicke d_1), ein Kupferblech, dessen Temperatur ϑ_2 mit einem Meßfühler bestimmt werden kann, sowie eine Porzellanplatte (Dicke d_3) von bekannter Wärmeleitfähigkeit λ_3. Der Wärmeübergangskoeffizient α ist an allen Berührungsstellen der Festkörper untereinander gleich groß.

a) Bestimmen Sie λ_1 unter Vernachlässigung der Temperaturdifferenzen, die im Kupfer und an den Übergangsstellen Wasser - Kupfer auftreten!

b) Das Kupferblech zwischen Keramikplatte und Porzellanplatte hat die Dicke d_2. Wie groß ist die Meßunsicherheit von ϑ_2, die durch die in a) vernachlässigte Temperaturdifferenz $\Delta\vartheta$ im Kupferblech verursacht wird?

$d_1 = 20$ mm $\quad d_2 = 2{,}0$ mm $\quad d_3 = 12$ mm $\quad \lambda_2 = 384$ W/(m·K)
$\lambda_3 = 1{,}44$ W/(m·K) $\quad \alpha = 5{,}5$ kW/(m²·K) $\quad \vartheta_S = 100$ °C
$\vartheta_0 = 0$ °C $\quad \vartheta_2 = 24{,}3$ °C

---

a) $\dot{Q} = k_1 A(\vartheta_S - \vartheta_2) = k_3 A(\vartheta_2 - \vartheta_0)$

$$\frac{1}{k_1} = \frac{2}{\alpha} + \frac{d_1}{\lambda_1} \; ; \; \frac{1}{k_3} = \frac{2}{\alpha} + \frac{d_3}{\lambda_3}$$

$$\left(\frac{2}{\alpha} + \frac{d_3}{\lambda_3}\right)(\vartheta_S - \vartheta_2) = \left(\frac{2}{\alpha} + \frac{d_1}{\lambda_1}\right)(\vartheta_2 - \vartheta_0)$$

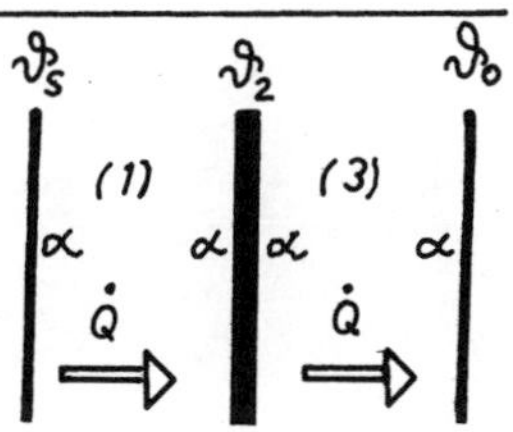

$$\lambda_1 = \frac{d_1}{\left(\frac{2}{\alpha} + \frac{d_3}{\lambda_3}\right)\frac{\vartheta_S - \vartheta_2}{\vartheta_2 - \vartheta_0} - \frac{2}{\alpha}} = 0{,}75 \text{ W/(m·K)}$$

b) $\dot{Q} = \frac{\lambda_2}{d_2} A \, \Delta\vartheta = k_3 A(\vartheta_2 - \vartheta_0)$

$$\Delta\vartheta = \frac{\frac{d_2}{\lambda_2}(\vartheta_2 - \vartheta_0)}{\frac{2}{\alpha} + \frac{d_3}{\lambda_3}} = 0{,}015 \text{ K}$$

3.2.3. Eisblumen

Eine Schaufensterscheibe hat die Dicke d. Die Wärmeleitfähigkeit des Glases ist λ, die Wärmeübergangskoeffizienten sind innen α_i (Luft ruhend) und außen α_a (Luft leicht bewegt). Im Innenraum wird die Temperatur ϑ_i konstant gehalten. Unterhalb welcher Außentemperatur ϑ_a können sich an der Innenseite der Scheibe Eisblumen bilden?

$d = 13$ mm $\quad \vartheta_i = 14\ ^\circ C \quad \lambda = 0{,}85$ W/(m·K)

$\alpha_i = 12{,}5$ W/(m²·K) $\quad \alpha_a = 25$ W/(m²·K)

Die Scheibeninnenfläche darf höchsten die Temperatur $\vartheta_0 = 0\ ^\circ C$ haben.

$$\dot{Q} = k_1 A(\vartheta_0 - \vartheta_a) = \alpha_i A(\vartheta_i - \vartheta_0)$$

$$\frac{1}{k_1} = \frac{1}{\alpha_a} + \frac{d}{\lambda}$$

$$\vartheta_0 - \vartheta_a = \alpha_i\left(\frac{1}{\alpha_a} + \frac{d}{\lambda}\right)(\vartheta_i - \vartheta_0)$$

$$\vartheta_a = \vartheta_0 - \alpha_i\left(\frac{1}{\alpha_a} + \frac{d}{\lambda}\right)(\vartheta_i - \vartheta_0) = -\ 9{,}7\ ^\circ C$$

3.2.4. Etagenheizung

Die Flammengase am Kessel einer Etagenheizung haben die Temperatur ϑ_1. Die Wärme gelangt in das Wasser (spezifische Wärmekapazität c_W) durch die Kesseloberfläche A. Die Dicke der Kesselwand ist d, die Rücklauftemperatur des Wassers ϑ_2. Das Wasser wird mit der Stromstärke I durch den Kessel befördert. Wie groß ist die Vorlauftemperatur ϑ_3, mit der das Wasser den Kessel verläßt?

Stahl: $\lambda = 58$ W/(m·K)	$\vartheta_1 = 300$ °C
Flammengase/Stahl: $\alpha_1 = 19$ W/(m²·K)	$\vartheta_2 = 60$ °C
Stahl/Wasser: $\alpha_2 = 4{,}7$ W/(m²·K)	$I = 6{,}4$ l/min
$d = 3{,}0$ mm $A = 1{,}0$ m² $c_W = 4{,}19$ kJ/(kg·K)	

$$\dot{Q} = kA\left(\vartheta_1 - \frac{\vartheta_2 + \vartheta_3}{2}\right) = \dot{m}\, c_W(\vartheta_3 - \vartheta_2)$$

$$kA\left(\vartheta_1 - \frac{\vartheta_2}{2}\right) + \dot{m}\, c_W\, \vartheta_2 = \left(\frac{kA}{2} + \dot{m}\, c_W\right)\vartheta_3$$

$$\vartheta_3 = \frac{kA\left(\vartheta_1 - \frac{\vartheta_2}{2}\right) + \dot{m}\, c_W\, \vartheta_2}{\frac{kA}{2} + \dot{m}\, c_W}$$

$$\dot{m} = \frac{dm}{dt} = \frac{\varrho_W\, dV}{dt} = \varrho_W\, I$$

$$\frac{1}{k} = \frac{1}{\alpha_1} + \frac{d}{\lambda} + \frac{1}{\alpha_2}$$

$$\vartheta_3 = \frac{kA\left(\vartheta_1 - \frac{\vartheta_2}{2}\right) + \varrho_W c_W I \vartheta_2}{\frac{kA}{2} + \varrho_W c_W I} = 62\ ^\circ\mathrm{C}$$

3.2.5. Ziegelmauerwerk

Ziegelmauerwerk hat die Wärmeleitfähigkeit λ_1, die spezifische Wärmekapazität c_1 und die Dichte ϱ_1.

a) Berechnen Sie den Wärmestrom $\dot{Q}_1$ durch die Ziegelmauer der Dicke d_1 bei der Innentemperatur ϑ_i und der Außentemperatur ϑ_{a1} für $A = 1{,}00\ m^2$ Wandfläche! (Der Wärmeübergang soll außer Betracht bleiben.)

b) Über Nacht tritt ein Temperatursturz von ϑ_{a1} auf ϑ_{a2} auf. Welche Wärme Q_W gibt das Wandstück auf Grund seiner Wärmekapazität bis zur Einstellung des neuen stationären Temperaturverlaufs ab, wenn die Innentemperatur konstant gehalten wird? Für welche Zeit t_1 könnte mit dieser Wärme die Erhöhung des Wärmestroms gedeckt werden?

c) Welche Zeiten t_2 und t_3 ergeben sich für eine Wand aus Gassilikatbeton (ϱ_2, λ_2, c_2) und eine mit Schaumpolystyrol (ϱ_3, λ_3, c_3) isolierte Wand von jeweils gleichem Wärmedurchgangskoeffizienten?

Materialwerte:

Ziegelmauer	$\varrho_1 = 1800\ kg/m^3$	$\lambda_1 = 0{,}81\ W/(m\cdot K)$
		$c_1 = 0{,}26\ Wh/(kg\cdot K)$
Gasbetonmauer	$\varrho_2 = 500\ kg/m^3$	$\lambda_2 = 0{,}22\ W/(m\cdot K)$
		$c_2 = 0{,}29\ Wh/(kg\cdot K)$
Polystyrolschaumstoff	$\varrho_3 = 15\ kg/m^3$	$\lambda_3 = 0{,}025\ W/(m\cdot K)$
		$c_3 = 0{,}41\ Wh/(kg\cdot K)$

$d_1 = 36\ cm$ $\quad \vartheta_i = 20\ ^\circ C$ $\quad \vartheta_{a1} = +5\ ^\circ C$ $\quad \vartheta_{a2} = -10\ ^\circ C$

---

a) $$\dot{Q} = \frac{\lambda_1}{d_1} A (\vartheta_i - \vartheta_{a1}) = 34\ W$$

b) $$Q_W = m_1 c_1 (\overline{\vartheta}_1 - \overline{\vartheta}_2) \text{ mit } \overline{\vartheta}_1 = \frac{\vartheta_{a1} + \vartheta_i}{2} \text{ und } \overline{\vartheta}_2 = \frac{\vartheta_{a2} + \vartheta_i}{2}$$

$$Q_W = m_1 c_1 \frac{\vartheta_{a1} - \vartheta_{a2}}{2} \qquad m_1 = \varrho_1 d_1 A$$

$$Q_W = \frac{\varrho_1 d_1 A c_1}{2} (\vartheta_{a1} - \vartheta_{a2}) = 1{,}26\ kWh$$

$$Q_W = \Delta\dot{Q}\, t_1$$

$$\Delta\dot{Q} = \dot{Q}_2 - \dot{Q}_1 = \frac{\lambda_1}{d_1} A \,[(\vartheta_i - \vartheta_{a2}) - (\vartheta_i - \vartheta_{a1})]$$

$$\Delta\dot{Q} = \frac{\lambda_1}{d_1} A \,(\vartheta_{a1} - \vartheta_{a2})$$

$$t_1 = \frac{Q_W}{\Delta\dot{Q}} = \frac{\varrho_1\, d_1^2\, c_1}{2\lambda_1} = \underline{\underline{37\ h}}$$

c) $$t_2 = \frac{\varrho_2\, d_2^2\, c_2}{2\lambda_2}$$

$$\frac{t_2}{t_1} = \frac{\varrho_2\, c_2\, \lambda_1}{\varrho_1\, c_1\, \lambda_2}\left(\frac{d_2}{d_1}\right)^2$$

$$t_2 = \frac{\varrho_2\, c_2\, \lambda_1}{\varrho_1\, c_1\, \lambda_2}\left(\frac{d_2}{d_1}\right)^2 t_1$$

$$k = \text{konstant} = \frac{\lambda_1}{d_1} = \frac{\lambda_2}{d_2} = \frac{\lambda_3}{d_3}$$

$$\Longrightarrow \qquad \frac{d_2}{d_1} = \frac{\lambda_2}{\lambda_1}$$

$$t_2 = \frac{\varrho_2\, c_2\, \lambda_2}{\varrho_1\, c_1\, \lambda_1} t_1 = \underline{\underline{3{,}2\ h}}$$

Entsprechend gilt:

$$t_3 = \frac{\varrho_3\, c_3\, \lambda_3}{\varrho_1\, c_1\, \lambda_1} t_1 = \underline{\underline{55\ s}}$$

3.2.6. Wasserspeicher I

Ein Wasserspeicher hat die Oberfläche A. Seine Wand besteht aus Eisenblech der Dicke l_1, Glaswolle der Dicke l_2 und Eisenblech der Dicke l_3. Die Wand wird als eben angesehen. Der Speicher enthält Wasser der Temperatur ϑ_i. Die Außentemperatur sei ϑ_a.

a) Man skizziere den Temperaturverlauf $\vartheta(l)$ von innen nach außen!

b) Wie groß ist der Wärmedurchgangskoeffizient k?

c) Welche Wärme Q_1 muß der Heizkörper im Speicher in der Zeit t_1 an das Wasser abgeben, damit die Temperatur konstant bleibt? Welcher Heizleistung P entspricht das?

d) Welche Temperatur ϑ_W wird man an der Außenwand des Speichers messen?

$A = 1{,}2\ m^2$ $\quad l_1 = 3{,}0\ mm$ $\quad l_2 = 50\ mm$ $\quad l_3 = 1{,}0\ mm$

$\vartheta_i = 95\ ^oC$ $\quad \vartheta_a = 15\ ^oC$ $\quad t_1 = 1\ h$

Wärmeleitfähigkeit für Eisen:	$\lambda_1 = 58\ W/(m \cdot K)$
Wärmeleitfähigkeit für Glaswolle:	$\lambda_2 = 0{,}048\ W/(m \cdot K)$
Wärmeübergangskoeffizient Wasser/Eisen:	$\alpha_i = 6\ kW/(m^2 \cdot K)$
Wärmeübergangskoeffizient Glaswolle/Eisen:	$\alpha_m = 150\ W/(m^2 \cdot K)$
Wärmeübergangskoeffizient Eisen/Luft:	$\alpha_a = 30\ W/(m^2 \cdot K)$

---

a)

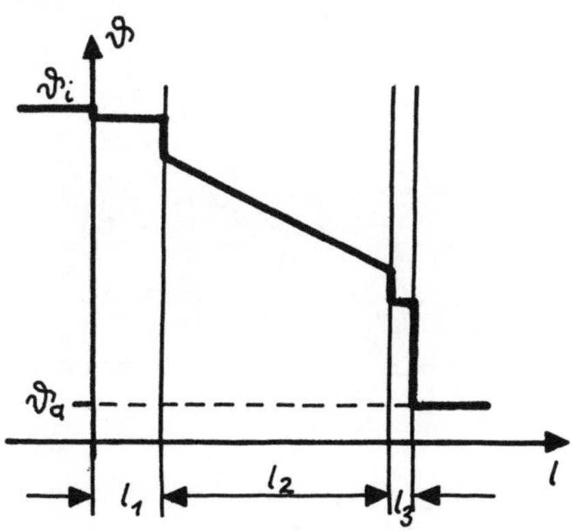

b) $$\frac{1}{k} = \frac{1}{\alpha_i} + \frac{2}{\alpha_m} + \frac{1}{\alpha_a} + \frac{l_1 + l_3}{\lambda_1} + \frac{l_2}{\lambda_2}$$

$$\frac{1}{k} \approx \frac{2}{\alpha_m} + \frac{1}{\alpha_a} + \frac{l_2}{\lambda_2} \qquad \underline{\underline{k = 0{,}92\ W/(m^2 \cdot K)}}$$

c) $$\dot{Q} = k\ A\ (\vartheta_i - \vartheta_a)$$

$$Q_1 = k\ A\ (\vartheta_i - \vartheta_a)t_1 = \underline{\underline{318\ kJ}}$$

$$P = \dot{Q} = k\ A\ (\vartheta_i - \vartheta_a) = \underline{\underline{88\ W}}$$

d) $$\dot{Q} = \alpha_a A\ (\vartheta_W - \vartheta_a) = k\ A\ (\vartheta_i - \vartheta_a)$$

$$\vartheta_W - \vartheta_a = \frac{k}{\alpha_a}(\vartheta_i - \vartheta_a)$$

$$\vartheta_W = \vartheta_a + \frac{k}{\alpha_a}(\vartheta_i - \vartheta_a) = \underline{\underline{17\ ^oC}}$$

3.2.7. Wasserspeicher II

Der in Aufgabe 6. beschriebene Wasserspeicher faßt Wasser der Masse m.

a) Berechnen Sie, nach welcher Funktion die Wassertemperatur ϑ mit der Zeit t abnimmt, wenn die Heizung abgeschaltet wird! Die Anfangstemperatur des Wassers sei ϑ_i; die Außentemperatur ϑ_a sei konstant.

b) Die Genauigkeit der Messung der Wassertemperatur sei so, daß Unterschiede der Größe ΔT nicht mehr festgestellt werden können. Nach welcher Zeit t_1 wird man daher sagen können, daß die Wassertemperatur von ihrem Anfangswert ϑ_i auf die Außentemperatur ϑ_a abgesunken ist?

$m = 100\ \mathrm{kg}$ $\quad \vartheta_i = 95\ ^\circ\mathrm{C}$ $\quad \vartheta_a = 15\ ^\circ\mathrm{C}$ $\quad \Delta T = 0{,}5\ \mathrm{K}$

$c_W = 4{,}19\ \mathrm{kJ/(kg \cdot K)}$

---

a) Betrachtung nur während der Zeit dt:

Wärmedurchgang durch die Behälterwand bei der Wassertemperatur ϑ: $\quad (\vartheta_i > \vartheta > \vartheta_a)$

$$dQ = k\,A\,(\vartheta - \vartheta_a)\,dt$$

Deshalb Wärmeabgabe des Wassers:

$$dQ = -\,m\,c_W\,d\vartheta$$

$$\Longrightarrow\quad k\,A\,(\vartheta - \vartheta_a)\,dt = -\,m\,c_W\,d\vartheta \qquad dt = -\frac{mc_W\,d\vartheta}{kA(\vartheta - \vartheta_a)}$$

$$\int_0^t dt = -\frac{mc_W}{kA}\int_{\vartheta_i}^{\vartheta}\frac{d\vartheta}{\vartheta - \vartheta_a} \qquad t = -\frac{mc_W}{kA}\left[\ln(\vartheta - \vartheta_a)\right]_{\vartheta_i}^{\vartheta}$$

$$t = -\frac{mc_W}{kA}\ln\frac{\vartheta - \vartheta_a}{\vartheta_i - \vartheta_a} \qquad \frac{\vartheta - \vartheta_a}{\vartheta_i - \vartheta_a} = e^{-\frac{kA}{mc_W}t}$$

$$\underline{\vartheta = \vartheta_a + (\vartheta_i - \vartheta_a)\,e^{-\frac{kA}{mc_W}t}}$$

b) $$t_1 = -\frac{mc_W}{kA}\ln\frac{\vartheta_1 - \vartheta_a}{\vartheta_i - \vartheta_a} \qquad \vartheta_1 - \vartheta_a = \Delta T$$

$$\underline{t_1 = \frac{mc_W}{kA}\ln\frac{\vartheta_i - \vartheta_a}{\Delta T}} = \underline{\underline{22\ \mathrm{d}}}$$

3.2.8. Eiskugel

Eine Eiskugel mit dem Radius r_A, die gleichmäßig die Temperatur ϑ_0 angenommen hat, befindet sich in der Umgebung mit der konstanten Temperatur ϑ_U.
Nach welcher Zeit t_1 ist die Hälfte des Eises geschmolzen?
Es wird angenommen, daß das Schmelzwasser sofort wegfließt.

$r_A = 20$ cm $\quad \vartheta_0 = 0$ °C $\quad \vartheta_U = 10$ °C

Wärmeübergangskoeffizient: $\alpha = 11{,}6\ \mathrm{W/(m^2 \cdot K)}$

Dichte des Eises: $\varrho = 0{,}92\ \mathrm{kg/dm^3}$

spezifische Schmelzwärme des Eises: $q_f = 332\ \mathrm{kJ/kg}$

Betrachtung während der Zeit dt:

Wärmeübergang an der Eiskugeloberfläche:

$$dQ = \alpha\, A\, (\vartheta_U - \vartheta_0)\, dt \qquad (A = 4\pi r^2;\ r_A > r > r_E)$$

Deshalb Schmelzen des Eises (Abnahme der Masse):

$$dQ = -\, q_f\, dm$$

$$\rightarrow \alpha\, A\, (\vartheta_U - \vartheta_0)\, dt = -\, q_f\, dm$$

$$dm = \varrho\, A\, dr$$

$$dt = -\frac{q_f\, \varrho\, dr}{\alpha(\vartheta_U - \vartheta_0)}$$

$$\int_0^{t_1} dt = -\frac{q_f\, \varrho}{\alpha(\vartheta_U - \vartheta_0)} \int_{r_A}^{r_E} dr$$

$$t_1 = \frac{q_f\, \varrho}{\alpha(\vartheta_U - \vartheta_0)}\,(r_A - r_E)$$

$$V_E = \frac{V_A}{2}$$

$$r_E^3 = \frac{r_A^3}{2} \qquad r_E = \sqrt[3]{\frac{1}{2}}\, r_A$$

$$t_1 = \left(1 - \sqrt[3]{\frac{1}{2}}\right) \frac{r_A\, q_f\, \varrho}{\alpha(\vartheta_u - \vartheta_0)} = 30\ \mathrm{h}$$

3.3.1. Sauerstoffflasche

Eine Sauerstoffflasche, die das Volumen V_2 hat, enthält ab Werk eine Füllung (O_2), die bei Atmosphärendruck p_1 das Volumen V_1 einnehmen würde. Die bis auf Atmosphärendruck entleerte Flasche wird bei der Temperatur ϑ_1 neu gefüllt.

a) Wie groß ist die Massenzunahme Δm der Flasche beim Füllen?

b) Welche mechanische Arbeit W' müßte dem Gas zugeführt werden, wenn es isotherm vom Atmosphärendruck auf den Fülldruck komprimiert werden soll?

c) Wo verbleibt die Energie?

$V_1 = 6{,}00\ \text{m}^3$ $\quad V_2 = 40\ \text{l}$ $\quad \vartheta_1 = 18\ {}^\circ\text{C}$ $\quad A_r = 16$ (relative Atommasse)

$p_1 = 101\ \text{kPa}$

---

a)

$$p_1 V_1 = mR'T_1$$

m = Masse des Gases in der gefüllten Flasche

$$p_1 V_2 = m_0 R'T_1$$

m_0 = Masse des Restgases in der entleerten Flasche

$$\Delta m = m - m_0 = \frac{p_1}{R'T_1}(V_1 - V_2)$$

$$R' = \frac{8314\ \text{N}\cdot\text{m}}{32\ \text{kg}\cdot\text{K}}\ ;\ T_1 = 291\ \text{K}$$

$$p_1 = 101\cdot 10^3\ \frac{\text{N}}{\text{m}^2}$$

$$\Delta m = 7{,}96\ \text{kg}$$

b)

$$W' = -W = -\int_{V_1}^{V_2} p\,dV \qquad p\,V = \text{const} = p_1 V_1 \qquad p = \frac{p_1 V_1}{V}$$

$$W' = -p_1 V_1 \int_{V_1}^{V_2} \frac{dV}{V} = -p_1 V_1 [\ln V]_{V_1}^{V_2} = -p_1 V_1 \ln\frac{V_2}{V_1}$$

$$W' = p_1 V_1 \ln\frac{V_1}{V_2} = 3{,}04\ \text{MJ}$$

c) I. Hauptsatz mit $\Delta U = 0$: $\quad Q = W$

$$\Longrightarrow \quad W' = -W = -Q \quad (> 0)$$

Die zugeführte Arbeit wird als Wärme an die Umgebung abgegeben.

3.3.2. Luftblase

In welcher Wassertiefe h eines Sees beträgt das Volumen einer aufsteigenden Luftblase ein Zehntel des Volumens, das sie beim Auftauchen an der Wasseroberfläche hat? (Kleine Luftblasen haben eine geringe Steiggeschwindigkeit und nehmen deshalb die Temperatur des umgebenden Wassers an, die sich mit der Wassertiefe ändert.)

Luftdruck p_1 = 1024 hPa

Oberflächentemperatur des Sees $\vartheta_1 = 13\ ^\circ C$

Tiefentemperatur des Sees $\vartheta_2 = 4^\circ C$

$$\frac{pV}{T} = mR' = const$$

$$\Longrightarrow \quad \frac{p_1 V_1}{T_1} = \frac{p_2 V_2}{T_2}$$

$$V_2 = \frac{V_1}{10}$$

$$p_2 = p_1 + \rho_W g h$$

$$\frac{p_1}{T_1} = \frac{p_1 + \rho_W g h}{10\ T_2}$$

$$\rho_W g h = 10 \frac{T_2}{T_1} p_1 - p_1$$

$$T = T_0 + \vartheta$$

$$T_0 = 273\ K$$

$$h = \frac{p_1}{\rho_W g} \left(10 \frac{T_0 + \vartheta_2}{T_0 + \vartheta_1} - 1\right) = 91\ m$$

3.3.3. Druckluftbehälter

In einem Druckluftbehälter vom Volumen V_1 herrschen der Druck p_1 und die Temperatur ϑ_1. Es wird ein konstanter Luftstrom ($I = \frac{V}{t}$) entnommen. In diesem Luftstrom ist die Luft auf den Druck p_2 entspannt und hat die Temperatur ϑ_2. Im Behälter bleibt die Temperatur der Luft konstant.
Nach welcher Zeit t schaltet der Regler den Kompressor ein, wenn dieser auf den Behälterdruck p_1' eingestellt ist?

$V_1 = 8{,}0\ m^2$ $\quad p_1 = 2{,}5\ MPa$ $\quad p_2 = 250\ kPa$ $\quad p_1' = 2{,}0\ MPa$

$\vartheta_1 = 20\ ^\circ C$ $\quad \vartheta_2 = 18\ ^\circ C$ $\quad I = 50\ l/min$

Ausgetretenes Luftvolumen V_2 bis zum Absinken des Behälterdrucks auf p_1':

$$V_2 = It$$

$$t = \frac{V_2}{I}$$

Luftmasse in V_2 nahm vor der Entspannung das Volumen ΔV ein:

$$\frac{p_2 V_2}{T_2} = \frac{p_1\ \Delta V}{T_1} \quad \Longrightarrow \quad V_2 = \frac{p_1 T_2}{p_2 T_1}\ \Delta V$$

Das Restvolumen $V_1 - \Delta V$ im Kessel dehnt sich isotherm auf V_1 aus (bis zur Entspannung auf p_1'):

$$p_1(V_1 - \Delta V) = p_1' V_1 \quad \Longrightarrow \quad \Delta V = V_1(1 - \frac{p_1'}{p_1})$$

Für V_2 folgt

$$V_2 = \frac{p_1 T_2}{p_2 T_1}\ V_1(1 - \frac{p_1'}{p_1})$$

und für die Zeit

$$t = \frac{T_2 V_1 (p_1 - p_1')}{p_2 I T_1} = 318\ \text{min}\ .$$

3.3.4. Luftpumpe

Eine Luftpumpe hat das Maximalvolumen V_1, das sich beim Ansaugen von Luft vom Druck p_1 und der Temperatur ϑ_1 füllt. Beim anschließenden Komprimieren öffnet sich das Ventil, wenn in der Pumpe der Druck den Wert p_2 erreicht hat.

a) Welches Volumen V_2 hat in diesem Augenblick die eingeschlossene Luft? (Keine Wärmeabgabe an die Umgebung)

b) Wie groß ist dann die Temperatur T_2?

c) Welche Arbeit W' wird dem Gas bis zum Öffnen des Ventils zugeführt?

d) Wie groß ist die Masse m des Gases, das bei N Pumpstößen in den Schlauch befördert wird?

e) Was geschieht mit der von außen zugeführten Energie?

$V_1 = 250\ \text{cm}^3$ $\quad p_1 = 101\ \text{kPa}$ $\quad p_2 = 405\ \text{kPa}$

$\vartheta_1 = 20\ ^\circ\text{C}$ $\quad M_r = 29$ $\quad \varkappa = 1{,}40$ $\quad N = 50$

---

a) Adiabatische Kompression (Q = 0)

$$p_1 V_1^{\varkappa} = p_2 V_2^{\varkappa}$$

$$V_2 = V_1 \sqrt[\varkappa]{\frac{p_1}{p_2}} = 93\ \text{cm}^3$$

b)

$$\frac{p_1 V_1}{T_1} = \frac{p_2 V_2}{T_2} \qquad \left(\text{Oder: } \frac{T_1^{\varkappa}}{p_1^{\varkappa-1}} = \frac{T_2^{\varkappa}}{p_2^{\varkappa-1}}\right)$$

$$T_2 = T_1 \frac{p_2 V_2}{p_1 V_1} = 435\ \text{K} \qquad \vartheta_2 = 162\ ^\circ\text{C}$$

c) Lösungsweg I:

$$W' = -W = -\int_{V_1}^{V_2} p\,dV \quad \text{mit } pV^{\varkappa} = \text{const} = p_1 V_1^{\varkappa} = p_2 V_2^{\varkappa}$$

$$p = \frac{p_1 V_1^{\varkappa}}{V^{\varkappa}}$$

$$W' = - p_1 V_1^{\varkappa} \int_{V_1}^{V_2} \frac{dV}{V^{\varkappa}} = - p_1 V_1^{\varkappa} \left[\frac{V^{-\varkappa + 1}}{-\varkappa + 1} \right]_{V_1}^{V_2}$$

$$W' = \frac{p_1 V_1^{\varkappa}}{\varkappa - 1} \left(V_2^{1-\varkappa} - V_1^{1-\varkappa} \right) = \frac{p_2 V_2^{\varkappa} V_2^{1-\varkappa} - p_1 V_1^{\varkappa} V_1^{1-\varkappa}}{\varkappa - 1}$$

$$\underline{W' = \frac{p_2 V_2 - p_1 V_1}{\varkappa - 1}} = \underline{\underline{31 \text{ J}}} \qquad \left[W' = \frac{mR'}{\varkappa - 1} (T_2 - T_1) \right]$$

Lösungsweg II:

I. Hauptsatz mit $Q = 0$:

$0 = \Delta U + W$

$\Longrightarrow \quad W' = - W = \Delta U = m\, c_V\, (T_2 - T_1)$

Bestimmung von c_V:

$\varkappa = \frac{c_p}{c_V}$ und $R' = c_p - c_V$

$c_V = \frac{R'}{\varkappa - 1}$

$$W' = \frac{mR'(T_2 - T_1)}{\varkappa - 1} \qquad pV = mR'T$$

$$\underline{W' = \frac{p_2 V_2 - p_1 V_1}{\varkappa - 1}} = \underline{\underline{31 \text{ J}}}$$

d) $m = N\, m_0 \qquad p_1 V_1 = m_0 R' T_1$

$$\underline{m = N \frac{p_1 V_1}{R' T_1}} = \underline{\underline{15 \text{ g}}}$$

e) I. Hauptsatz: $Q = \Delta U + W$; $Q = 0$

$- W = W' = \Delta U$

Die am Gas verrichtete Arbeit erhöht die innere Energie.

3.3.5. Ballon

Ein Ballon hat eine unelastische, unten offene Hülle vom Volumen V_B und wird bei der Temperatur ϑ_1 und dem Druck p_1 vollständig mit Wasserstoff gefüllt. Infolge der Abnahme des Luftdrucks verliert der Ballon beim Aufstieg Gas, das die Hülle nicht mehr fassen kann. Ballonhülle und Nutzlast haben zusammen die Masse m_N.

a) Wie groß ist die Steigkraft F_1 des Ballons beim Start?

b) In der Maximalhöhe, die der Ballon erreicht, herrscht die Temperatur ϑ_2. Wie groß ist in dieser Höhe der Luftdruck p_2?

c) Wie groß ist die Masse Δm_W des Wasserstoffs, die bis zum Erreichen der Maximalhöhe durch die Öffnung ausgeströmt ist?

$V_B = 4{,}8\cdot 10^3\ \mathrm{m}^3$ $\quad m_N = 3{,}0\ \mathrm{t}$ $\quad p_1 = 104\ \mathrm{kPa}$

$\vartheta_1 = 20{,}0\ ^\circ\mathrm{C}$ $\quad \vartheta_2 = -2{,}0\ ^\circ\mathrm{C}$

Dichte bei Normalbedingungen ($p_0 = 101\ \mathrm{kPa}$ $\quad \vartheta_0 = 0\ ^\circ\mathrm{C}$):

Wasserstoff: $\varrho_{W0} = 0{,}09\ \mathrm{kg/m^3}$ $\quad$ Luft: $\varrho_{L0} = 1{,}29\ \mathrm{kg/m^3}$

---

a) $$F_1 = (m_{L1} - m_{W1})g - m_N g = (\varrho_{L1} - \varrho_{W1})V_B g - m_N g$$

$$pV = mR'T$$

$$p = \varrho R'T \implies \frac{\varrho_1 T_1}{p_1} = \frac{\varrho_0 T_0}{p_0}$$

$$\varrho_1 = \varrho_0 \frac{T_0 p_1}{T_1 p_0} \qquad T_1 = T_0 + \vartheta_1$$

$$F_1 = \left[\frac{\varrho_{L0} - \varrho_{W0}}{1 + \frac{\vartheta_1}{T_0}} V_B \frac{p_1}{p_0} - m_N\right] g = \underline{\underline{25\ \mathrm{kN}}}$$

b) $$F_2 = 0 \implies \frac{\varrho_{L0} - \varrho_{W0}}{1 + \frac{\vartheta_2}{T_0}} V_B \frac{p_2}{p_0} = m_N$$

$$p_2 = p_0 \frac{m_N}{V_B(\varrho_{L0} - \varrho_{W0})}\left(1 + \frac{\vartheta_2}{T_0}\right) = \underline{\underline{52\ \mathrm{kPa}}}$$

c) $$\Delta m_W = m_{W1} - m_{W2} = (\varrho_{W1} - \varrho_{W2})V_B$$

$$\Delta m_W = \varrho_{W0} \frac{T_0}{p_0}\left(\frac{p_1}{T_1} - \frac{p_2}{T_2}\right)V_B$$

$$\Delta m_W = \frac{\varrho_{W0} V_B}{p_0}\left(\frac{p_1}{1 + \vartheta_1/T_0} - \frac{p_2}{1 + \vartheta_2/T_0}\right) = \underline{\underline{190\ \mathrm{kg}}}$$

3.3.6. Calciumcarbonat

Bei der Reaktion von Calciumcarbonat ($CaCO_3$) mit Salzsäure löst dieses sich unter Entwicklung von Kohlendioxidgas (CO_2) auf. Bei der Temperatur ϑ_1 und dem Druck p_1 wird ein Gasvolumen V_1 gemessen.
Welche Masse m_2 an Calciumcarbonat ist umgesetzt worden?

$A_r(Ca) = 40{,}08$ $\quad A_r(O) = 16{,}00$ $\quad A_r(C) = 12{,}01$

$V_1 = 13{,}25\ l$ $\quad \vartheta_1 = 23{,}1\ ^\circ C$ $\quad p_1 = 1045\ hPa$

Verhältnis der umgesetzten Massen m_1 an CO_2 und m_2 an $CaCO_3$:

$$\frac{m_2}{m_1} = \frac{M_r(CaCO_3)}{M_r(CO_2)} \quad ; \text{denn} \quad CaCO_3 + 2HCl \rightarrow CaCl_2 + H_2O + CO_2$$

$$m_2 = \frac{M_r(CaCO_3)}{M_r(CO_2)}\, m_1$$

Berechnung von m_1:

$$p_1V_1 = m_1R'T_1 = m_1R'(T_0 + \vartheta_1)$$

$$m_1 = \frac{p_1V_1}{R'(T_0 + \vartheta_1)} \qquad R' = R'(CO_2)$$

$$m_2 = \frac{M_r(CaCO_3)}{M_r(CO_2)} \cdot \frac{p_1V_1}{R'(T_0 + \vartheta_1)} = \underline{\underline{56{,}3\ g}}$$

3.3.7. Kreisprozeß

Mit einem idealen Gas wird ein Kreisprozeß ausgeführt, der sich aus folgenden Zustandsänderungen zusammensetzt, die in der angegebenen Reihenfolge durchlaufen werden:

1. isobare Ausdehnung,
2. isotherme Zustandsänderung,
3. isochore Zustandsänderung.

Stellen Sie den Prozeß im p(V)-Diagramm und im p(T)-Diagramm dar!

Welches Vorzeichen hat die vom Gas abgegebene Arbeit?

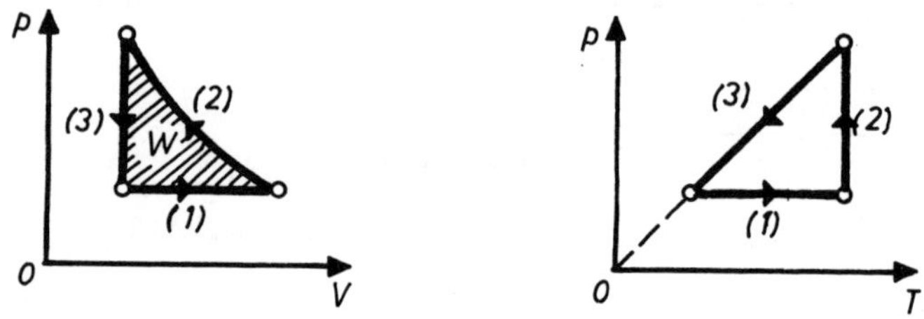

$W < 0$

Zum Kurvenverlauf:

Zu (2):

T = const ; pV = const

$p = \frac{\text{const}}{V}$ (Hyperbel)

Zu (3):

V = const ; $\frac{p}{T}$ = const

p = const·T (Gerade)

(fallende Gerade, weil bei (2) p wächst.)

3.3.8. Polytroper Prozeß

Eine polytrope Expansion (Polytropenexponent n, wobei $1 < n < \varkappa$) findet zwischen den Temperaturen T_1 und $T_2 < T_1$ statt.

a) Berechnen Sie das Verhältnis Q:W!

b) Brechnen Sie das Verhältnis ΔU:W!

c) Was erhält man unter a) und b) für n = 1 und für n = $\varkappa$?

Polytropengleichung: $pV^n = \text{const} = p_1V_1^n = p_2V_2^n$

Arbeit:

$$W = \int_{V_1}^{V_2} p\,dV \qquad \text{mit } p = \frac{p_1V_1^n}{V^n}$$

$$W = p_1V_1^n \int_{V_1}^{V_2} \frac{dV}{V^n} = p_1V_1^n\left[\frac{V^{1-n}}{1-n}\right]_{V_1}^{V_2} = p_1V_1^n\left[\frac{V_1^{1-n} - V_2^{1-n}}{n-1}\right]$$

$$W = \frac{p_1V_1 - p_2V_2}{n-1} \qquad pV = mR'T \qquad R' = c_p - c_V$$

$$W = \frac{m(c_p - c_V)(T_1 - T_2)}{n-1} > 0$$

Innere Energie:

$$\Delta U = mc_V(T_2 - T_1) = - mc_V(T_1 - T_2) < 0$$

a) $$\frac{Q}{W} = \frac{\Delta U + W}{W} = \frac{\Delta U}{W} + 1 = -\frac{c_V(n-1)}{c_p - c_V} + 1 = 1 - \frac{n-1}{\frac{c_p}{c_V} - 1} \;;\; \frac{c_p}{c_V} = \varkappa$$

$$\underline{\frac{Q}{W} = 1 - \frac{n-1}{\varkappa - 1} = \frac{\varkappa - n}{\varkappa - 1}}$$

b) $$\underline{\frac{\Delta U}{W} = -\frac{c_V(n-1)}{c_p - c_V} = -\frac{n-1}{\varkappa - 1}}$$

c) Zu a) $n = 1$ $\quad \frac{Q}{W} = 1$ $\quad$ isotherm

$n = \varkappa$ $\quad \frac{Q}{W} = 0$ $\quad$ adiabatisch

Zu b) $n = 1$ $\quad \frac{\Delta U}{W} = 0$ $\quad$ isotherm

$n = \varkappa$ $\quad \frac{\Delta U}{W} = -1$ $\quad$ adiabatisch

3.3.9. Barometrische Höhenformel

Man leite, ausgehend von der allgemeinen Zustandsgleichung für das ideale Gas, die barometrische Höhenformel

$$p = p_0\, e^{-\varrho_0 g h / p_0}$$

her! Dabei soll die Temperatur in der Atmosphäre als unabhängig von der Höhe h angenommen werden.

p_0 und ϱ_0 sind Druck und Dichte unter Normalbedingungen an der Erdoberfläche.

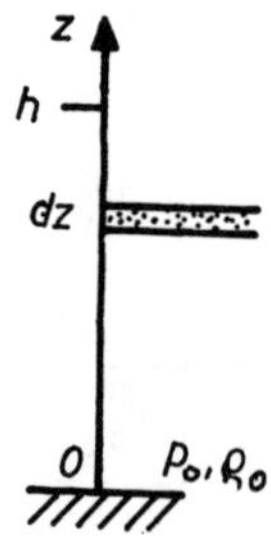

$$dp = -\varrho g\, dz$$

$$pV = mR'T$$

$$p = \varrho\, R'T$$

$$\frac{p}{\varrho} = R'T = \text{const} = \frac{p_0}{\varrho_0}$$

$$\varrho = \varrho_0 \frac{p}{p_0}$$

$$dp = -\varrho_0 \frac{p}{p_0} g\, dz$$

$$\frac{dp}{p} = -\frac{\varrho_0}{p_0} g\, dz$$

$$\int_{p_0}^{p} \frac{dp}{p} = -\frac{\varrho_0 g}{p_0} \int_0^h dz$$

$$\ln \frac{p}{p_0} = -\frac{\varrho_0 g h}{p_0}$$

$$p = p_0\, e^{-\varrho_0 g h / p_0}$$

3.3.10. Zylinder

Einem Gas (Masse m) wird in einem aufrecht stehenden Zylinder mit reibungsfrei beweglichem Kolben (Masse m_K, Querschnittsfläche A) die Wärme Q zugeführt. Dadurch wird der Kolben um die Höhe h gehoben.

a) Um welchen Betrag ΔT steigt die Temperatur des Gases?

b) Wie groß ist die Enthalpieänderung ΔH des Gases?

$m = 2{,}5$ g $\quad m_K = 0{,}40$ kg $\quad A = 40\ \text{cm}^2 \quad Q = 126$ J

$h = 8{,}8$ cm $\quad c_V = 740$ J/(kg·K) $\quad$ Außendruck: $p_a = 101$ kPa

---

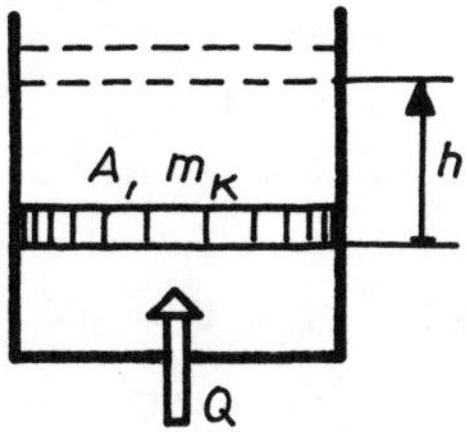

a) I. HS.: $Q = \Delta U + W = mc_V\,\Delta T + W$

$$\Delta T = \frac{Q - W}{mc_V}$$

$$W = \int_0^{\Delta V} p\,dV$$

Isobarer Prozeß:

$$p = p_a + \frac{m_K g}{A} = \text{const}$$

$$W = p\int_0^{\Delta V} dV = p\,\Delta V = pAh$$

$$W = (p_a A + m_K g)h$$

$$\Delta T = \frac{Q - (p_a A + m_K g)h}{mc_V} = 49\ \text{K}$$

Anderer Lösungsweg: $p\,\Delta V = mR'\Delta T$ mit $R' = c_p - c_V$ und $Q = Q_p = mc_p\Delta T$

b) $H = U + pV \qquad p = \text{const}$

$$\Delta H = \Delta U + p\,\Delta V = \Delta U + W = Q$$

$$\Delta H = Q = 126\ \text{J}$$

3.3.11. Siedendes Wasser

In einem Kalorimeter befindet sich siedendes Wasser; der Luftdruck ist p_0. Man stellt fest, daß durch Zufuhr von Wärme Q mittels Tauchsieder das Volumen des Wassers im Kalorimeter um ΔV_W abnimmt. Bei der Siedetemperatur ist die Dichte des Wassers ρ_W und die des Wasserdampfes ρ_D.

a) Berechnen Sie die Änderung der Enthalpie des Systems (Wasser und Dampf)!

b) Berechnen Sie die Änderung der inneren Energie ΔU des Systems!

c) Berechnen Sie die spezifische Verdampfungswärme q_d!

$p_0 = 1013$ hPa $\quad Q = 2808$ J $\quad \Delta V_W = 1{,}300$ cm^3

$\rho_W = 958$ kg/m^3 $\quad \rho_D = 0{,}5976$ kg/m^3

---

a) $H = U + pV \qquad p = p_0 = \text{const}$

$$\Delta H = \Delta U + p_0\,\Delta V = \Delta U + W = Q \qquad \text{(I. HS)}$$

$$\underline{\Delta H = Q = \underline{\underline{2808\ J}}}$$

b) $$\Delta U = Q - p_0\,\Delta V$$

$$\Delta V = -\,\Delta V_W + \Delta V_D$$

Ermittlung von ΔV_D:

$$\Delta m_W = \Delta m_D$$

$$\rho_W \Delta V_W = \rho_D \Delta V_D$$

$$\Delta V_D = \frac{\rho_W}{\rho_D}\,\Delta V_W$$

$$\Delta V = \left(\frac{\rho_W}{\rho_D} - 1\right)\Delta V_W$$

$$\underline{\Delta U = Q - \left(\frac{\rho_W}{\rho_D} - 1\right)p_0\,\Delta V_W} = \underline{\underline{2597\ J}}$$

c) $$Q = m q_d$$

$$m = \rho_W\,\Delta V_W$$

$$\underline{q_d = \frac{Q}{\rho_W\,\Delta V_W}} = \underline{\underline{2{,}25\ MJ/kg}}$$

3.3.12. Entropieänderung von N_2

Stickstoff der Masse m erfährt

a) eine isochore,

b) eine isobare Zustandsänderung.

In beiden Fällen ändert sich seine Temperatur von ϑ_0 auf ϑ_1. Berechnen Sie für jeden der beiden Fälle die Änderung der Entropie ΔS_V und ΔS_p!

$\vartheta_0 = 0\ ^oC$ $\quad \vartheta_1 = 30\ ^oC$ $\quad c_V = 741$ J/(kg·K) $\quad m = 2{,}0$ g

$c_p = 1{,}04$ kJ/(kg·K)

---

a) $$\Delta S_V = \int_0^1 \frac{dQ_V}{T} \quad \text{mit } dQ_V = mc_V dT$$

$$\Delta S_V = mc_V \int_{T_0}^{T_1} \frac{dT}{T} = mc_V \ln \frac{T_1}{T_0} \qquad T_1 = T_0 + \vartheta_1$$

$$\underline{\Delta S_V = mc_V \ln(1 + \frac{\vartheta_1}{T_0})} = \underline{\underline{0{,}155 \text{ J/K}}}$$

b) $$\Delta S_p = \int_0^1 \frac{dQ_p}{T} \quad \text{mit } dQ_p = mc_p dT$$

$$\Delta S_p = mc_p \int_{T_0}^{T_1} \frac{dT}{T} = mc_p \ln \frac{T_1}{T_0}$$

$$\underline{\Delta S_p = mc_p \ln(1 + \frac{\vartheta_1}{T_0})} = \underline{\underline{0{,}217 \text{ J/K}}}$$

Gleiche Ergebnisse liefert: $\Delta S = mc_V \ln \frac{T_1}{T_0} + mR' \ln \frac{V_1}{V_0}$

in a) mit $V_0 = V_1$

in b) mit $R' = c_p - c_V$ und

$\frac{V_1}{V_0} = \frac{T_1}{T_0}$ (Gesetz von Gay-Lussac für p =const)

3.3.13. Luftballon

In einem mit Wasserstoff gefüllten Kinderluftballon vom Volumen V_1 herrschen der Druck p_1 und die Temperatur ϑ_1. Während des Aufstiegs ändern sich die Werte auf ϑ_2 und p_2.
Wie haben sich dabei die Enthalpie und die Entropie des Füllgases geändert?

$p_1 = 1043$ hPa $\quad \vartheta_1 = 24\ ^\circ C \quad V_1 = 3{,}20$ l

$p_2 = 962$ hPa $\quad \vartheta_2 = 10\ ^\circ C \quad \varkappa = 1{,}40$

$$H = U + pV$$

$$\Delta H = \Delta U + \Delta(pV) = mc_V(T_2 - T_1) + p_2V_2 - p_1V_1$$

$$c_p - c_V = R' \qquad \frac{c_p}{c_V} = \varkappa$$

$$\Longrightarrow \quad \varkappa c_V - c_V = R' \qquad c_V = \frac{R'}{\varkappa - 1}$$

$$\Delta H = \frac{mR'(T_2 - T_1)}{\varkappa - 1} + p_2V_2 - p_1V_1 \qquad mR'T = pV$$

$$\Delta H = \left(\frac{1}{\varkappa - 1} + 1\right)(p_2V_2 - p_1V_1) \qquad \frac{p_2V_2}{T_2} = \frac{p_1V_1}{T_1}$$

$$p_2V_2 = p_1V_1\frac{T_2}{T_1}$$

$$\Delta H = \left(\frac{1}{\varkappa - 1} + 1\right)\left(\frac{T_2}{T_1} - 1\right)p_1V_1 = \frac{\varkappa}{\varkappa - 1}\left(\frac{T_2}{T_1} - 1\right)p_1V_1$$

$$T = T_0 + \vartheta$$

$$\Delta H = \frac{\varkappa}{\varkappa - 1}\left(\frac{T_0 + \vartheta_2}{T_0 + \vartheta_1} - 1\right)p_1V_1 = -\ 55\ \text{J}$$

$$\Delta S = mc_V \ln\frac{T_2}{T_1} + mR'\ln\frac{V_2}{V_1} \qquad \frac{V_2}{V_1} = \frac{p_1\ T_2}{p_2\ T_1}$$

$$\Delta S = \frac{mR'}{\varkappa - 1}\ln\frac{T_2}{T_1} + mR'\ln\frac{p_1\ T_2}{p_2\ T_1} \qquad mR' = \frac{p_1V_1}{T_1}$$

$$\Delta S = \frac{p_1V_1}{T_1}\left[\ln\frac{p_1}{p_2} + \left(\frac{1}{\varkappa - 1} + 1\right)\ln\frac{T_2}{T_1}\right]$$

$$\Delta S = \frac{p_1V_1}{T_1}\left(\ln\frac{p_1}{p_2} + \frac{\varkappa}{\varkappa - 1}\ln\frac{T_2}{T_1}\right)$$

$$\Delta S = \frac{p_1V_1}{T_0 + \vartheta_1}\left(\ln\frac{p_1}{p_2} + \frac{\varkappa}{\varkappa - 1}\ln\frac{T_0 + \vartheta_2}{T_0 + \vartheta_1}\right) = -\ 0{,}099\ \text{J/K}$$

3.3.14 Entropie von Wasser

a) Wie groß ist die Entropieänderung ΔS_1 einer Wassermasse m, die von Gefriertemperatur T_0 auf Siedetemperatur T_S erwärmt wird?

b) Wie groß ist die gesamte Entropieänderung ΔS_2 beim Mischen zweier gleich großer Wassermassen (je $\frac{m}{2}$), von denen anfangs die eine Gefriertemperatur T_0, die andere Siedetemperatur T_S hatte?

$m = 1{,}00$ kg $\qquad c_W = 4{,}19$ kJ/(kg·K)

---

a) $\Delta S = \int \frac{dQ}{T} \qquad dQ = mc_W\,dT$

$$\Delta S_1 = \int_{T_0}^{T_S} \frac{mc_W dT}{T}$$

$$\Delta S_1 = mc_W \ln \frac{T_S}{T_0} = 1{,}31 \text{ kJ/K}$$

b) $$\Delta S_2 = \frac{m}{2} c_W \int_{T_0}^{T_M} \frac{dT}{T} + \frac{m}{2} c_W \int_{T_S}^{T_M} \frac{dT}{T} = \frac{m}{2} c_W \left(\ln \frac{T_M}{T_0} + \ln \frac{T_M}{T_S}\right)$$

$$\Delta S_2 = \frac{mc_W}{2} \ln \frac{T_M^2}{T_0 T_S}$$

Ermittlung von T_M:

$Q_{ab} = Q_{auf}$

$\frac{m}{2} c_W(T_S - T_M) = \frac{m}{2} c_W(T_M - T_0)$

$T_M = \frac{T_0 + T_S}{2}$

$$\Delta S_2 = \frac{mc_W}{2} \ln \frac{(T_0 + T_S)^2}{4\,T_0\,T_S}$$

$$\Delta S_2 = mc_W \ln \frac{T_0 + T_S}{2\sqrt{T_0 T_S}} = 50{,}8 \text{ J/K}$$

3.4.1. Temperaturen

Zwischen den beiden Wärmespeichern einer Carnotmaschine (Wirkungsgrad η) besteht eine Temperaturdifferenz ΔT.
Welche Temperaturen T_h und T_t haben die beiden Wärmespeicher?

$\eta = 30\ \%$ $\quad\quad \Delta T = 140\ K$

$$\eta = \frac{T_h - T_t}{T_h} = \frac{\Delta T}{T_h}$$

$$\underline{T_h = \frac{\Delta T}{\eta}} = \underline{\underline{467\ K}}$$

$$\underline{T_t = T_h - \Delta T = (\frac{1}{\eta} - 1)\ \Delta T} = \underline{\underline{327\ K}}$$

3.4.2. Warmwasserheizung

Welche Mindestleistung P muß aufgewendet werden, damit von einem großen See (Wassertemperatur ϑ_W) ein Wärmestrom $\dot{Q}$ in eine Warmwasser-Heizungsanlage transportiert wird, deren Wassertemperatur ϑ_H sein soll?

$\dot{Q} = 42$ kJ/s $\quad \vartheta_W = 6\ ^{\circ}C \quad \vartheta_H = 70\ ^{\circ}C$

$$\frac{\dot{Q}}{P} = \varepsilon_W = \frac{T_h}{T_h - T_t}$$

$$P = \dot{Q}\,\frac{T_h - T_t}{T_h}$$

$$T_h = T_0 + \vartheta_H$$

$$T_t = T_0 + \vartheta_W$$

$$\underline{P = \dot{Q}\,\frac{\vartheta_H - \vartheta_W}{T_0 + \vartheta_H}} = \underline{\underline{7{,}8\ \text{kW}}}$$

3.4.3. Dampfmaschine

Eine Dampfmaschine arbeitet zwischen den Temperaturen ϑ_2 und ϑ_1. Dem Wärmebehälter mit der Temperatur ϑ_1 entzieht sie je Minute die Wärme Q_1.
Welche Wärme Q_2 liefert sie stündlich mindestens an den anderen Wärmebehälter ab?

$\vartheta_2 = 50\ ^\circ C \qquad \vartheta_1 = 380\ ^\circ C \qquad Q_1 = 4190\ MJ$

$$\eta = \frac{Q_h + Q_t}{Q_h} = \frac{T_h - T_t}{T_h}$$

$$Q_h = 60\ Q_1 \qquad T_h = T_1$$

$$Q_t = -\ Q_2 \qquad T_t = T_2$$

$(\eta = 0{,}505)$

$$1 + \frac{Q_t}{Q_h} = 1 - \frac{T_t}{T_h}$$

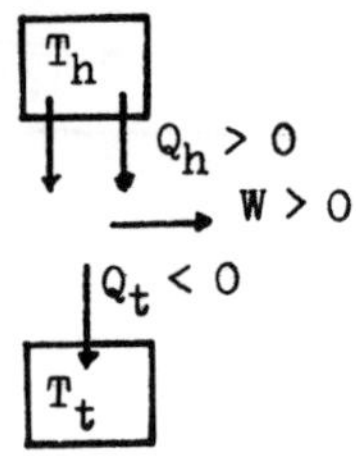

$$Q_t = -\ Q_h\ \frac{T_t}{T_h}$$

$$Q_2 = 60\ Q_1\ \frac{T_2}{T_1} \qquad T = T_0 + \vartheta$$

$$Q_2 = 60\ \frac{T_0 + \vartheta_2}{T_0 + \vartheta_1}\ Q_1 = 124\ GJ$$

3.4.4. Nutzeffekt

Einer Maschine, die nach einem Carnot-Prozeß arbeitet, wird bei tiefer Temperatur ϑ_2 eine Wärme $|Q_2|$ zugeführt. Bei hoher Temperatur ϑ_1 wird $|Q_1|$ abgeführt.

a) Zu welchem Zweck kann die Maschine eingesetzt werden?

b) Man berechne die Arbeit W für eine Periode! Wie wird sie im p(V)-Diagramm veranschaulicht?

c) Durch welche Beziehung wird der Nutzeffekt der Maschine beschrieben?

d) Wie errechnet sich ϑ_1, wenn ϑ_2, $|Q_1|$ und $|Q_2|$ gegeben sind?

e) Wie groß ist die Masse des Gases, mit dem die Maschine arbeitet? Es ist bekannt, daß sich das Gas bei der tiefen Temperatur von V_a auf V_b ausdehnt.

$\vartheta_2 = 10\ ^{\circ}C$ $\quad |Q_1| = 921$ kJ $\quad |Q_2| = 837$ kJ $\quad V_a = 100$ l

$V_b = 200$ l $\quad$ Arbeitsstoff: H_2 $\quad (A_r = 1)$

---

a) Wärmepumpe oder Kältemaschine

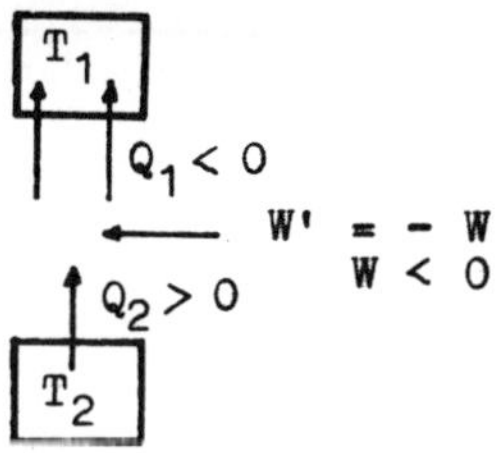

b) $Q_1 = -921$ kJ $\qquad Q_2 = +837$ kJ

$W = Q_1 + Q_2 = |Q_2| - |Q_1| = \underline{\underline{-84\ \text{kJ}}}$

$(W' = -W = 84\ \text{kJ})$

Eingeschlossene Fläche im p(V)-Diagramm

c) Leistungsverhältnis:

Wärmepumpe: $\varepsilon_W = \dfrac{-Q_1}{W'} = \dfrac{|Q_1|}{|W|} = 11$

Kältemasch.: $\varepsilon_K = \dfrac{Q_2}{W'} = \dfrac{|Q_2|}{|W|} = 10$

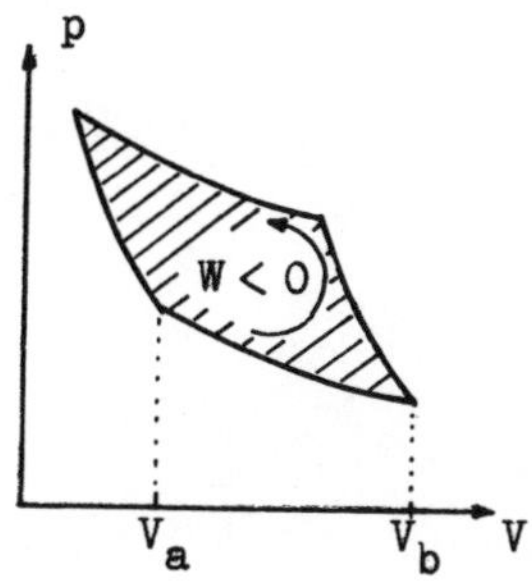

d) $\eta = \dfrac{Q_1 + Q_2}{Q_1} = \dfrac{T_1 - T_2}{T_1}$

$1 + \dfrac{Q_2}{Q_1} = 1 - \dfrac{T_2}{T_1}$

$T_1 = -T_2\,\dfrac{Q_1}{Q_2} = T_2\dfrac{|Q_1|}{|Q_2|}$ $\qquad T = T_0 + \vartheta$

$$\vartheta_1 = (T_0 + \vartheta_2)\,\frac{|Q_1|}{|Q_2|} - T_0 = \underline{\underline{38{,}4\ ^\circ C}}$$

e) I. HS:

$$Q_2 = W_2 = \int_{V_a}^{V_b} p\, dV$$

$$p = \frac{mR'T_2}{V}$$

$$Q_2 = mR'T_2 \int_{V_a}^{V_b} \frac{dV}{V} = mR'T_2 \ln \frac{V_b}{V_a}$$

$$Q_2 = |Q_2|$$

$$m = \frac{|Q_2|}{R'T_2 \ln(V_b/V_a)} = \underline{\underline{1{,}03\ kg}}$$

3.4.5. Maximalwerte

Eine Carnot-Wärmekraftmaschine arbeitet zwischen den Temperaturen T_h und T_t. Während der isothermen Expansion vergrößert sich das Volumen von V_A auf V_B. Der Arbeitsstoff ist Luft der Masse m.

a) Welche Arbeit W gibt die Maschine in einer Periode ab?

b) Welches maximale Volumen V_{max} nimmt das Gas während des Prozesses an?

c) Berechnen Sie das Verhältnis vom größten zum kleinsten Druck (p_{max}/p_{min})!

$T_h = 580$ K $\quad T_t = 290$ K $\quad V_A = 1{,}13$ l $\quad V_B = 11{,}3$ l

$m = 0{,}100$ kg $\quad M_r = 29 \quad \varkappa = 1{,}40$

---

a) $$\eta = \frac{W}{Q_h} = \frac{T_h - T_t}{T_h}$$

$$W = Q_h \frac{T_h - T_t}{T_h}$$

Berechnung von Q_h mit dem I. HS:

$$Q_h = W_h = \int_{V_A}^{V_B} p\,dV \quad \text{mit } p = \frac{mR'T_h}{V}$$

$$Q_h = m\,R'T_h \int_{V_A}^{V_B} \frac{dV}{V} = mR'T_h \ln \frac{V_B}{V_A}$$

$$W = mR'(T_h - T_t) \ln \frac{V_B}{V_A} = \underline{\underline{19{,}1 \text{ kJ}}}$$

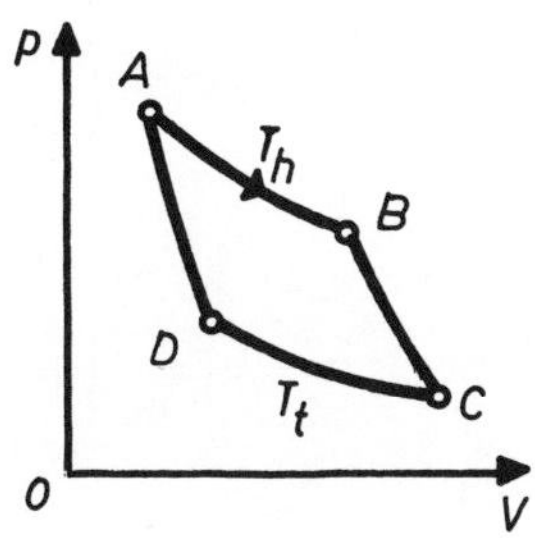

b) Maximalvolumen ist V_C. $(V_C = V_{max})$

Adiabate: $p_B V_B^{\varkappa} = p_C V_C^{\varkappa}$

$$p = \frac{mR'T}{V}$$

$$\Longrightarrow T_B V_B^{\varkappa-1} = T_C V_C^{\varkappa-1}$$

$$T_B = T_h \; ; \; T_C = T_t$$

$$V_{max} = V_B \left(\frac{T_h}{T_t}\right)^{\frac{1}{\varkappa-1}} = \underline{\underline{64 \text{ l}}}$$

c) $p_{max} = p_A$

$p_{min} = p_C$

$p_A V_A = p_B V_B$

$p_B V_B^{\varkappa} = p_C V_C^{\varkappa}$

$$\Longrightarrow \quad \frac{p_A}{p_C} = \frac{V_B}{V_A} \left(\frac{V_C}{V_B}\right)^{\varkappa} = \frac{V_B}{V_A} \left(\frac{V_{max}}{V_B}\right)^{\varkappa}$$

und mit Ergebnis b):

$$\underline{\frac{p_{max}}{p_{min}} = \frac{V_B}{V_A} \left(\frac{T_h}{T_t}\right)^{\frac{\varkappa}{\varkappa-1}}} = \underline{\underline{113}}$$

3.4.6. Stadtheizung

Mit einer nach einem Carnot-Prozeß laufenden Wärmepumpe soll eine Stadtheizungsanlage auf der Temperatur ϑ_1 gehalten werden. Zur Verfügung stehen die elektrische Antriebsleistung P und ein Fluß, durch dessen Profil Wasser der Stromstärke I und der Temperatur ϑ_2 fließt.

a) Welche Wärme $|Q_1|$ wird je Sekunde an die Stadtheizung abgegeben?

b) Um welche Temperaturdifferenz ΔT wird der Fluß abgekühlt?

$\vartheta_1 = 80\ ^\circ C$ $\quad$ $P = 30\ MW$ $\quad$ $\vartheta_2 = 5{,}0\ ^\circ C$ $\quad$ $I = 400\ m^3/s$

$c_W = 4{,}19\ kJ/(kg \cdot K)$

---

a) $$\varepsilon_W = \frac{-Q_1}{W'} = \frac{|Q_1|}{|W|} = \frac{T_1}{T_1 - T_2}$$

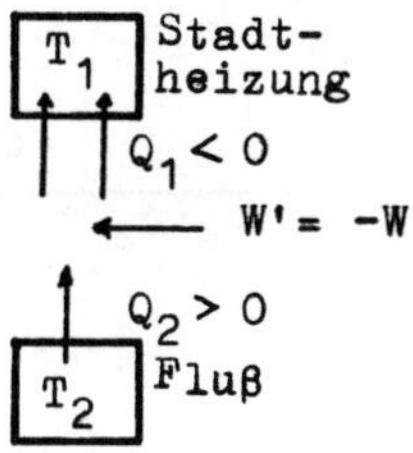

$$W' = Pt = -W$$

$$(t = 1\ s)$$

$$T = T_0 + \vartheta$$

$$|Q_1| = Pt\,\frac{T_0 + \vartheta_1}{\vartheta_1 - \vartheta_2} = 141\ MJ$$

b) $$Q_2 = mc_W\Delta T$$

$$\Delta T = \frac{Q_2}{mc_W} \qquad m = \varrho_W V \qquad I = \frac{V}{t}$$

$$m = \varrho_W It$$

$$\Delta T = \frac{Q_2}{\varrho_W c_W It}$$

Berechnung von Q_2:

$$\frac{Q_2}{W'} = \frac{T_2}{T_1 - T_2}$$ (hier als Kältemaschine betrachtet)

$$Q_2 = Pt\,\frac{T_2}{T_1 - T_2}$$

$$\Delta T = \frac{P(T_0 + \vartheta_2)}{\varrho_W c_W I(\vartheta_1 - \vartheta_2)} = 0{,}066\ K$$

3.4.7. Kältemaschine

Eine Kältemaschine wird von einem Motor der Leistung P angetrieben. Das Kältegefäß besitzt die Temperatur ϑ_2, das Kühlgefäß die Temperatur ϑ_1.
Wie groß ist die Masse m des Eises der Temperatur ϑ_2, das die Maschine stündlich aus Wasser der Temperatur ϑ_3 liefert, wenn man voraussetzt, daß sie nach einem Carnot-Prozeß arbeitet?

$P = 10\ \mathrm{kW}$ $\quad \vartheta_2 = -18\ ^\circ\mathrm{C}$ $\quad \vartheta_1 = +30\ ^\circ\mathrm{C}$ $\quad \vartheta_3 = +20\ ^\circ\mathrm{C}$

Schmelzwärme des Eises $q_f = 332\ \mathrm{kJ/kg}$

spezifische Wärmekapazität des Eises $c_E = 2{,}09\ \mathrm{kJ/(kg\cdot K)}$

spezifische Wärmekapazität des Wassers $c_W = 4{,}19\ \mathrm{kJ/(kg\cdot K)}$

$$Q_2 = m[c_W(\vartheta_3 - \vartheta_0) + q_f + c_E(\vartheta_0 - \vartheta_2)]$$

$$m = \frac{Q_2}{c_W(\vartheta_3 - \vartheta_0) + q_f + c_E(\vartheta_0 - \vartheta_2)}$$

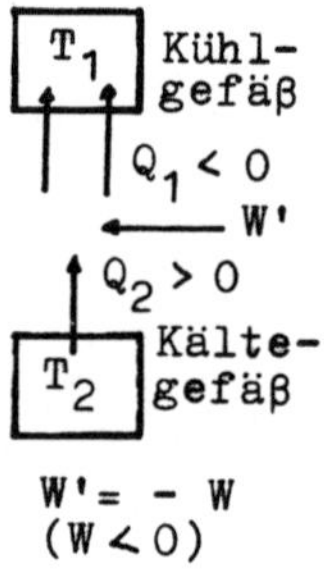

Berechnung von Q_2:

$$\varepsilon_K = \frac{Q_2}{W'} = \frac{Q_2}{Pt} = \frac{T_2}{T_1 - T_2}$$

$$Q_2 = \frac{T_2}{T_1 - T_2}\, Pt$$

$$m = \frac{T_2\, Pt}{(T_1 - T_2)[c_W(\vartheta_3 - \vartheta_0) + q_f + c_E(\vartheta_0 - \vartheta_2)]}$$

$t = 1\ \mathrm{h}$

$T = T_0 + \vartheta$

$$m = \frac{Pt}{c_W(\vartheta_3 - \vartheta_0) + q_f + c_E(\vartheta_0 - \vartheta_2)} \cdot \frac{T_0 + \vartheta_2}{\vartheta_1 - \vartheta_2} = \underline{\underline{422\ \mathrm{kg}}}$$

3.4.8. Kühlschrank

Ein Kompressorkühlschrank hat einen Motor der Leistung P, der periodisch ein- und ausgeschaltet wird. Auf Grund von Reibungs- und Wärmeleitungsverlusten hat die Anlage gegenüber einer idealen Carnotschen Kältemaschine nur den Wirkungsgrad η_V, d.h., für den Kreisprozeß steht nur der Bruchteil η_V der Motorleistung zur Verfügung. Die Oberfläche des Kühlschrankes sei A. Es wird angenommen, daß die Wärmeisolation allein durch den eingelegten Schaumstoff bestimmt wird. Zusätzliche Wärmeverluste durch die Türdichtungen werden vernachlässigt.

a) Welche Dicke d muß die Schaumstoffisolierung bekommen, damit bei der Umgebungstemperatur ϑ_a und einer Kühlschrank-Innentemperatur ϑ_i das Verhältnis von Einschaltzeit zu Ausschaltzeit einen vorgegebenen Wert τ nicht überschreitet? (Für den Wärmedurchgang ist nur die Wärmeleitung zu berücksichtigen.)

b) Bei welcher Raumtemperatur ϑ_a' müßte der Motor im Dauerbetrieb arbeiten, um die Temperatur ϑ_i aufrecht zu erhalten?

Schaumpolystyrol: $\lambda = 0{,}050\ \mathrm{W/(m\cdot K)}$

$\tau = 0{,}20$ $\quad \eta_V = 0{,}16$ $\quad \vartheta_i = 4{,}0\ ^\circ\mathrm{C}$ $\quad \vartheta_a = 22\ ^\circ\mathrm{C}$

$P = 180\ \mathrm{W}$ $\quad A = 2{,}5\ \mathrm{m}^2$

Wärmestrom durch die Isolation in das Kältegefäß (Kühlschrankinnenraum):

$$\frac{Q}{t} = \frac{\lambda}{d} A(\vartheta_a - \vartheta_i)$$

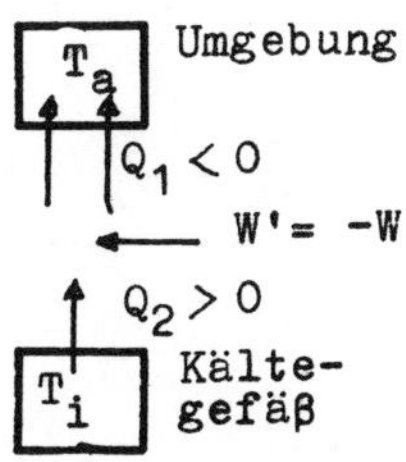

Die Maschine muß dem Kältegefäß die Wärme Q entziehen: $Q = Q_2$

$$\Longrightarrow \quad d = \frac{\lambda}{Q_2} A\,(\vartheta_a - \vartheta_i)t$$

Ermittlung von t:

$$t = t_e + t_a$$

$$\frac{t_e}{t_a} = \tau \qquad t_a = \frac{t_e}{\tau}$$

$$t = t_e\left(1 + \frac{1}{\tau}\right)$$

Ermittlung von Q_2:

$$\frac{Q_2}{W'} = \frac{T_i}{T_a - T_i}$$

$$W' = \eta_V P t_e$$

$$Q_2 = \eta_V P t_e \frac{T_i}{T_a - T_i}$$

$$T = T_0 + \vartheta$$

$$Q_2 = \eta_V P t_e \frac{T_0 + \vartheta_i}{\vartheta_a - \vartheta_i}$$

$$\underline{d = \frac{\lambda}{\eta_V P} A \frac{(\vartheta_a - \vartheta_i)^2}{T_0 + \vartheta_i}\left(1 + \frac{1}{\tau}\right)} = \underline{\underline{30\ \text{mm}}}$$

b) Ansatz mit dem Ergebnis von a):

$$d(\vartheta_a, \tau) = d(\vartheta_a', \tau')$$

$$\tau' \longrightarrow \infty$$

$$(\vartheta_a - \vartheta_i)^2\left(1 + \frac{1}{\tau}\right) = (\vartheta_a' - \vartheta_i)^2$$

$$\underline{\vartheta_a' = \vartheta_i + (\vartheta_a - \vartheta_i)\sqrt{1 + \frac{1}{\tau}}} = \underline{\underline{48\ ^\circ\text{C}}}$$

3.5.1. Eisenstück

Ein Stück Eisen der Masse m und der Temperatur T_1 wird in ein sehr großes Wasserbad der Temperatur $T_2 < T_1$ gebracht. Das Eisen nimmt die Temperatur des Wassers an. Die Temperatur des Bades ändert sich dabei nicht merklich.
Wie groß ist die Entropieänderung ΔS des gesamten Systems?

$m = 1{,}00$ kg $\quad T_1 = 573$ K $\quad T_2 = 288$ K $\quad c_E = 473$ J/(kg·K)

$$\Delta S = \Delta S_E + \Delta S_W$$

$$\Delta S_E = \int_{T_1}^{T_2} \frac{dQ}{T}$$

$$dQ = mc_E\, dT$$

$$\Delta S_E = mc_E \int_{T_1}^{T_2} \frac{dT}{T}$$

$$\Delta S_E = mc_E \ln \frac{T_2}{T_1}$$

$$\Delta S_E = -\, mc_E \ln \frac{T_1}{T_2}$$

$$\Delta S_W = \frac{1}{T_2} \int_0^{Q_W} dQ = \frac{Q_W}{T_2}$$

Die vom Wasser aufgenommene Wärme Q_W ist gleich der vom Eisen abgegebenen.

$$Q_W = mc_E(T_1 - T_2)$$

$$\Delta S_W = mc_E\left(\frac{T_1}{T_2} - 1\right)$$

$$\Delta S = mc_E\left(\frac{T_1}{T_2} - 1 - \ln \frac{T_1}{T_2}\right) = \underline{\underline{143 \text{ J/K}}}$$

3.5.2. Messingkugel

Eine Messingkugel (m_M, c_M, T_M) wird in Wasser (m_W, c_W, T_W) gebracht. Bei völliger Isolierung der Umgebung stellt sich die Endtemperatur T_E ein.
Man zeige, daß dem (nicht reversiblen) Wärmeaustausch eine Zunahme der Entropie ΔS des betrachteten Systems entspricht, und berechne diese!

$m_M = 795$ g $\vartheta_M = 98{,}2\ ^\circ C$ $c_M = 0{,}385$ kJ/(kg·K)
$m_W = 412$ g $\vartheta_W = 18{,}4\ ^\circ C$ $c_W = 4{,}19$ kJ/(kg·K)

Die Wärmekapazität des Gefäßes ist zu vernachlässigen.

$$\Delta S = \int_{T_W}^{T_E} \frac{dQ}{T} + \int_{T_M}^{T_E} \frac{dQ'}{T'}$$

Q = dem Wasser zugeführte Wärme

Q' = dem Messing zugeführte Wärme

$dQ = m_W c_W \, dT$

$dQ' = m_M c_M \, dT'$

$$\Delta S = m_W c_W \int_{T_W}^{T_E} \frac{dT}{T} + m_M c_M \int_{T_M}^{T_E} \frac{dT'}{T'} = m_W c_W \ln \frac{T_E}{T_W} + m_M c_M \ln \frac{T_E}{T_M}$$

$T = T_0 + \vartheta$

$$\Delta S = m_W c_W \ln \frac{T_0 + \vartheta_E}{T_0 + \vartheta_W} - m_M c_M \ln \frac{T_0 + \vartheta_M}{T_0 + \vartheta_E}$$

Berechnung von ϑ_E:

$Q_{ab} = Q_{auf}$

$m_M c_M (\vartheta_M - \vartheta_E) = m_W c_W (\vartheta_E - \vartheta_W)$

$(m_W c_W + m_M c_M)\vartheta_E = m_W c_W \vartheta_W + m_M c_M \vartheta_M$

$$\vartheta_E = \frac{m_W c_W \vartheta_W + m_M c_M \vartheta_M}{m_W c_W + m_M c_M} = 30{,}4\ ^\circ C$$

$\Delta S = 7{,}9$ J/K

3.5.3. Dachziegel

Ein Dachziegel (Masse m) fällt aus der Höhe h in einen Sandhaufen. Sandhaufen, Dachziegel und Umgebung haben die Temperatur T, die sich auch während des Vorganges nicht merklich ändert.
Wie groß ist die Entropieänderung ΔS bei diesem irreversiblen Prozeß?

m = 1,35 kg   h = 15 m   T = 279 K

Dem System (Sandhaufen, Dachziegel, Umgebung) zugeführte Wärme:

$$Q = E_k(2) = E_p(1) = mgh \qquad \text{(bei } T = \text{const)}$$

$$\Longrightarrow \quad \Delta S = \frac{1}{T}\int_0^Q dQ = \frac{Q}{T} = \underline{\frac{mgh}{T}} = \underline{\underline{0{,}71\ \text{J/K}}}$$

3.5.4. Mischvorgang

Wasser der Masse m_1 und der Temperatur ϑ_1 wird mit Wasser der Masse m_2 und der Temperatur $\vartheta_2 < \vartheta_1$ vermischt. Der Mischvorgang verläuft wärmeisoliert gegenüber der Umgebung.
Berechnen Sie die Entropieänderung ΔS, die bis zum Erreichen des Temperaturausgleichs entsteht!

$m_1 = 35$ kg $\quad \vartheta_1 = 80\ ^\circ C \quad c_W = 4{,}19$ kJ/(kg·K)

$m_2 = 25$ kg $\quad \vartheta_2 = 8{,}0\ ^\circ C$

$$\Delta S = \int_{T_2}^{T_M} \frac{dQ}{T} + \int_{T_1}^{T_M} \frac{dQ'}{T}$$

$$dQ = m_2 c_W dT$$

$$dQ' = m_1 c_W dT$$

Dem Wasser der Massen m_2 bzw. m_1 zugeführte Wärmen

$$\Delta S = m_2 c_W \int_{T_2}^{T_M} \frac{dT}{T} + m_1 c_W \int_{T_1}^{T_M} \frac{dT'}{T'}$$

$$\Delta S = m_2 c_W \ln \frac{T_M}{T_2} - m_1 c_W \ln \frac{T_1}{T_M} \qquad T = T_0 + \vartheta$$

$$\Delta S = m_2 c_W \ln \frac{T_0 + \vartheta_M}{T_0 + \vartheta_2} - m_1 c_W \ln \frac{T_0 + \vartheta_1}{T_0 + \vartheta_M}$$

Berechnung von ϑ_M:

$$Q_{ab} = Q_{auf}$$

$$m_1 c_W (\vartheta_1 - \vartheta_M) = m_2 c_W (\vartheta_M - \vartheta_2)$$

$$\vartheta_M (m_2 + m_1) = m_1 \vartheta_1 + m_2 \vartheta_2$$

$$\vartheta_M = \frac{m_1 \vartheta_1 + m_2 \vartheta_2}{m_1 + m_2} = 50\ ^\circ C$$

$\Delta S = 1{,}57$ kJ/K

3.5.5. Rührwerk

Ein wärmeisolierter Behälter (Wärmekapazität C) enthält Wasser (m, c_W) der Temperatur T_1. Über ein Rührwerk wird ihm die Arbeit W' zugeführt, die zur Erhöhung der inneren Energie beiträgt.

Berechnen Sie die dadurch entstehende Entropieänderung ΔS des aus Behälter, Rührwerk und Wasser bestehenden Systems!

$m = 2{,}8$ kg $c_W = 4{,}19$ kJ/(kg·K) $W' = 25$ W·h

$T_1 = 293$ K $C = 860$ J/K

$$\Delta S = \int_{T_1}^{T_2} \frac{dQ}{T}$$

$$dQ = (mc_W + C)dT$$

$$\Delta S = (mc_W + C) \int_{T_1}^{T_2} \frac{dT}{T} = (mc_W + C) \ln \frac{T_2}{T_1}$$

Berechnung von T_2:

$$W' = Q = (mc_W + C)(T_2 - T_1)$$

$$T_2 = T_1 + \frac{W'}{mc_W + C}$$

$$\Delta S = (mc_W + C) \ln\left[1 + \frac{W'}{(mc_W + C)T_1}\right] = 0{,}30 \text{ kJ/K}$$

3.5.6. Gay-Lussac-Versuch

Ein ideales Gas (V_1, T_1, p_1) kann in einen evakuierten Raum expandieren, so daß danach sein Volumen $V_2 = 4\ V_1$ ist. (Vgl. Gay-Lussac-Versuch) Ein Wärmeaustausch mit der Umgebung erfolgt nicht.

a) Wie groß ist die Entropieänderung $\Delta S = S_2 - S_1$?

b) Ist es ein reversibler oder irreversibler Prozeß?

$V_1 = 0{,}20\ m^3 \qquad T_1 = 290\ K \qquad p_1 = 102\ kPa$

---

a) $U \neq f(V)$ (Gay-Lussac-Versuch)

$\Longrightarrow \quad \Delta U = 0$ bzw. $T_2 = T_1$

Entropieänderung eines idealen Gases bei isothermer Zustandsänderung (reversibler Vergleichsprozeß):

$$\Delta S = \int_1^2 \frac{dQ}{T} = \frac{1}{T_1}\int_1^2 dQ \qquad dQ = dW = p\ dV$$

$$p = \frac{mR'T_1}{V}$$

$$\Delta S = mR'\int_{V_1}^{V_2} \frac{dV}{V} = mR' \ln \frac{V_2}{V_1} \qquad V_2 = 4\ V_1$$

$$mR' = \frac{p_1 V_1}{T_1}$$

$$\Delta S = \frac{p_1 V_1}{T_1} \ln 4 = 97{,}5\ J/K$$

Hinweis: Beim Gay-Lussac-Versuch Volumenvergrößerung ohne Kraftaufwand, d.h. ohne mechan. Arbeit; deshalb auch keine Wärmeaufnahme aus der Umgebung ($Q = W = 0$). Beim isothermen Vergleichsprozeß dagegen ist $Q = W > 0$. Er kann der Berechnung dienen, da Entropie (Zustandsgröße) vom Weg unabhängig.

b) Irreversibel, da im abgeschlossenen System $\Delta S > 0$.

3.5.7. Druckausgleich

In einem Behälter vom Volumen V_1 befindet sich ein ideales Gas unter dem Druck p_1. Ein zweiter Behälter vom Volumen V_2 enthält das gleiche Gas mit dem Druck p_2. Die Behälter sind durch eine Überströmleitung verbunden, deren Hahn geöffnet wird, so daß sich Druckausgleich einstellt. Die Temperatur vor und nach dem Überströmen ist in beiden Volumen T.
Berechnen Sie die Entropieänderung ΔS des Systems!

$V_1 = 2{,}5\ m^3$ $\quad p_1 = 2{,}1$ kPa $\quad T = 291$ K
$V_2 = 6{,}0\ m^3$ $\quad p_2 = 0{,}3$ kPa

Entropieänderungen bei T = const für die beiden Gase, wenn V' und p' den Endzustand kennzeichnen:

$$\Delta S_1 = m_1 R' \ln \frac{V_1'}{V_1}, \text{ wobei } m_1R' = \frac{p_1V_1}{T}$$

$$\Delta S_2 = m_2 R' \ln \frac{V_2'}{V_2}, \text{ wobei } m_2R' = \frac{p_2V_2}{T}$$

$$\Delta S_1 = \frac{p_1V_1}{T} \ln \frac{V_1'}{V_1}$$

$$\Delta S_2 = \frac{p_2V_2}{T} \ln \frac{V_2'}{V_2}$$

Berechnung von V_1' und V_2':

$p_1V_1 = p'V_1'$ und $p_2V_2 = p'V_2'$ mit $V_1 + V_2 = V_1' + V_2'$

liefert $V_1 + V_2 = \dfrac{p_1V_1 + p_2V_2}{p'}$ bzw. $p' = \dfrac{p_1V_1 + p_2V_2}{V_1 + V_2}$.

Somit wird $\quad \dfrac{V_1'}{V_1} = \dfrac{p_1}{p'} = \dfrac{p_1(V_1 + V_2)}{p_1V_1 + p_2V_2}$ und

$$\frac{V_2'}{V_2} = \frac{p_2}{p'} = \frac{p_2(V_1 + V_2)}{p_1V_1 + p_2V_2}$$

$$\Delta S = \Delta S_1 + \Delta S_2$$

$$\Delta S = \frac{1}{T}\left[p_1V_1 \ln \frac{p_1(V_1 + V_2)}{p_1V_1 + p_2V_2} - p_2V_2 \ln \frac{p_1V_1 + p_2V_2}{p_2(V_1 + V_2)}\right]$$

$\Delta S = 10{,}5$ J/K

3.5.8. Wärmeleiter

Zwischen zwei Wärmebehältern, deren Temperaturen T_1 und $T_2 < T_1$ konstant bleiben, befindet sich ein Wärmeleiter (A, l, λ).

a) Berechnen Sie den Wärmestrom $\dot{Q}$ im Wärmeleiter!

b) Welche mechanische Leistung P könnte erzeugt werden, wenn der Wärmeleiter durch eine ideale Wärmekraftmaschine ersetzt würde?

c) Wie ändert sich die Entropie im abgeschlossenen System (beide Wärmebehälter und Wärmeleiter) innerhalb der Zeit t?

d) Geben Sie eine Formel an, die die in c) berechnete Entropieänderung mit der in b) berechneten (nicht realisierten) Nutzleistung P verknüpft!

$T_1 = 380\ \mathrm{K}$ $T_2 = 300\ \mathrm{K}$ $A = 200\ \mathrm{cm}^2$ $l = 10{,}0\ \mathrm{cm}$

$\lambda = 58\ \mathrm{W/(m \cdot K)}$ $t = 60{,}0\ \mathrm{min}$

---

a) $$\dot{Q} = A\,\frac{\lambda}{l}\,(T_1 - T_2) = \underline{\underline{928\ \mathrm{W}}}$$

b) $$\eta = \frac{P}{\dot{Q}} = \frac{T_1 - T_2}{T_1}$$

$$P = \frac{T_1 - T_2}{T_1}\,\dot{Q} = \underline{\underline{195\ \mathrm{W}}}$$

c) Wärmeleiter ändert Entropie nicht, da stationärer Vorgang.

$$\Delta S = \Delta S_1 + \Delta S_2 = \frac{-Q}{T_1} + \frac{Q}{T_2}$$

$$Q = \dot{Q}\,t$$

$$\Delta S = \left(\frac{1}{T_2} - \frac{1}{T_1}\right)\dot{Q}\,t = \underline{\underline{2{,}34\ \mathrm{kJ/K}}}$$

d) Mit $\dot{Q} = \frac{T_1}{T_1 - T_2}\,P$ aus b) wird das Ergebnis von c):

$$\Delta S = \left(\frac{T_1 - T_2}{T_1 T_2}\right)\left(\frac{T_1}{T_1 - T_2}\right) Pt = \underline{\frac{Pt}{T_2}}$$

3.5.9. Zwei Luftmengen

Ein abgeschlossenes thermodynamisches System, das zwei getrennte Luftmengen (Masse m_1 und m_2) enthält, ändert seinen Zustand. Die Anfangswerte von Druck und Temperatur sind p_1, T_1 bzw. p_2, T_2. Im Endzustand haben die beiden (getrennt gebliebenen) Luftmengen die gleichen Werte p' und T' angenommen. Ist die Zustandsänderung des Systems reversibel abgelaufen?

m_1 = 3,00 kg	p_1 = 1,25 MPa	T_1 = 369 K	
m_2 = 5,00 kg	p_2 = 4,10 MPa	T_2 = 305 K	
p'= 1,40 MPa	T' = 329 K	$c_p = \frac{7}{2} R'$	M_r = 29

Teilsystem 1 (Luft der Masse m_1):

$$\Delta S_1 = m_1 c_V \ln \frac{T'}{T_1} + m_1 R' \ln \frac{V'}{V_1}$$

$$\frac{p'V'}{T'} = \frac{p_1 V_1}{T_1} \implies \frac{V'}{V_1} = \frac{p_1}{p'} \frac{T'}{T_1}$$

$$\Delta S_1 = m_1 c_V \ln \frac{T'}{T_1} + m_1 R' \ln \frac{p_1}{p'} + m_1 R' \ln \frac{T'}{T_1}$$

$$c_V + R' = c_p = \frac{7}{2} R'$$

$$\Delta S_1 = m_1 \frac{7}{2} R' \ln \frac{T'}{T_1} + m_1 R' \ln \frac{p_1}{p'}$$

Teilsystem 2 (Luft der Masse m_2) analog:

$$\Delta S_2 = m_2 \frac{7}{2} R' \ln \frac{T'}{T_2} + m_2 R' \ln \frac{p_2}{p'}$$

Gesamtsystem:

$$\Delta S = \Delta S_1 + \Delta S_2$$

$$\Delta S = R' \left(\frac{7}{2} m_1 \ln \frac{T'}{T_1} + \frac{7}{2} m_2 \ln \frac{T'}{T_2} - m_1 \ln \frac{p'}{p_1} - m_2 \ln \frac{p'}{p_2}\right)$$

ΔS = + 1,48 kJ/K Irreversibel

3.5.10. Mischentropie

In einem abgeschlossenen Raum vom Volumen V_0 ist ein Teilvolumen V_1 durch eine feste Wand abgegrenzt. In diesem Teilvolumen befindet sich O_2 bei einem Druck p_1 und der Temperatur ϑ_1, im übrigen Raum befindet sich N_2 bei dem Druck p_2 und der gleichen Temperatur.
Wie groß ist die Entropieänderung des Systems, wenn man die Trennwand entfernt? (Man betrachte beide Gase als ideal und rechne für jede Gasart so, als sei die andere Gasart nicht vorhanden.)

$V_0 = 10{,}0\ \mathrm{m}^3$ $\quad V_1 = 1{,}00\ \mathrm{m}^3$ $\quad p_1 = 980\ \mathrm{kPa}$ $\quad \vartheta_1 = 20\ {}^\circ\mathrm{C}$
$p_2 = 100\ \mathrm{kPa}$

$$\Delta S = \Delta S_1 + \Delta S_2 \qquad T = \text{const}$$

$$\Delta S = m_1 R_1' \ln \frac{V_0}{V_1} + m_2 R_2' \ln \frac{V_0}{V_2}$$

$$pV = mR'T$$

$$\Longrightarrow \quad m_1 R_1' = \frac{p_1 V_1}{T_1}$$

$$m_2 R_2' = \frac{p_2 V_2}{T_2}$$

$$V_2 = V_0 - V_1 \qquad T = T_0 + \vartheta$$

$$\Delta S = \frac{p_1 V_1}{T_0 + \vartheta_1} \ln \frac{V_0}{V_1} + \frac{p_2 (V_0 - V_1)}{T_0 + \vartheta_1} \ln \frac{V_0}{V_0 - V_1} = 8{,}02\ \mathrm{kJ/K}$$

3.6.1. Geschwindigkeitsintervall

Stickstoff hat die Temperatur ϑ.

a) Man schätze ab, wie hoch der Anteil der Moleküle mit der Geschwindigkeit zwischen v_1 und v_2 ist!

b) Wieviel Moleküle N^* sind das für die Stoffmenge $\nu = 1$ kmol?

$\vartheta = 0^\circ C$ $\quad v_1 = 250$ m/s $\quad v_2 = 260$ m/s

Stickstoff: $M_r = 28$

---

a) Maxwellsche Geschwindigkeitsverteilung:

$$\frac{dN}{N\,dv} = \sqrt{\frac{8\mu}{\pi k T}}\,\frac{\mu v^2}{2kT}\,e^{-\frac{\mu v^2}{2kT}}$$

Abschätzung:

$$\frac{\Delta N}{N\,\Delta v} \approx \sqrt{\frac{8\mu}{\pi k T}}\,\frac{\mu \bar{v}^2}{2kT}\,e^{-\frac{\mu \bar{v}^2}{2kT}}$$

$$\bar{v} = \frac{v_1 + v_2}{2}$$

$$\Delta v = v_2 - v_1$$

$$T = T_0 = 273\ \mathrm{K}$$

$$\frac{k}{\mu} = R'$$

$$\underline{\frac{\Delta N}{N} = \sqrt{\frac{8}{\pi R' T_0}}\,\frac{\bar{v}^2}{2R'T_0}\,e^{-\frac{\bar{v}^2}{2R'T_0}}\,\Delta v} = \underline{\underline{1{,}5\ \%}}$$

b) $$\frac{N^*}{N_A\,\nu} = \frac{\Delta N}{N}$$

$$\underline{N^* = \frac{\Delta N}{N} N_A \nu} = \underline{\underline{9{,}0 \cdot 10^{24}}}$$

3.6.2. Häufigste Geschwindigkeit

Bei welcher Geschwindigkeit der Gasteilchen liegt das Maximum der Geschwindigkeitsverteilung für Wasserstoff ($M_r = 2$), Helium ($A_r = 4$) und Stickstoff ($M_r = 28$) bei $\vartheta = 100\ ^{\circ}C$?

$$v_w = \sqrt{2R'T}$$

$$T = T_0 + \vartheta = 373\ K$$

$$R' = \frac{8314\ J}{M_r\ kg\ K}$$

H_2: $M_r = 2$ $\quad$ $v_w = 1761\ m/s$

He: $M_r = A_r = 4$ $\quad$ $v_w = 1245\ m/s$

N_2: $M_r = 28$ $\quad$ $v_w = 471\ m/s$

3.6.3. Geschwindigkeitsverteilung

Sauerstoff habe die Temperatur T_1 bzw. T_2.

a) Berechnen Sie die wahrscheinlichsten Geschwindigkeiten v_{w1} bzw. v_{w2} bei den angegebenen Temperaturen! Die Formel für v_w ist aus der Maxwellschen Geschwindigkeitsverteilung herzuleiten!

b) Berechnen Sie die zugehörigen Werte der Verteilungsfunktion $w(v_{w1})$ bzw. $w(v_{w2})$!

c) Skizzieren Sie die Kurven der Häufigkeitsverteilungen w(v) für die beiden Temperaturen T_1 und T_2!

$T_1 = 300$ K $\quad T_2 = 700$ K $\quad$ Sauerstoff: $M_r = 32$

---

a) $$\frac{dN}{N\,dv} = w(v) = \left[\sqrt{\frac{8\mu}{\pi kT}}\,\frac{\mu}{2kT}\right] v^2\, e^{-\frac{\mu v^2}{2kT}}$$

$$\frac{dw}{dv} = w'(v) = [\ldots](2v - v^2\,\frac{\mu v}{kT})\, e^{-\frac{\mu v^2}{2kT}}$$

$$w'(v_w) = 0 \implies 2 - \frac{\mu v_w^2}{kT} = 0$$

$$v_w = \sqrt{\frac{2kT}{\mu}} = \sqrt{2R'T}$$

$v_{w1} = 395$ m/s $\qquad v_{w2} = 603$ m/s

b) $$w(v_w) = \left[\sqrt{\frac{8}{\pi R'T}}\,\frac{1}{2R'T}\right] 2R'T e^{-1} = \frac{4}{e\sqrt{\pi}}\,\frac{1}{\sqrt{2R'T}}$$

$$w(v_w) = \frac{4}{e\sqrt{\pi}}\,\frac{1}{v_w}$$

$w_1 = 2{,}10\cdot 10^{-3}$ s/m

$w_2 = 1{,}38\cdot 10^{-3}$ s/m

c)

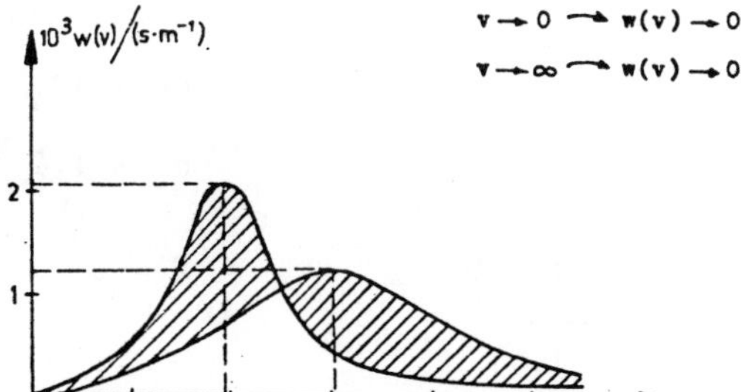

3.6.4. Teilchenenergie

Einer abgeschlossenen Gasmenge Argon (m, A_r) wird bei konstantem Volumen die Wärme Q zugeführt.

a) Berechnen Sie die Änderung der kinetischen Energie $\Delta\overline{E}_k$, die im Mittel auf ein Argonatom entfällt!
b) Welche Temperaturänderung ΔT erfährt das Gas?
c) Wie groß ist der Adiabatenexponent $\varkappa$ für Argon?

$m = 100$ g $\quad A_r = 40 \quad Q = 4{,}19$ kJ

---

a) $W = 0$

$$\Longrightarrow \quad Q = \Delta U = N\,\Delta\overline{E}_k \qquad N = \frac{m}{\mu} = m\,N'_A$$

$$\Delta\overline{E}_k = \frac{Q}{m\,N'_A} = 2{,}8\cdot10^{-21}\ \text{J}$$

b) $$\Delta\overline{E}_k = \frac{3}{2}\,k\,\Delta T$$

$$\Delta T = \frac{2}{3k}\,\Delta\overline{E}_k = \frac{2Q}{3m\,kN'_A} \qquad kN'_A = R'$$

$$\Delta T = \frac{2Q}{3mR'} = 134\ \text{K}$$

c) $$\varkappa = \frac{c_p}{c_V} = \qquad c_p = c_V + R'$$

$$\varkappa = \frac{c_V + R'}{c_V} = 1 + \frac{R'}{c_V}$$

Ermittlung von c_V:

$$\Delta U = mc_V\,\Delta T = Nf\,\frac{k}{2}\,\Delta T$$

$$c_V = f\,\frac{k}{2}\,\frac{N}{m} = f\,\frac{k}{2}\,N'_A = \frac{f}{2}\,R'$$

$$\varkappa = 1 + \frac{2}{f} \qquad f = 3$$

$$\varkappa = 1{,}67$$

3.6.5. Mittlere freie Weglänge

Ein Gefäß mit Luft wird bei der Temperatur ϑ ausgepumpt.

a) Wie groß ist die mittlere freie Weglänge Λ bei p_1, p_2, p_3?

b) Wie groß ist die Zahl der Zusammenstöße N_Z eines Moleküls in der Zeit Δt?

Luft: $M_r = 29$ Molekülradius $r_0 = 1{,}88 \cdot 10^{-8}$ cm $\vartheta = 20\ ^\circ C$

$p_1 = 100$ kPa (normaler Luftdruck) $p_2 = 100$ Pa (Leuchtstoffröhre) $p_3 = 0{,}10$ Pa (Elektronenröhre) $\Delta t = 1{,}0$ s

---

a) $$\Lambda = \frac{1}{4\sqrt{2}\,\pi r_0^2 n}$$

Ermittlung von n:

$$p = \frac{1}{3} n\mu \overline{v^2} \qquad \overline{v^2} = 3R'T$$

$$p = n\mu R'T \qquad \mu R' = k$$

$$p = nkT$$

$$n = \frac{p}{k\,T}$$

$$\Lambda = \frac{kT}{4\sqrt{2}\,\pi r_0^2 p}$$

b) $$N_Z = \frac{s}{\Lambda} = \frac{\bar{v}\,\Delta t}{\Lambda}$$

$$N_Z = \sqrt{\frac{8}{\pi} R'T}\ \frac{\Delta t}{\Lambda}$$

Ergebnisse:

p/Pa	Λ/cm	N_Z
10^5	$6{,}4 \cdot 10^{-6}$	10^{10}
10^2	$6{,}4 \cdot 10^{-3}$	10^7
10^{-1}	$6{,}4$	10^4

3.6.6. Wegsumme

Für Luft mit dem Volumen V, der Temperatur T und dem Druck p schätze man ab

a) die Summe s der Wegstrecken, die von allen Molekülen in der Zeit t zurückgelegt werden,

b) die Zeit t_L, die Licht benötigen würde, um im Vakuum die Strecke s zurückzulegen,

c) die Zahl N_Z der Zusammenstöße zwischen den Molekülen in der Zeit t!

$V = 1\ mm^3$ $T = 300\ K$ $p = 0{,}1\ MPa$ $t = 1\ s$

$M_r = 29$ Moleküle kugelförmig mit dem Radius $r_0 = 2\cdot 10^{-10}\ m$

---

a) $s = N\,\overline{v}t$ $N = \frac{m}{\mu}$ $m = \frac{pV}{R'T}$

$s = \frac{pV}{\mu R'T}\,\overline{v}t$

$\overline{v} = \sqrt{\frac{8}{\pi}R'T}$ $\mu R' = k$

$s = \frac{pV}{k}\sqrt{\frac{8R'}{\pi T}}\,t = 10^{19}\ m$

b) $t_L = \frac{s}{c} = 10^3\ a$

c) $N_Z = \frac{1}{2}\frac{s}{\Lambda}$ (2 Teilchen an einem Zusammenstoß beteiligt!)

$\Lambda = \frac{1}{4\sqrt{2}\,\pi n r_0^2}$

Ermittlung von n:

$p = \frac{1}{3} n\mu\overline{v^2}$ $\overline{v^2} = 3R'T$

$p = n\mu R'T$ $\mu R' = k$

$n = \frac{p}{kT}$

$N_Z = \frac{1}{2}s\,4\sqrt{2}\,\pi r_0^2\frac{p}{kT} = 2\sqrt{2}\,\pi r_0^2\frac{p}{kT}s = 10^{26}$

3.6.7. Hochvakuumgefäß

In einem Hochvakuumgefäß vom Durchmesser d mit Neon-Restgasatmosphäre soll die mittlere freie Weglänge Λ der Gasatome die Gefäßabmessungen überschreiten.
Unterhalb welchen Drucks p ist diese Bedingung erfüllt?
Die Temperatur des Gefäßes ist T.
$d = 50$ cm $T = 300$ K Radius des Neonatoms: $r_0 = 0{,}14$ nm

---

$$p = \frac{1}{3} n \mu \overline{v^2}$$

Bedingung:

$$d = \Lambda = \frac{1}{4\sqrt{2}\,\pi n r_0^2}$$

$$\Longrightarrow \quad n = \frac{1}{4\sqrt{2}\,\pi r_0^2 d}$$

$$p = \frac{1}{3} \mu \overline{v^2} \frac{1}{4\sqrt{2}\,\pi r_0^2 d}$$

$$\frac{1}{2} \mu \overline{v^2} = \frac{3}{2} kT$$

$$\frac{1}{3} \mu \overline{v^2} = kT$$

$$p = \frac{kT}{4\sqrt{2}\,\pi r_0^2 d} = 2{,}4 \cdot 10^{-2}\ \text{Pa}$$

3.6.8. Gasdruck

In einem idealen Gas sind die mittlere kinetische Energie $\overline{E}_k$ der Teilchen und die Teilchendichte n bekannt.
Welcher Druck p herrscht in diesem Gas?

$n = 3{,}45 \cdot 10^{27}\ m^{-3}$ $\quad \overline{E}_k = 7{,}62 \cdot 10^{-21}\ J$

$$p = \frac{1}{3}\, n\, \mu \overline{v^2}$$

$$\frac{1}{2}\, \mu \overline{v^2} = \overline{E}_k$$

$$p = \frac{2}{3}\, n\, \overline{E}_k = 17{,}5\ MPa$$

3.6.9. Teilchenstromstärke

Durch ein Leck in einer Ultrahochvakuumapparatur dringt bei der Temperatur T ein Gasstrom der Stärke I_V ein.

a) Wie groß ist die Teilchenstromstärke $\dot{N}$?

b) Wie groß ist der Massenstrom $\dot{m}$, wenn das eindringende Gas Stickstoff ist?

c) Welche elektrische Stromstärke I würde ein Strom einwertiger Ionen haben, der die gleiche Teilchenstromstärke aufweist?

d) In welcher Zeit t würde ein Luftvolumen V (unter Normaldruck p_a) in die Apparatur eindringen, wenn die Vakuumpumpe im Inneren den Druck p_1 konstant hält?

$T = 293\ \text{K}$ $\quad I_V = p\dot{V} = 1{,}0 \cdot 10^{-7}\ \text{Pa} \cdot \text{l/s}$ $\quad$ Stickstoff: $M_r = 28$

$V = 1{,}0\ \text{cm}^3$ $\quad p_a = 101\ \text{kPa}$ $\quad p_1 = 0{,}10\ \text{Pa}$

---

a) $\dot{N} = \dfrac{\dot{m}}{\mu}$ $\qquad I_V = p\dot{V} = p\,\dfrac{\dot{m}}{\varrho}$

$\dot{N} = \dfrac{I_V \varrho}{p\mu}$ $\qquad \dfrac{\varrho}{\mu} = n$

$\dot{N} = \dfrac{I_V n}{p}$ $\qquad$ Ermittlung von p:

$$p = \frac{1}{3}\, n\, \mu \overline{v^2} \qquad \overline{v^2} = 3R'T$$

$$p = n\, \mu R'T \qquad \mu R' = k$$

$$p = nkT$$

$\dot{N} = \dfrac{I_V}{kT} = \underline{\underline{2{,}5 \cdot 10^{10}\ \text{s}^{-1}}}$

b) $\dot{m} = \mu \dot{N}$ $\qquad \mu = \dfrac{1}{N'_A}$

$\dot{m} = \dfrac{\dot{N}}{N'_A} = \underline{\underline{1{,}15 \cdot 10^{-12}\ \text{g/s}}}$

c) $I = e\dot{N} = \underline{\underline{4{,}0 \cdot 10^{-9}\ \text{A}}}$

d) $I_V = \dfrac{p_a V}{t}$

$t = \dfrac{p_a V}{I_V} = \underline{\underline{32\ \text{a}}}$

3.6.10. Saugvermögen

Unter dem Saugvermögen einer Hochvakuumpumpe versteht man das Gasvolumen, das die Pumpe je Zeiteinheit abzusaugen vermag. Wie groß kann das Saugvermögen S einer Pumpe mit einer kreisförmigen Ansaugöffnung vom Durchmesser d für Stickstoff der Temperatur T höchstens sein, wenn man annimmt, daß keine Rückströmung auftritt? (Im Hochvakuumbereich gilt $\Lambda \gg d$.)

$d = 65$ mm $T = 293$ K Stickstoff: $M_r = 28$

$$S = \frac{dV}{dt}$$

$$n = \frac{dN}{dV}$$

$$dV = \frac{dN}{n}$$

$$S = \frac{1}{n}\frac{dN}{dt}$$

$$\frac{dN}{dt} = \frac{An\bar{v}}{4}$$

$$S = \frac{1}{4} A\bar{v}$$

$$\bar{v} = \sqrt{\frac{8}{\pi} R'T} \qquad A = \frac{\pi}{4} d^2$$

$$S = \frac{1}{4}\sqrt{\frac{8}{\pi} R'T}\,\frac{\pi}{4} d^2$$

$$S = \sqrt{\frac{\pi}{32} R'T}\; d^2 = 390 \text{ l/s}$$

3.6.11. Bedeckungszeit

Ein Argonatom nimmt auf einer Oberfläche die Fläche A_0 ein. Nach welcher Zeit t bedeckt sich eine anfangs reine Metalloberfläche im Ultrahochvakuum beim Druck p mit einer monoatomaren Argonschicht, wenn alle auftreffenden Argonatome adsorbiert werden?
Die Ultrahochvakuumapparatur hat die Temperatur T.

$A_0 = 1{,}44\cdot 10^{-15}\ \text{cm}^2$ $\quad p = 1{,}0\cdot 10^{-7}\ \text{Pa}$ $\quad T = 293\ \text{K}$

Argon: $A_r = 39{,}9$

$$\frac{dN}{dt} = \frac{An\bar{v}}{4}$$

$$dN = \frac{An\bar{v}}{4}\,dt$$

$$N = \frac{An\bar{v}}{4}\,t$$

$$t = \frac{4N}{An\bar{v}}$$

$$A = NA_0 \qquad \bar{v} = \sqrt{\frac{8}{\pi}R'T}$$

$$t = \frac{4}{A_0 n\sqrt{\frac{8}{\pi}R'T}}$$

Ermittlung von n:

$$p = \frac{1}{3}n\mu\overline{v^2} \qquad \overline{v^2} = 3R'T$$

$$p = n\mu R'T \qquad \mu R' = k$$

$$n = \frac{p}{kT}$$

$$t = \frac{k}{A_0 p}\sqrt{\frac{2\pi T}{R'}} = 47{,}5\ \text{min}$$

3.6.12. Adiabatenexponent

Geben Sie auf Grund der Modellvorstellung der Gaskinetik eine Beziehung zwischen dem Adiabatenexponent $\varkappa$ und dem Freiheitsgrad f eines Gasmoleküls an!
(Gehen Sie dabei von den verschiedenen Darstellungen der inneren Energie aus.)
Was erhalten Sie
a) für einatomige
b) zweiatomige
c) dreiatomige Gase?
Hinweis: Bei dreiatomigen Gasen Anordnung der Atome nicht auf einer Geraden

---

Innere Energie:

$$U = mc_V T = nf \frac{k}{2} T$$

$$N\mu c_V T = Nf \frac{k}{2} T$$

$$\Longrightarrow \quad c_V = \frac{fk}{2\mu} \qquad \frac{k}{\mu} = R'$$

$$c_V = \frac{f}{2} R'$$

Zusammenhang mit $\varkappa$:

$$\varkappa = \frac{c_p}{c_V} \qquad c_p = R' + c_V$$

$$\varkappa = \frac{R'(1 + \frac{f}{2})}{\frac{f}{2} R'}$$

$$\varkappa = \frac{2}{f} + 1$$

Ergebnisse:

	f	$\varkappa$
a)	3	$\frac{5}{3} = 1{,}67$
b)	5	$\frac{7}{5} = 1{,}40$
c)	6	$\frac{4}{3} = 1{,}33$

4. ELEKTRIZITÄT UND MAGNETISMUS

4.1.1. Glühlampe

Eine Glühlampe für die Spannung U nimmt bei der Glühtemperatur T die Leistung P auf. Der Glühdraht hat den Durchmesser d und bei der Temperatur T_0 den spezifischen Widerstand ϱ_0. Der spezifische Widerstand ϱ ist proportional der Temperatur T.

a) Gesucht ist die Drahtlänge l.

b) Welche Stromstärke I_0 tritt unmittelbar nach dem Einschalten auf?

$U = 220$ V $T = 2500$ K $P = 60$ W $d = 25$ µm

$T_0 = 291$ K $\varrho_0 = 5{,}3 \cdot 10^{-8}$ Ω·m

---

a) $$R = \varrho \frac{l}{A}$$

$$l = \frac{RA}{\varrho}$$

$$P = UI \qquad I = \frac{U}{R}$$

$$P = \frac{U^2}{R}$$

$$R = \frac{U^2}{P}$$

$$A = \frac{\pi}{4} d^2$$

$$\frac{\varrho}{\varrho_0} = \frac{T}{T_0}$$

$$\varrho = \varrho_0 \frac{T}{T_0}$$

$$l = \frac{\pi d^2 U^2 T_0}{4 P \varrho_0 T} = 87 \text{ cm}$$

b) $$I_0 = \frac{U}{R_0}$$

$$\frac{R_0}{R} = \frac{\varrho_0}{\varrho} = \frac{T_0}{T} \qquad R_0 = R \frac{T_0}{T}$$

$$I_0 = \frac{U}{R} \frac{T}{T_0} = I \frac{T}{T_0}$$

$$I_0 = \frac{PT}{UT_0} = 2{,}3 \text{ A}$$

4.1.2. Tauchsieder

Mit einem Tauchsieder (Spannung U) wird Wasser (Masse m, spezifische Wärmekapazität c_W) bei dem Wirkungsgrad η in der Zeit t von der Temperatur ϑ_1 auf die Temperatur ϑ_2 erwärmt. Welchen Widerstand R hat das System der Heizdrähte?

$U = 220$ V $\quad \eta = 0{,}80 \quad c_W = 4{,}19$ kJ/(kg·K) $\quad m = 3{,}0$ kg

$t = 15$ min $\quad \vartheta_1 = 10\ ^\circ C \quad \vartheta_2 = 100\ ^\circ C$

$$R = \frac{U}{I}$$

$$I = \frac{U}{P}$$

$$R = \frac{U^2}{P}$$

Ermittlung von P:

$$Q = \eta P t = m c_W (\vartheta_2 - \vartheta_1)$$

$$P = \frac{m c_W (\vartheta_2 - \vartheta_1)}{\eta t}$$

$$R = \frac{U^2 \eta t}{m c_W (\vartheta_2 - \vartheta_1)} = \underline{\underline{31\ \Omega}}$$

4.1.3. Generator

Bei einem Generator wird die Drehzahl so erhöht, daß die Stromstärke in der Zeit t_1 von Null auf I_1 nach der Funktion $I(t) = kt^2$ anwächst. (k ist eine Konstante.)
Wieviel Elektronen (Anzahl N) passieren in dieser Zeit den angeschlossenen Außenwiderstand?
$I_1 = 6{,}0\ \text{A} \qquad t_1 = 8{,}0\ \text{s}$

$$I = \frac{dQ}{dt} = e\,\frac{dN}{dt}$$

(el. Strom als Fluß positiver Ladungen der Anzahl N und vom Betrag e)

$$dN = \frac{1}{e}\, I\, dt$$

$$I = kt^2$$

$$N = \frac{k}{e}\int_0^{t_1} t^2\, dt$$

$$N = \frac{k\,t_1^3}{3e}$$

Bestimmung von k:

$$I_1 = kt_1^2$$

$$k = \frac{I_1}{t_1^2}$$

$$N = \frac{I_1 t_1}{3e} = 1{,}0\cdot 10^{20}$$

4.1.4. Widerstände

Gegeben ist eine Schaltung von fünf Widerständen.

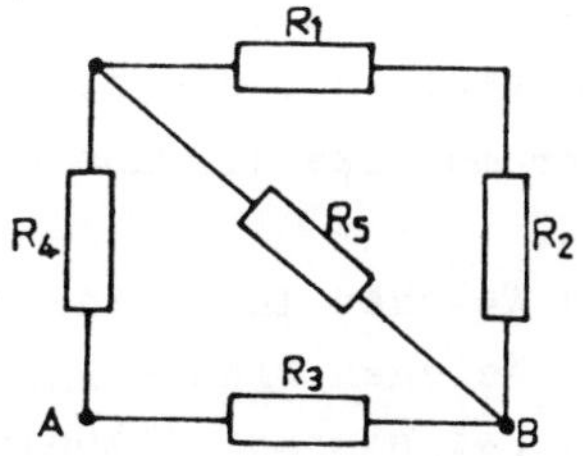

a) Welchen Gesamtwiderstand R hat die Schaltung zwischen den Punkten A und B?

b) Welche Spannung U liegt zwischen den Punkten A und B, wenn an A und B eine Spannungsquelle mit der Urspannung U_e und dem Innenwiderstand R_i angeschlossen wird?

c) Welche Stromstärke I_4 hat der Strom, der durch den Widerstand R_4 fließt?

$R_1 = 200\ \Omega$ $R_2 = 100\ \Omega$ $R_3 = 100\ \Omega$ $R_4 = 50\ \Omega$

$R_5 = 200\ \Omega$ $U_e = 6{,}0\ \text{V}$ $R_i = 10\ \Omega$

---

a) $R = R_3 \| \left\{R_4 + [(R_1 + R_2) \| R_5]\right\}$

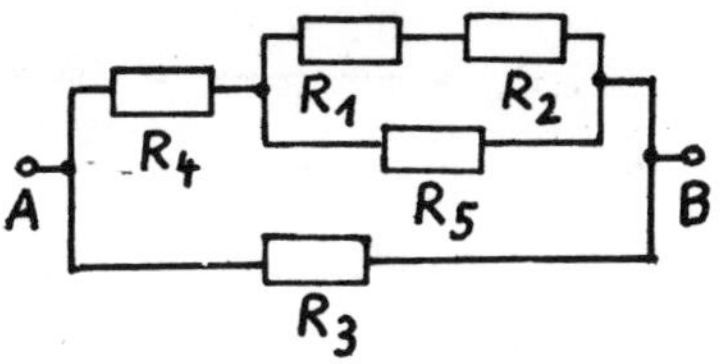

Im einzelnen:

$R_1 + R_2 = R_a$ $R_a = 300\ \Omega$

$\frac{1}{R_a} + \frac{1}{R_5} = \frac{1}{R_b}$ $R_b = 120\ \Omega$

$R_b + R_4 = R_c$ $R_c = 170\ \Omega$

$\frac{1}{R_c} + \frac{1}{R_3} = \frac{1}{R}$ $R = 63\ \Omega$

b) Spannungsteilerregel:

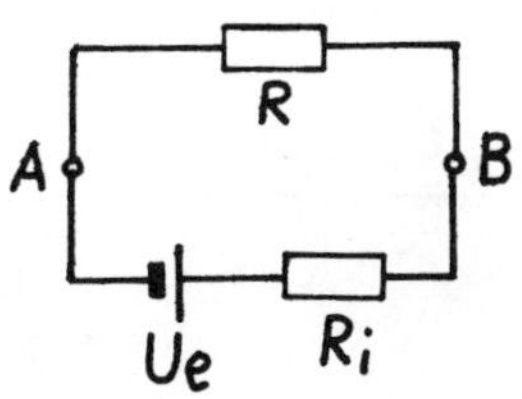

$\frac{U}{U_e} = \frac{R}{R + R_i}$

$U = U_e \frac{R}{R + R_i} = 5{,}2\ \text{V}$

c) $I_4 = I - I_3 = U\left(\frac{1}{R} - \frac{1}{R_3}\right) = \frac{U}{R_c} = 30\ \text{mA}$

4.1.5. Anlasser

Beim Anlassen eines PKW-Motors sinkt die Klemmenspannung der Batterie auf den Wert U_1. Durch den Anlasser fließt dabei die Stromstärke I. Ohne Belastung hat die Batterie die Spannung U_0.

a) Welchen Innenwiderstand R_i hat die Batterie?

b) Welchen Widerstand R_A hat der Anlasser?

c) Bei starker Abkühlung der Batterie (strenger Frost) erhöht sich der Innenwiderstand, so daß $R_i = R_A$ werden kann. Wie groß ist dann noch die Klemmenspannung U_2 beim Anlassen?

$U_1 = 9{,}8\ \text{V} \qquad U_0 = 12{,}8\ \text{V} \qquad I = 170\ \text{A}$

---

a)

$$U_0 = U_1 + IR_i$$

$$R_i = \frac{U_0 - U_1}{I} = 18\ \text{m}\Omega$$

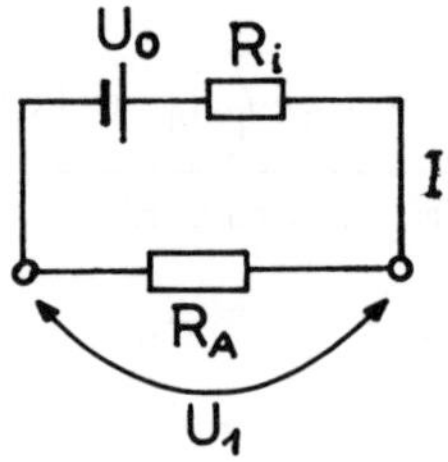

b)

$$R_A = \frac{U_1}{I} = 58\ \text{m}\Omega$$

c)

$$\frac{U_2}{U_0} = \frac{R_A}{R_A + R_i}$$

$$R_i = R_A$$

$$\frac{U_2}{U_0} = \frac{1}{2}$$

$$U_2 = \frac{U_0}{2} = 6{,}4\ \text{V}$$

4.1.6. Bügeleisen

a) An eine Spannungsquelle mit der Urspannung U_e wird ein Bügeleisen angeschlossen, dessen Kenndaten (Spannung U, Leistung P_B) angegeben sind.
Welche Spannung U_1 liegt am Bügeleisen an?
(Die Spannungsquelle hat den Innenwiderstand R_i.)

b) Ein Tauchsieder (Kenndaten: Spannung U, Leistung P_T) wird parallel zum Bügeleisen hinzugeschaltet.
Welche Spannung U_2 liegt über beiden Geräten an?

Der Widerstand der Geräte sei temperaturunabhängig.

$U_e = 220\ \text{V}$ $\quad U = 220\ \text{V}$ $\quad P_B = 500\ \text{W}$ $\quad R_i = 10\ \Omega$
P_T 1000 W

---

a)

$$\frac{U_1}{U_e} = \frac{R_1}{R_1 + R_i}$$

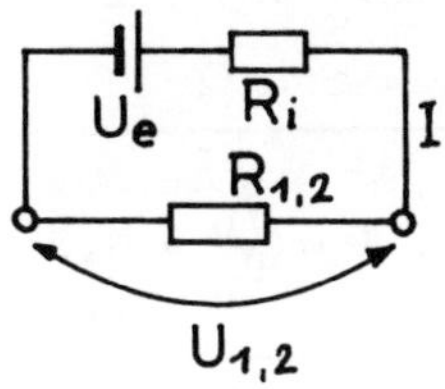

$$U_1 = U_e \frac{R_1}{R_1 + R_i}$$

Berechnung von R_1:

$$R_1 = R_B$$

$$P_B = UI_B = \frac{U^2}{R_B} \qquad (I_B \neq I\ !)$$

$$R_1 = \frac{U^2}{P_B} = 96{,}8\ \Omega$$

$$U_1 = 199\ \text{V}$$

b)

$$U_2 = U_e \frac{R_2}{R_2 + R_i}$$

Berechnung von R_2:

$$\frac{1}{R_2} = \frac{1}{R_1} + \frac{1}{R_T}$$

$$R_T = \frac{U^2}{P_T} = 48{,}4\ \Omega$$

$$R_2 = \frac{R_1 R_T}{R_1 + R_T} = \frac{U^2}{P_B + P_T} = 32{,}3\ \Omega$$

$$U_2 = 168\ \text{V}$$

4.1.7. Vorwiderstand

Eine Glühlampe (Kenndaten: Spannung U_L, Leistung P_L) soll mit Hilfe eines Vorwiderstandes an eine Netzspannung $U_N > U_L$ angeschlossen werden.

a) Man bestimme die zulässige Stromstärke I!

b) Welcher Widerstand R_v muß vorgeschaltet werden?

c) Welche Leistung P_v wird im Vorwiderstand verbraucht?

d) Wie groß ist die im Vorwiderstand je Sekunde entstehende Wärme Q_v?

e) Der Strom soll mit einem Strommesser (Vollausschlag $I_A < I$, Innenwiderstand R_A) gemessen werden.
Wie groß darf der dem Meßinstrument parallel zu schaltende Widerstand R_p höchstens sein?

$U_L = 24$ V $\quad P_L = 30$ W $\quad U_N = 220$ V $\quad I_A = 0{,}10$ A

$R_A = 5{,}00\ \Omega$

---

a) $$I = \frac{P_L}{U_L} = 1{,}25 \text{ A}$$

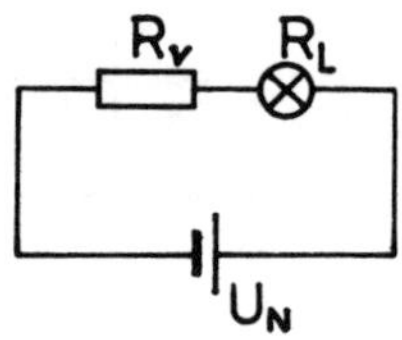

b) $$R_v = \frac{U_v}{I} = \frac{U_N - U_L}{I}$$

$$R_V = \frac{(U_N - U_L)U_L}{P_L} = 157\ \Omega$$

c) $$P_v = IU_v = P_L \frac{U_N - U_L}{U_L} = 245 \text{ W}$$

d) $$\dot{Q}_v = P_v t = 245 \text{ J}$$

c) Stromteilerregel:

$$\frac{R_p}{R_A} = \frac{I_A}{I_p}$$

$$I_p = I - I_A$$

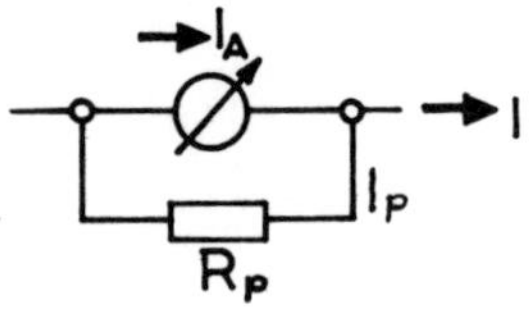

$$R_p = R_A \frac{I_A}{I - I_A} = 0{,}435\ \Omega$$

4.1.8. Vielfachmesser

Ein Gleichstrommeßwerk mit dem Meßbereich I_0 und dem Widerstand R_0 soll

a) als Strommesser für die Meßbereiche I_1, I_2, I_3

b) als Spannungsmesser für die Meßbereiche U_1, U_2, U_3

eingerichtet werden.

Wie ist das schaltungsmäßig auszuführen?

Wie groß ist in jedem einzelnen Fall der Widerstand R des gesamten Meßsystems, und welche Werte müssen die zusätzlichen Widerstände haben?

$I_0 = 2$ mA	$I_1 = 100$ mA	$U_1 = 2$ V
$R_0 = 100\ \Omega$	$I_2 = 1$A	$U_2 = 10$ V
	$I_3 = 10$ A	$U_3 = 50$ V

---

a) Stromteilerregel:

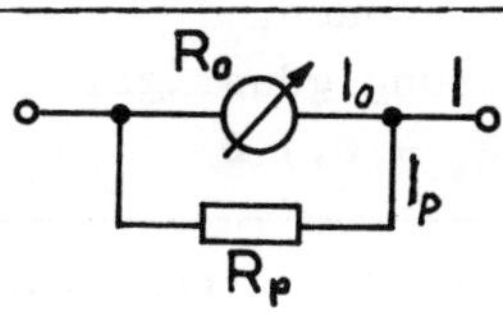

$$\frac{R_p}{R_0} = \frac{I_0}{I_p}$$

$$I_p = I - I_0$$

$$\underline{R_p = R_0 \frac{I_0}{I - I_0}}$$

$R_{p1} = 2{,}0408\ \Omega$
$R_{p2} = 0{,}2004\ \Omega$
$R_{p3} = 20{,}004\ \text{m}\Omega$

$$\frac{R}{R_0} = \frac{I_0}{I}$$

$$\underline{R = R_0 \frac{I_0}{I}}$$

$R_1 = 2\ \Omega$
$R_2 = 0{,}2\ \Omega$
$R_3 = 20\ \text{m}\Omega$

b) $R_v = R - R_0$

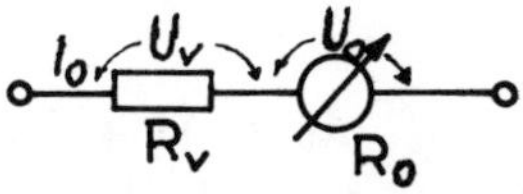

$$\underline{R = \frac{U}{I} = \frac{U}{I_0}}$$

$R_{v1} = 900\ \Omega$
$R_{v2} = 4{,}9\ \text{k}\Omega$
$R_{v3} = 24{,}9\ \text{k}\Omega$

$$\underline{R_v = \frac{U}{I_0} - R_0}$$

$R_1 = 1\ \text{k}\Omega$
$R_2 = 5\ \text{k}\Omega$
$R_3 = 25\ \text{k}\Omega$

4.1.9. Meßanordnung

An einem Verbraucher (Widerstand R) sollen Strom und Spannung gleichzeitig gemessen werden. Dazu stehen ein Voltmeter mit dem Innenwiderstand R_V und ein Amperemeter mit dem Widerstand R_A zur Verfügung. Für die Messung kann zwischen den beiden Schaltungen 1 und 2 gewählt werden.

a) Welche Größe wird jeweils fehlerhaft gemessen?

b) Vergleichen Sie die relativen Fehler ($\frac{\Delta U}{U}$ bzw. $\frac{\Delta I}{I}$) der Meßgrößen und entscheiden Sie danach, welche Schaltung günstiger ist!

Schaltung 1 Schaltung 2

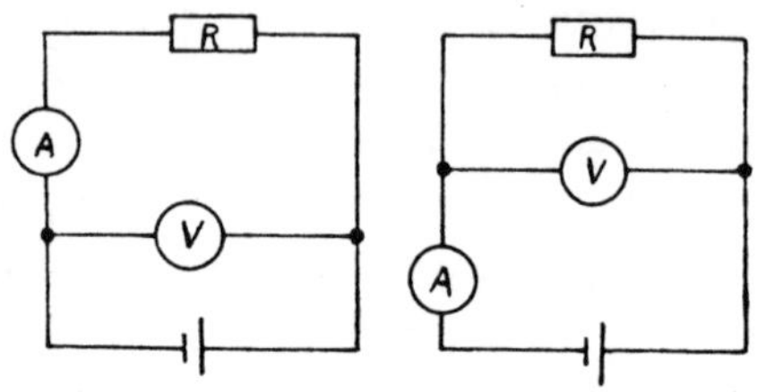

$R = 100\ \Omega$ $R_A = 0{,}1\ \Omega$ $R_V = 5\ k\Omega$

---

a) Schaltung 1: U (da Spannungsabfall über R_A)
   Schaltung 2: I (da Teilstrom durch R_V)

b) Spannungsteilerregel bei Schaltung 1 liefert:

$$\frac{U_A}{U_R} = \frac{R_A}{R} \qquad U_A = \Delta U \;;\quad U_R \approx U$$

$$\frac{\Delta U}{U} = \frac{R_A}{R} = 10^{-3}$$

Stromteilerregel bei Schaltung 2 liefert:

$$\frac{I_V}{I_R} = \frac{R}{R_V} \qquad I_V = \Delta I \;;\quad I_R \approx I$$

$$\frac{\Delta I}{I} = \frac{R}{R_V} = 2\cdot 10^{-2}$$

Schaltung 1 ist günstiger.

4.1.10. Dreieck - Stern

Die Widerstände R_1, R_2, R_3 in der Schaltung 1 sind bekannt.

a) Berechnen Sie die Widerstände R_{AB}, R_{AC}, R_{BC} zwischen den jeweiligen Eckpunkten des Dreiecks!

b) Wie groß müssen die Widerstände R_A, R_B, R_C in der Schaltung 2 sein, damit R_{AB}, R_{AC}, R_{BC} mit den unter a) gefundenen Werten übereinstimmen? (Umwandlung Dreieck - Stern)

Schaltung 1 Schaltung 2

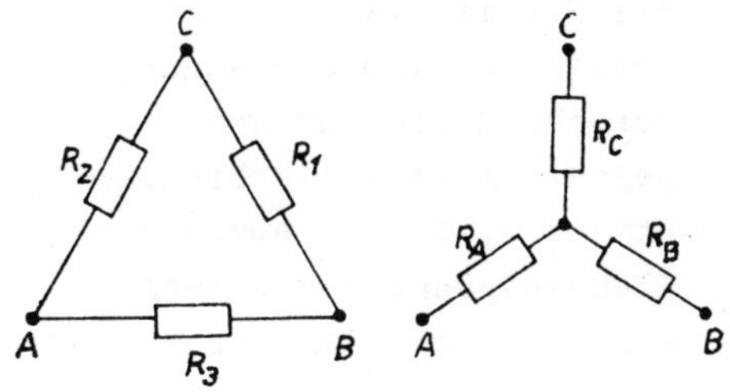

a) $R_{AB} = (R_1 + R_2) \| R_3$

$$R_{AB} = \frac{(R_1 + R_2)R_3}{R_1 + R_2 + R_3}$$

Durch Austausch der Indizes:

$$R_{AC} = \frac{(R_1 + R_3)R_2}{R_1 + R_2 + R_3} \qquad R_{BC} = \frac{(R_2 + R_3)R_1}{R_1 + R_2 + R_3}$$

b) Gleichungssystem:

$$\begin{array}{lll|l} R_A + R_B & & = R_{AB} & \\ R_A & + R_C & = R_{AC} & + \\ & R_B + R_C & = R_{BC} & - \end{array}$$

$$\Longrightarrow 2R_A = R_{AB} + R_{AC} - R_{BC}$$

$$R_A = \frac{(R_1 + R_2)R_3 + (R_1 + R_3)R_2 - (R_2 + R_3)R_1}{2(R_1 + R_2 + R_3)}$$

$$R_A = \frac{R_2\,R_3}{R_1 + R_2 + R_3}$$

Und durch Austausch der Indizes:

$$R_B = \frac{R_1\,R_3}{R_1 + R_2 + R_3}\,; \quad R_C = \frac{R_1\,R_2}{R_1 + R_2 + R_3}$$

4.1.11. Masche I

Zwei Batterien mit den Urspannungen U_{e1} und U_{e2} sowie mit den Innenwiderständen R_{i1} und R_{i2} werden parallel geschaltet.

a) Wie groß sind im Leerlauf die Stromstärken I_1 und I_2 sowie die Klemmenspannung U_K?

b) Berechnen Sie für den Belastungsfall die Einzelströme I_1 und I_2 sowie die Klemmenspannung U_K, wenn ein Strom mit der Stromstärke I durch den Außenwiderstand fließt!

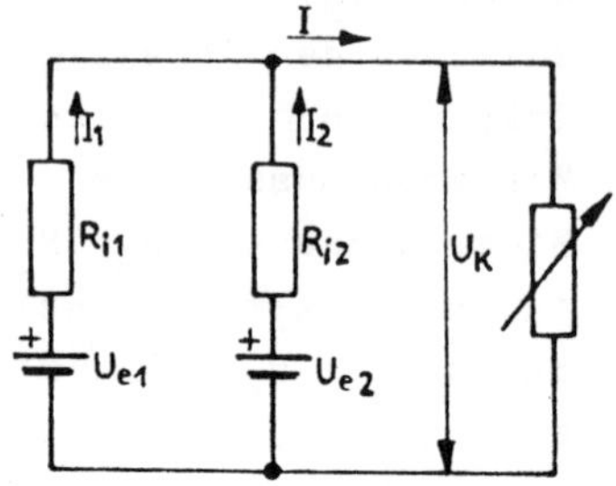

$U_{e1} = 110$ V $\quad U_{e2} = 100$ V $\quad R_{i1} = 100\ \Omega \quad R_{i2} = 200\ \Omega$
$I = 200$ mA

---

a) Maschensatz:

$$U_{e1} - U_{e2} = I_1 R_{i1} - I_2 R_{i2}$$

Knotenpunktsatz:

$$I_1 + I_2 = 0$$

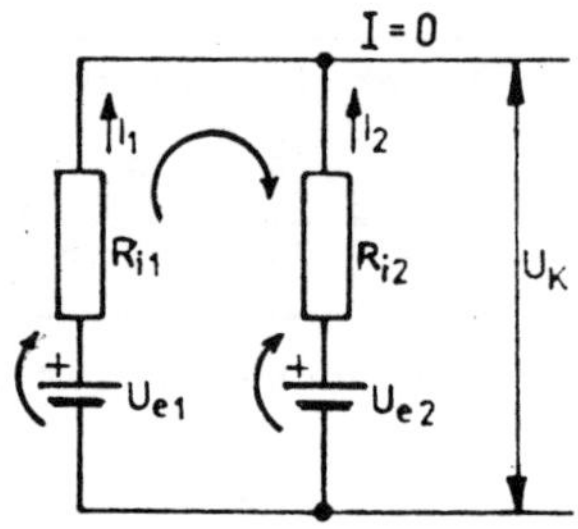

$$\Longrightarrow \quad U_{e1} - U_{e2} = (R_{i1} + R_{i2}) I_1$$

$$I_1 = \frac{U_{e1} - U_{e2}}{R_{i1} + R_{i2}} = 33 \text{ mA}$$

$$I_2 = -I_1 = -33 \text{ mA}$$

$$U_K = U_{e1} - I_1 R_{i1} = \frac{U_{e1}(R_{i1} + R_{i2}) - (U_{e1} - U_{e2}) R_{i1}}{R_{i1} + R_{i2}}$$

$$U_K = \frac{U_{e1} R_{i2} + U_{e2} R_{i1}}{R_{i1} + R_{i2}} = 107 \text{ V}$$

b) Knotenpunktsatz:

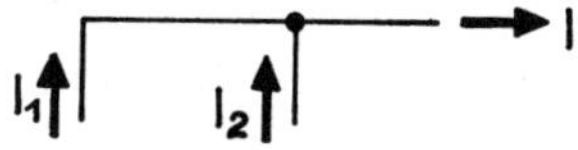

$$I_1 + I_2 = I$$

Maschensatz wie bei a):

$$U_{e1} - U_{e2} = I_1 R_{i1} - (I - I_1) R_{i2}$$

$$\Longrightarrow \quad I_1 (R_{i1} + R_{i2}) = U_{e1} - U_{e2} + IR_{i2}$$

$$\underline{I_1 = \frac{U_{e1} - U_{e2} + IR_{i2}}{R_{i1} + R_{i2}}} = \underline{\underline{167 \text{ mA}}}$$

Durch Austausch der Indizes:

$$\underline{I_2 = \frac{U_{e2} - U_{e1} + IR_{i1}}{R_{i1} + R_{i2}}} = \underline{\underline{33 \text{ mA}}}$$

$$U_K = U_{e1} - I_1 R_{i1}$$

$$U_K = \frac{U_{e1}(R_{i1} + R_{i2}) - (U_{e1} - U_{e2})R_{i1} - IR_{i2}R_{i1}}{R_{i1} + R_{i2}}$$

$$\underline{U_K = \frac{U_{e1}R_{i2} + U_{e2}R_{i1}}{R_{i1} + R_{i2}} - I\,\frac{R_{i1}R_{i2}}{R_{i1} + R_{i2}}} = \underline{\underline{93 \text{ V}}}$$

4.1.12. Masche II

Gegeben ist eine Schaltung mit den Widerständen R_1, R_2 und R_3. Weiter sind die Stromstärken I_I und I_{II} bekannt.
Berechnen Sie die Stromstärken I_1 bis I_3 in den Widerständen R_1 bis R_3 sowie die Stromstärke I_{III} !

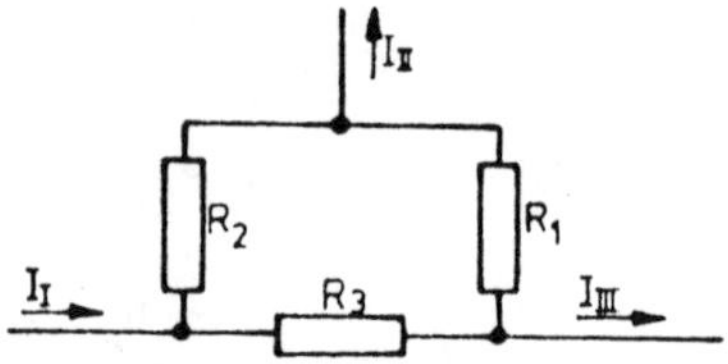

$I_I = 10{,}0$ A $\quad I_{II} = 2{,}0$ A

$R_1 = 2{,}0\ \Omega \quad R_2 = 6{,}0\ \Omega$

$R_3 = 8{,}0\ \Omega$

Maschensatz:

$$R_1I_1 + R_2I_2 - R_3I_3 = 0$$

Knotenpunktsätze:

$$I_2 + I_3 = I_I$$
$$-I_1 + I_2 = I_{II}$$
$$I_1 + I_3 = I_{III}$$

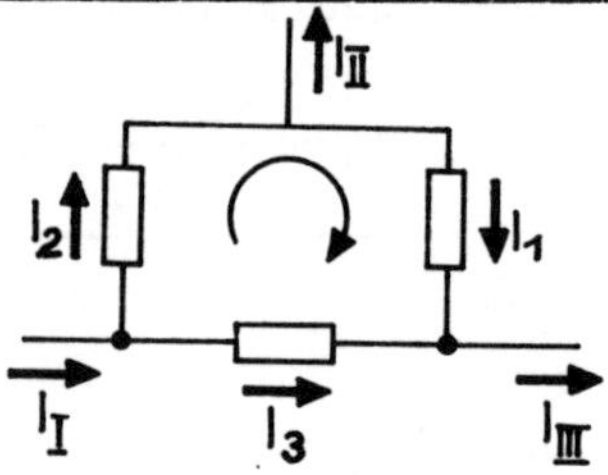

Gleichungssystem ohne 3. Knotenpunktsatz liefert I_1, I_2, I_3:

$$\begin{aligned} R_1I_1 + R_2I_2 - R_3I_3 &= 0 \\ R_3I_2 + R_3I_3 &= R_3I_I \\ -R_1I_1 + R_1I_2 &= R_1I_{II} \end{aligned}$$

$$(R_1 + R_2 + R_3)\ I_2 = R_3I_I + R_1I_{II}$$

$$I_2 = \frac{R_3I_I + R_1I_{II}}{R_1 + R_2 + R_3} = 5{,}25 \text{ A}$$

$$I_1 = I_2 - I_{II} = \frac{R_3I_I - (R_2 + R_3)I_{II}}{R_1 + R_2 + R_3} = 3{,}25 \text{ A}$$

$$I_3 = I_I - I_2 = \frac{(R_1 + R_2)I_I - R_1I_{II}}{R_1 + R_2 + R_3} = 4{,}75 \text{ A}$$

3. Knotenpunktsatz:

$$I_{III} = I_1 + I_3 = I_I - I_{II} = 8 \text{ A}$$

4.2.1. Coulombkräfte

Zwei Punktladungen Q_1 und Q_2 befinden sich auf der x-Achse bei x_1 und x_2.

a) Eine dritte Punktladung Q_3 hat von der Ladung Q_1 und von der Ladung Q_2 den gleichen Abstand r.
Wie groß ist die auf die Ladung Q_3 wirkende Kraft F, wenn $Q_2 = -Q_1$ ist?

b) Wie groß ist die Kraft F, wenn $Q_2 = Q_1$ ist?

c) Die Ladung Q_3 **befinde sich auf der x-Achse.**
Man skizziere den Verlauf der Kraft $F_x(x)$ auf die Ladung Q_3 für die unter a) und b) gegebenen Ladungen Q_1 und Q_2!

$x_1 = 0 \quad x_2 = 3{,}0\ \text{cm} \quad Q_1 = 6{,}0 \cdot 10^{-8}\ \text{C} \quad Q_3 = 5{,}0 \cdot 10^{-8}\ \text{C}$

$r = 2{,}5\ \text{cm}$

---

a) $\frac{F}{F_1} = \frac{x_2}{r}$

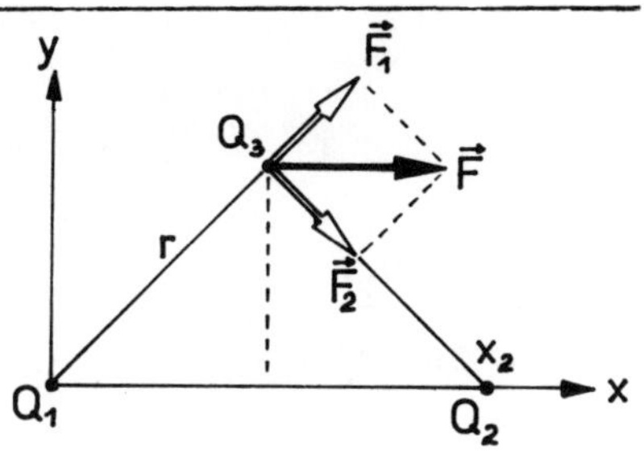

$$F_1 = \frac{Q_1 Q_3}{4\pi\varepsilon_0} \frac{1}{r^2}$$

$$F = \frac{Q_1 Q_3 x_2}{4\pi\varepsilon_0 r^3} = 51{,}8\ \text{mN}$$

b) $\frac{F/2}{F_1} = \frac{h}{r}$

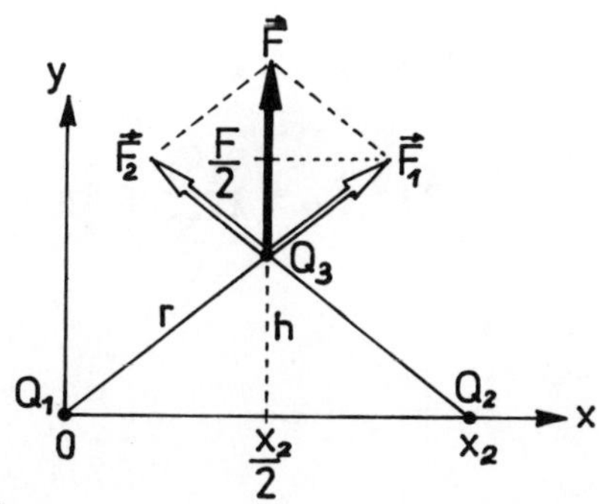

$$h = \sqrt{r^2 - \left(\frac{x_2}{2}\right)^2}$$

$$F = \frac{F_1}{r}\sqrt{4r^2 - x_2^2}$$

$$F = \frac{Q_1 Q_3 \sqrt{4r^2 - x_2^2}}{4\pi\varepsilon_0\, r^3} = 69{,}1\ \text{mN}$$

c) $\underline{Q_2 = -Q_1}$:

$x < 0: \quad F_x = \frac{Q_1 Q_3}{4\pi\varepsilon_0}\left[-\frac{1}{x^2} + \frac{1}{(x_2 - x)^2}\right]$

$0 < x < x_2: \quad F_x = \frac{Q_1 Q_3}{4\pi\varepsilon_0}\left[\frac{1}{x^2} + \frac{1}{(x_2 - x)^2}\right]$

$x_2 < x: \quad F_x = \frac{Q_1 Q_3}{4\pi\varepsilon_0}\left[\frac{1}{x^2} - \frac{1}{(x_2 - x)^2}\right]$

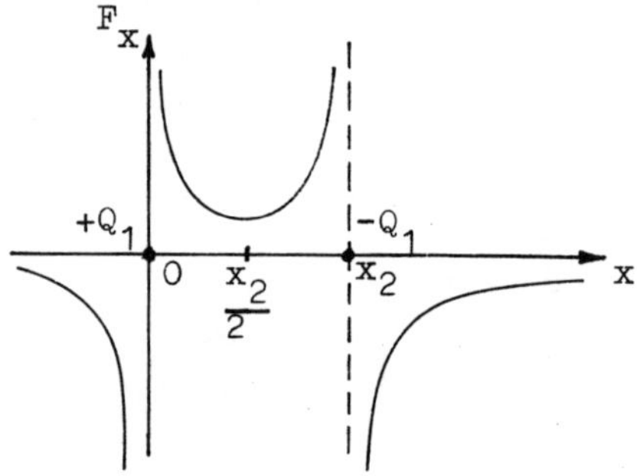

$\underline{Q_2 = +Q_1}$:

$x < 0: \quad F_x = \frac{Q_1 Q_3}{4\pi\varepsilon_0}\left[-\frac{1}{x^2} - \frac{1}{(x_2 - x)^2}\right]$

$0 < x < x_2: \quad F_x = \frac{Q_1 Q_3}{4\pi\varepsilon_0}\left[\frac{1}{x^2} - \frac{1}{(x_2 - x)^2}\right]$

$x_2 < x: \quad F_x = \frac{Q_1 Q_3}{4\pi\varepsilon_0}\left[\frac{1}{x^2} + \frac{1}{(x_2 - x)^2}\right]$

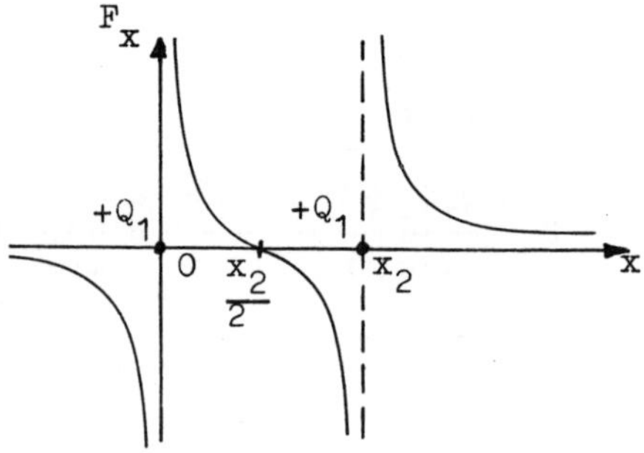

4.2.2. Pendel

Zwei kleine Kugeln, die beide die gleiche Masse m haben, sind an Seidenfäden der Länge l im gleichen Punkt aufgehängt. Beide tragen die gleiche positive Ladung Q. Ihre Mittelpunkte haben infolge der Abstoßung den Abstand d.
Berechnen Sie die Ladung Q!
m = 1,0 g l = 30 cm d = 1,0 cm

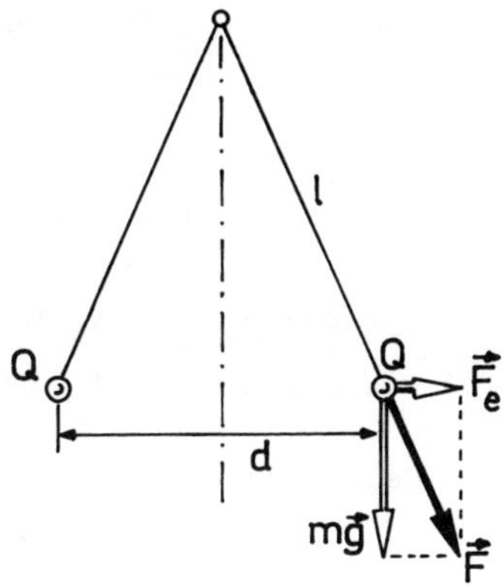

$$\frac{F}{F_e} = \frac{l}{d/2}$$

$$F = \sqrt{F_e^2 + (mg)^2}$$

$$F_e^2 + (mg)^2 = \left(\frac{2l}{d}\right)^2 F_e^2$$

$$F_e = \frac{mg}{\sqrt{\left(\frac{2l}{d}\right)^2 - 1}}$$

$$F_e = \frac{Q^2}{4\pi\varepsilon_0\, d^2}$$

$$Q = 2d\,\frac{\sqrt{\pi\varepsilon_0 mg}}{\sqrt[4]{\left(\frac{2l}{d}\right)^2 - 1}} = 1{,}3\ \mathrm{nC}$$

Wegen $d \ll 2l$ Näherungsformel möglich:

$$Q \approx \sqrt{\frac{2\pi\varepsilon_0 d^3 mg}{l}}$$

Anderer Lösungsweg:

$$\tan\alpha = \frac{F_e}{mg} \quad \text{und} \quad \sin\alpha = \frac{d/2}{l}$$

Für kleine Winkel gilt $\sin\alpha \approx \tan\alpha$

4.2.3. Hochspannungsüberschlag

Im Hochspannungsprüffeld wird eine Metallkugel vom Radius r_0 fortschreitend aufgeladen. Beim Erreichen der Spannung U_0 gibt es einen elektrischen Überschlag. (Die Kugel hat einen großen Abstand von der geerdeten Umgebung.)

a) Welche Ladung Q hat sich unmittelbar vor Beginn des Überschlags auf der Kugel befunden?

b) Wie groß ist die Durchbruchsfeldstärke E_D der Luft?

$r_0 = 25$ cm $\qquad U_0 = 450$ kV

---

a) $Q = CU_0$

$$C = 4\pi\varepsilon_0 r_0$$

$$Q = 4\pi\varepsilon_0 r_0 U_0 = 12{,}5\ \mu C$$

b) Feldstärke im Coulombfeld (Probeladung Q'):

$$E_D = \frac{F}{Q'}$$

$$F = \frac{QQ'}{4\pi\varepsilon_0 r_0^2}$$

$$E_D = \frac{Q}{4\pi\varepsilon_0 r_0^2} = \frac{Q}{Cr_0}$$

$$E_D = \frac{U_0}{r_0} = 18\ \text{kV/cm}$$

4.2.4. Kondensatorentladung

Der auf die Spannung U_0 aufgeladenen Kondensator der Kapazität C wird über den Widerstand R entladen.
Welche Zeit t_1 dauert es, bis die Kondensatorspannung auf die Hälfte abgesunken ist?
$C = 10\ \mu F \qquad R = 1{,}0\ M\Omega$

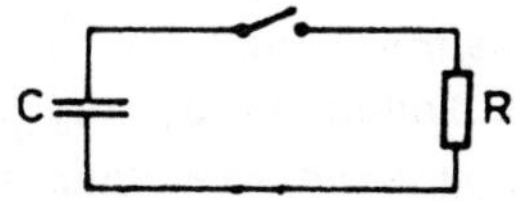

$$Q = CU$$

$$dQ = C\, dU$$

$$dQ = -\, I\, dt$$

$$I = \frac{U}{R}$$

$$dQ = -\, \frac{U}{R}\, dt$$

$$-\, \frac{U}{R}\, dt = C\, dU$$

$$dt = -\, RC\, \frac{dU}{U}$$

$$\int_0^{t_1} dt = -\, RC \int_{U_0}^{U_1} \frac{dU}{U} = RC \int_{U_1}^{U_0} \frac{dU}{U}$$

$$t_1 = RC \ln \frac{U_0}{U_1}$$

$$U_1 = \frac{U_0}{2}$$

$$\underline{t_1 = RC \ln 2} = \underline{\underline{6{,}9\ s}}$$

4.2.5. Ladungsausgleich

Zwei Kondensatoren (C_1 und C_2) werden auf die Spannungen U_1 und U_2 aufgeladen und danach in Reihe geschaltet, wobei der Pluspol des einen an den Minuspol des anderen geklemmt wird.

a) Welche Spannung U besteht zwischen den freien Klemmen der Reihenschaltung?

b) Welche Ladungen Q_1 und Q_2 tragen die Kondensatoren?

c) Wie groß sind die Spannungen U_1' und U_2', wenn die freien Klemmen kurzgeschlossen werden?

d) Welche Ladungen Q_1' und Q_2' tragen nun die Kondensatoren?

$C_1 = 2{,}0\ \mu F$ $\quad C_2 = 5{,}0\ \mu F$ $\quad U_1 = 100\ V$ $\quad U_2 = 200\ V$

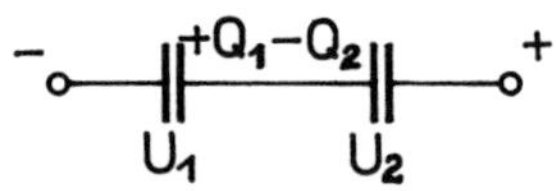

a) $\underline{U = U_1 + U_2} = \underline{\underline{300\ V}}$

b) $\underline{Q_1 = C_1 U_1} = \underline{\underline{0{,}20\ mC}}$

$\underline{Q_2 = C_2\ U_2} = \underline{\underline{1{,}00\ mC}}$

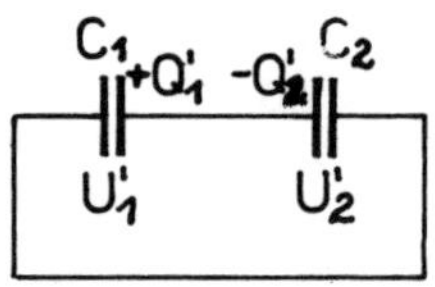

c) $U_1' + U_2' = 0$

$Q_1 - Q_2 = Q_1' - Q_2'$

$$\Longrightarrow \quad Q_1 - Q_2 = C_1 U_1' - C_2 U_2' = (C_1 + C_2) U_1'$$

$$\underline{U_1' = \frac{Q_1 - Q_2}{C_2 + C_1} = \frac{C_1 U_1 - C_2 U_2}{C_1 + C_2}} = \underline{\underline{-\ 114\ V}}$$

$$\underline{U_2' = -\ U_1'} = \underline{\underline{+\ 114\ V}}$$

d) $\underline{Q_1' = C_1 U_1'} = \underline{\underline{-\ 0{,}23\ mC}}$

$\underline{Q_2' = C_2 U_2'} = \underline{\underline{+\ 0{,}57\ mC}}$

4.2.6. Sechs Kondensatoren

Gegeben sind sechs Kondensatoren der gleichen Kapazität C_0.

a) Welche Gesamtkapazität C hat die angegebene Schaltung?

b) Durch welche Schaltung kann man mit den sechs Kondensatoren die größte und die kleinste Gesamtkapazität erreichen?

Berechnen Sie C_{max} und C_{min}!

$C_0 = 1\ \mu F$

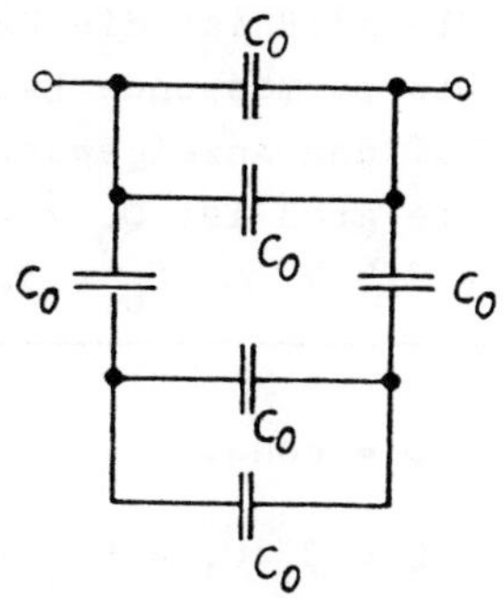

a) Günstigere Darstellung der Schaltung:

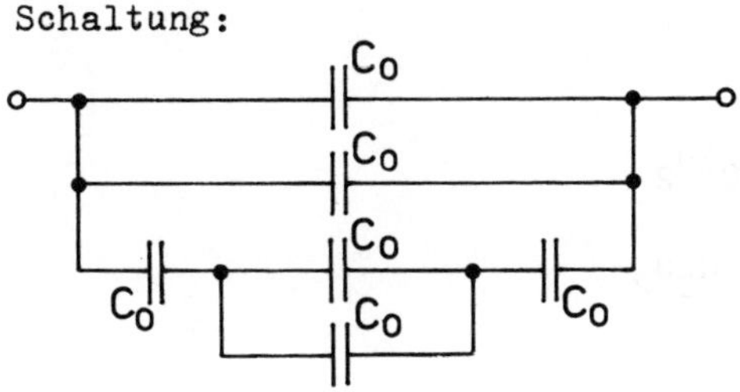

Parallelschaltung: $C = 2C_0 + C'$

mit Reihenschaltung: $\frac{1}{C'} = \frac{1}{C_0} + \frac{1}{2C_0} + \frac{1}{C_0} = \frac{5}{2C_0}$

$C' = \frac{2}{5} C_0$

$\Longrightarrow$ $C = 2C_0 + \frac{2}{5} C_0 = \frac{12}{5} C_0 = 2{,}4\ \mu F$

b) Parallelschaltung: $C_{max} = 6\ C_0 = 6\ \mu F$

Reihenschaltung: $C_{min} = \frac{C_0}{6} = 0{,}17\ \mu F$

4.2.7. Ladungsmessung

Um Ladungen mit einem Elektrometer zu messen, das in Volt geeicht ist, wird es zuerst auf die Spannung U_1 geladen. Schaltet man eine bekannte Kapazität C_0 parallel, so liest man U_2 ab.

a) Wie groß ist die Kapazität C_1 des Elektrometers?

b) Die zu messende Ladung Q_0 bringt das Elektrometer allein auf den Anzeigewert U_3.
Wie groß ist Q_0 ?

$U_1 = 3{,}5$ V $\quad C_0 = 3{,}5$ pF $\quad U_2 = 1{,}6$ V $\quad U_3 = 5{,}3$ V

---

a) $Q = \text{const}$

$$Q = C_1 U_1 = (C_1 + C_0)U_2$$

$$\Longrightarrow \quad C_1(U_1 - U_2) = C_0 U_2$$

$$\underline{C_1 = \frac{U_2}{U_1 - U_2} C_0} = \underline{\underline{2{,}95 \text{ pF}}}$$

b) $\underline{Q_0 = C_1 U_3} = \underline{\underline{15{,}6 \text{ pC}}}$

4.2.8. Elektronenstrahl

Ein Elektronenstrahl dringt durch eine Öffnung in der positiven Platte bei x = 0, y = 0 in das homogene Feld eines Kondensators unter dem Winkel α_0 gegen die Platte ein. Die Elektronengeschwindigkeit ist v_0, die Kondensatorspannung U, der Plattenabstand d.

a) Was für eine Bahn beschreibt er? Stellen Sie die Gleichung der Bahnkurve y = y(x) auf!

b) Seine größte Entfernung von der positiven Platte beträgt $y = \frac{d}{3}$. Welcher Wert ergibt sich für die spezifische Ladung $\frac{e}{m}$?

c) Wie groß muß die Beschleunigungsspannung U_B sein, wenn der Strahl die negative Platte gerade noch erreichen soll?

$\alpha_0 = 45^\circ$ $v_0 = 8{,}4 \cdot 10^6$ m/s U = 300 V

---

a)

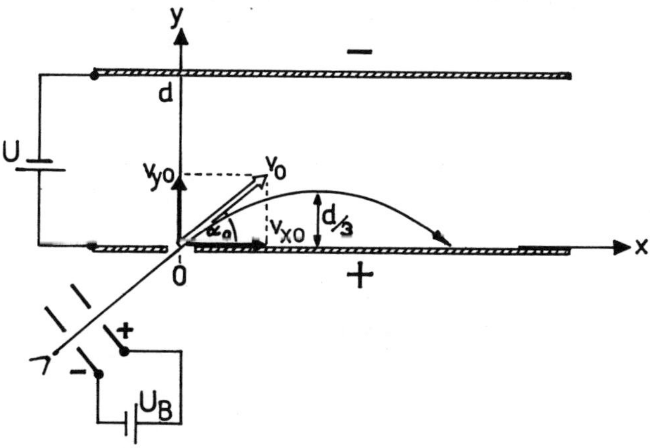

Bewegungsgleichung:

$$ma_y = - eE = - e \frac{U}{d}$$

$$a_y = - \frac{eU}{md} = \text{const} \implies \text{gleichm. beschl. Bewegung:}$$

$$y = \frac{a_y}{2} t^2 + v_{y0} t$$

$ma_x = 0 \implies$ gleichförmige Bewegung:

$$x = v_{x0}t \quad \text{bzw.} \quad t = \frac{x}{v_{x0}}$$

Mit $v_{x0} = v_0 \cos \alpha_0$ und $v_{y0} = v_0 \sin \alpha_0$

wird die Bahngleichung:

$$\underline{y(x) = -\frac{eU}{2mdv_0^2 \cos^2\alpha_0} x^2 + x \tan \alpha_0} \qquad \underline{\text{Parabel}}$$

b) Energiesatz für Bewegung in y-Richtung:

$$\frac{m}{2} v_{y0}^2 = e \frac{U}{3} \qquad (U = Ed;\ E = \text{const};\ U \sim d)$$

$$\underline{\frac{e}{m} = \frac{3 v_0^2 \sin^2\alpha_0}{2 U}} = \underline{\underline{1{,}76 \cdot 10^{11}\ \text{As/kg}}}$$

c) $eU_B = \frac{m}{2} v_0'^2$ und $eU = \frac{m}{2} v_{y0}'^2$

$$v_{y0}' = v_0' \sin \alpha_0$$

$$\underline{U_B = \frac{U}{\sin^2\alpha_0}} = \underline{\underline{600\ \text{V}}}$$

4.2.9. Millikan-Versuch

Zwischen zwei horizontal liegenden Kondensatorplatten, die den Abstand l voneinander haben, befindet sich ein Öltröpfchen (Dichte ρ_1, Durchmesser d). Bei der angelegten Spannung U schwebt das Tröpfchen. Zwischen den Platten befindet sich Luft (Dichte ρ_2).

Wieviel Elementarladungen (Anzahl N) sitzen auf dem Tröpfchen?

$l = 8{,}0$ mm $\quad d = 1{,}2$ µm $\quad \rho_1 = 0{,}86$ g/cm^3

$\rho_2 = 1{,}3$ kg/m^3 $\quad U = 127$ V

$$F_e = F_G - F_A$$

$$QE = m_1 g - m_2 g$$

$$Q \frac{U}{l} = (\rho_1 - \rho_2) g V$$

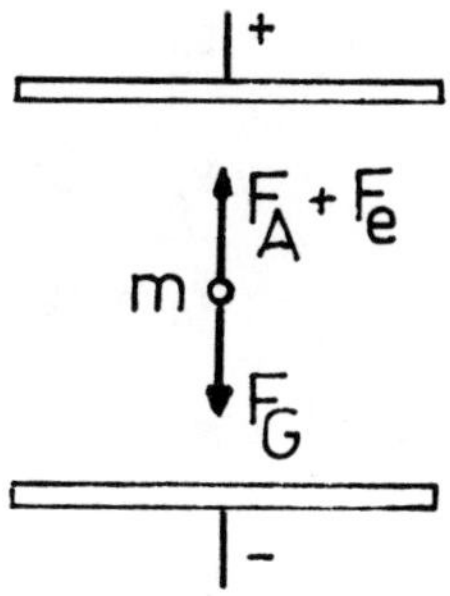

$$Q = Ne$$

$$V = \frac{4}{3} \pi \left(\frac{d}{2}\right)^3$$

$$N = \frac{\pi d^3 (\rho_1 - \rho_2) g l}{6 e U} = 3$$

4.2.10. Aufsteigende Ladung

Eine kleine positiv geladene Kugel (Masse m, Ladung Q) befindet sich im Vakuum zwischen zwei waagerecht angeordneten Platten eines Plattenkondensators (Plattenabstand d).
Berechnen Sie die Kondensatorspannung U für den Fall, daß sich die Kugel in der Zeit t_1 von der unteren (positiven) Platte zur oberen (negativen) Platte bewegt. Anfangsgeschwindigkeit $v_0 = 0$.

$m = 4{,}0$ g $Q = 5{,}0 \cdot 10^{-6}$ C $d = 10$ cm $t_1 = 1{,}0$ s

---

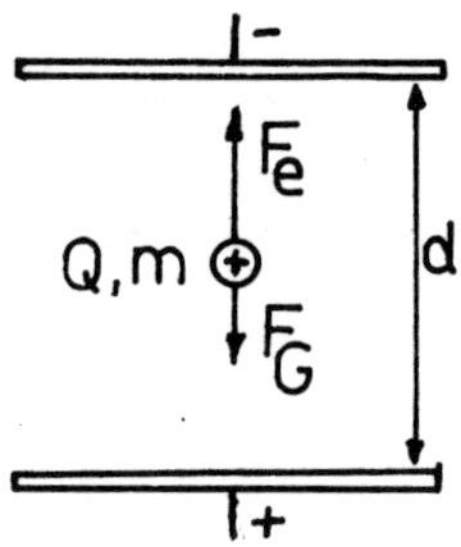

$$ma = F_e - F_G$$

$$F_e = QE = Q\,\frac{U}{d}$$

$$F_G = mg$$

$$ma = \frac{QU}{d} - mg \qquad (+)$$

$$\Longrightarrow \quad U = \frac{md}{Q}\,(a + g)$$

Ermittlung von a:

(+) liefert

$$a = \frac{QU}{md} - g = \text{const}$$

$$\Longrightarrow \quad d = \frac{a}{2}\,t_1^2 \quad \text{(gleichm. beschl. Bewegung)}$$

$$a = \frac{2d}{t_1^2}$$

$$U = \frac{md}{Q}\left(\frac{2d}{t_1^2} + g\right) = 800 \text{ V}$$

4.2.11. Dielektrikum

Ein Plattenkondensator, in dem sich zunächst Luft befindet, hat die Kapazität C_0.

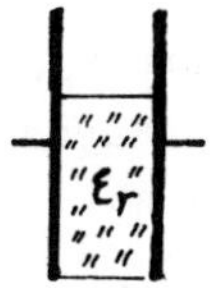

a) Welchen Wert C nimmt seine Kapazität an, wenn zwei Drittel seines Innenraumes durch ein Stück dielektrischen Materials (ε_r) ausgefüllt werden?

Der Kondensator wird vor dem Einbringen des Dielektrikums an eine Spannungsquelle (U_0) angeschlossen.

Wie groß sind die Spannung U und die Ladung Q nach dem Einbringen des Dielektrikums, wenn

b) die Spannungsquelle am Kondensator angeschlossen bleibt und

c) die Spannungsquelle vor dem Einbringen des Dielektrikums wieder entfernt wird?

---

a) $C = C_1 + C_2$

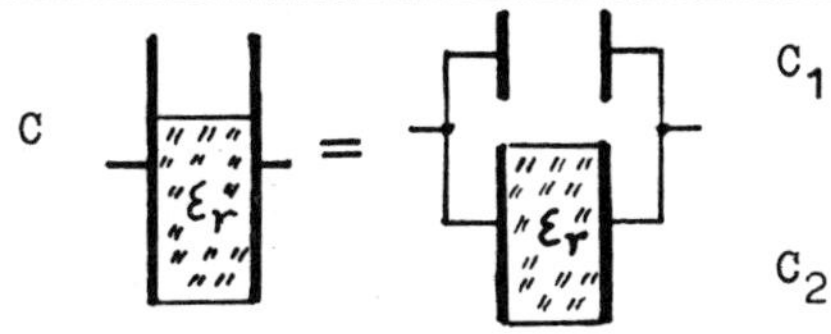

$C \sim A$ und $C_{voll} = \varepsilon_r C_{leer}$

$$\Longrightarrow \quad C_1 = \frac{C_0}{3} \qquad C_2 = \varepsilon_r \frac{2}{3} C_0$$

$$\underline{C = \frac{C_0}{3} + \varepsilon_r \frac{2}{3} C_0 = \frac{C_0}{3} (1 + 2\varepsilon_r)}$$

b) $\underline{U = U_0}$

$Q = CU \qquad Q_0 = C_0 U_0$

$$\frac{Q}{Q_0} = \frac{C}{C_0}$$

$$\underline{Q = \frac{C_0\, U_0}{3} (1 + 2\varepsilon_r)}$$

c) $Q = Q_0$

$CU = C_0\, U_0$

$$\underline{U = U_0 \frac{3}{1 + 2\varepsilon_r}}$$

$$\underline{Q = C_0\, U_0}$$

4.2.12. Porzellanplatte

Ein Luftkondensator hat den Plattenabstand d und die Kapazität C_0. Zwischen die Kondensatorplatten schiebt man parallel zu diesen eine genügend große Porzellanplatte (Dielektrizitätszahl ε_r, Dicke $a < d$) ein.
Welche Kapazität C hat er nun?

$d = 10$ mm $\quad a = 4{,}0$ mm

$C_0 = 10$ pF $\quad \varepsilon_r = 6$

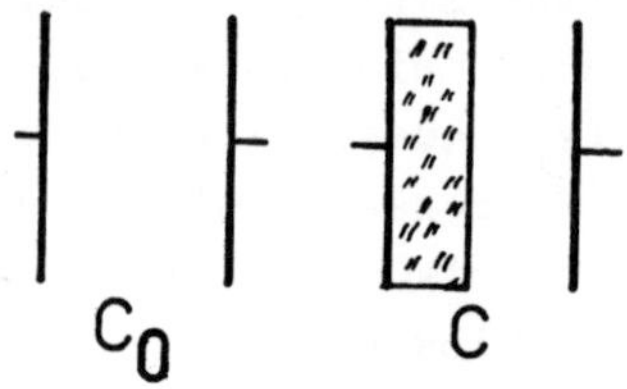

$$\frac{1}{C} = \frac{1}{C_1} + \frac{1}{C_2}$$

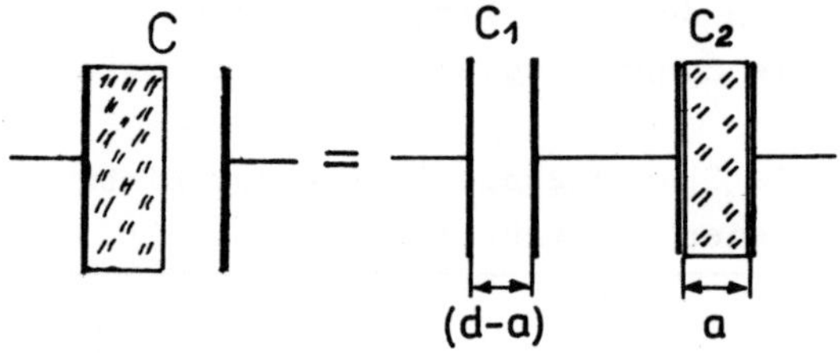

$$C_1 = \varepsilon_0 \frac{A}{d - a}$$

$$C_2 = \varepsilon_r \varepsilon_0 \frac{A}{a}$$

$$\frac{1}{C} = \frac{1}{\varepsilon_0 A}\left(d - a + \frac{a}{\varepsilon_r}\right)$$

$$C_0 = \varepsilon_0 \frac{A}{d}$$

$$\varepsilon_0 A = C_0 d$$

$$C = C_0 \frac{d}{d - a\left(1 - \frac{1}{\varepsilon_r}\right)} = \frac{C_0}{1 - \frac{a}{d}\left(1 - \frac{1}{\varepsilon_r}\right)} = 15 \text{ pF}$$

4.2.13. Kondensatorpendel

Zwischen den lotrecht aufgestellten Platten eines Plattenkondensators (Spannung U, Plattenabstand d_1) hängt eine kleine geladene Kugel (Masse m, Ladung Q') an einem gut isolierenden Seidenfaden.

a) Berechnen Sie die Auslenkung α_1 des Pendels!

b) Berechnen Sie die Auslenkung α_2, wenn eine Porzellanplatte (Dielektrizitätszahl ε_r, Dicke $d_2 < d_1$) parallel zu den Kondensatorplatten eingeschoben wird?

$d_1 = 10$ cm $d_2 = 4{,}0$ cm $\varepsilon_r = 6$ $Q' = 4{,}0\ \mu C$

$m = 4{,}0$ g $U = 100$ V

---

a)

$$\tan \alpha_1 = \frac{F_{e1}}{F_G}$$

$$F_{e1} = Q'E$$

$$E = \frac{U}{d_1}$$

$$F_G = mg$$

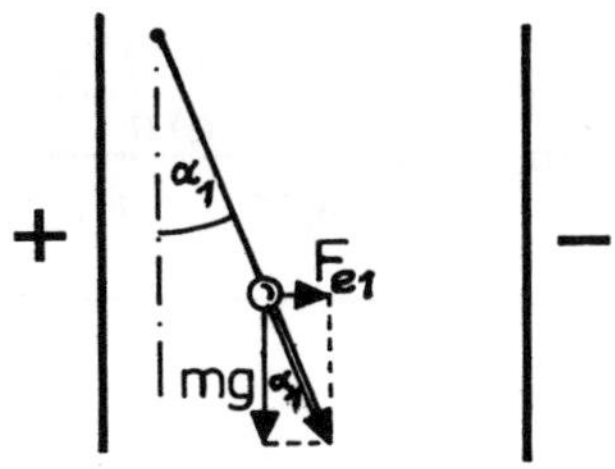

$$\tan \alpha_1 = \frac{Q'U}{mgd_1} \qquad \alpha_1 = 5{,}8^{\circ}$$

b) **Behandlung als Reihenschaltung zweier Kondensatoren:**

$$\tan \alpha_2 = \frac{F_{e2}}{F_G}$$

$$F_{e2} = Q'E_1$$

Ermittlung von E_1:

$$U = U_1 + U_2$$

$$= E_1(d_1 - d_2) + E_2 d_2$$

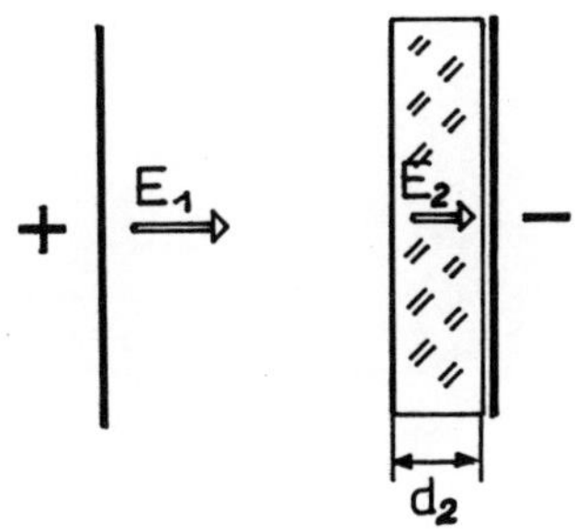

$$Q = Q_1 = Q_2$$

$$Q = \int D_n \, dA = DA \qquad \Longrightarrow \qquad Q \sim D$$

$$D = D_1 = D_2 = \varepsilon_0 E_1 = \varepsilon_r \varepsilon_0 E_2$$

$$E_2 = \frac{E_1}{\varepsilon_r}$$

$$U = E_1 (d_1 - d_2 + \frac{d_2}{\varepsilon_r})$$

$$E_1 = \frac{U}{d_1 - d_2 (1 - \frac{1}{\varepsilon_r})}$$

$$\tan \alpha_2 = \frac{Q'U}{mg \left[d_1 - d_2 (1 - \frac{1}{\varepsilon_r}) \right]} \qquad \alpha_2 = 8{,}7^\circ$$

4.2.14. Zählrohr

Ein Zählrohr für Teilchenstrahlung besteht aus einem Draht und einem dazu koaxialen zylindrischen Mantel. Zwischen beiden liegt die Spannung U (Potentialdifferenz).
Um welchen Faktor f steigt die auf ein geladenes Teilchen wirkende Kraft auf dem Weg vom Zylindermantel (Radius r_a) bis

a) zum Draht (Radius r_i),
b) zur Mitte zwischen Mantel und Draht?
c) Drücken Sie die elektrische Feldstärke E(r) mit Hilfe der Parameter U, r_a und r_i aus!

$r_a = 12$ mm $\quad r_i = 30$ µm

Kraft F auf Ladung Q' im Zylinderkondensator:

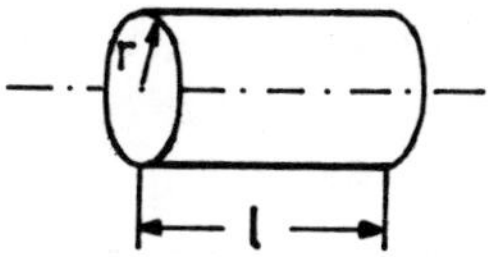

$$F = Q'E$$

$$E = \frac{D}{\varepsilon_0}$$

$$D = \frac{Q}{A} = \frac{Q}{2\pi r l}$$

$$F = \frac{Q'Q}{2\pi\varepsilon_0 l}\cdot\frac{1}{r}\text{, d.h.: } F \sim \frac{1}{r}$$

a) $$f = \frac{F_i}{F_a} = \frac{r_a}{r_i} = 400$$

b) $$f = \frac{F_m}{F_a} = \frac{r_a}{\frac{r_i + r_a}{2}} \qquad f = \frac{2r_a}{r_i + r_a} = 2$$

c) $$E(r) = \frac{Q}{2\pi\varepsilon_0 r l} \qquad U = \int_{r_i}^{r_a} E_r\, dr$$

$$\Longrightarrow U = \frac{Q}{2\pi\varepsilon_0 l}\int_{r_i}^{r_a}\frac{dr}{r} = \frac{Q}{2\pi\varepsilon_0 l}\ln\frac{r_a}{r_i} \qquad \frac{Q}{2\pi\varepsilon_0 l} = E\,r$$

$$E(r) = \frac{U}{r\ln\frac{r_a}{r_i}}$$

4.3.1. Geschwindigkeitsfilter

Einem elektrischen Feld ist ein magnetisches Feld derart überlagert, daß ein mit der Geschwindigkeit v_0 senkrecht zum Magnetfeld eingeschossenes Elektron nicht abgelenkt wird.

a) Welche Winkel bilden die beiden Felder und die Richtung des einfliegenden Elektrons miteinander?

b) Zur Erzeugung des elektrischen Feldes wird an ein Plattenpaar (Plattenabstand d) die Spannung U angelegt.
Wie groß muß die magnetische Feldstärke H des homogenen Magnetfeldes sein?

c) Das magnetische Feld soll mit einer langen Spule (Windungszahl N, Länge l) erzeugt werden.
Welche Stromstärke I braucht man?

d) Was geschieht, wenn Elektronen anderer Geschwindigkeit ($v > v_0$ bzw. $v < v_0$) einfliegen?

$d = 10$ mm $\quad U = 1{,}0$ kV $\quad v_0 = 1{,}00\cdot 10^7$ m/s $\quad n = \frac{N}{l} = 4\ \text{cm}^{-1}$

---

a) $\vec{F}_e = Q\vec{E} = -e\vec{E}$

$\vec{F}_m = Q\vec{v}_0 \times \vec{B} = -e\vec{v}_0 \times \vec{B}$

$\vec{F}_e = -\vec{F}_m$

$\Longrightarrow \quad \vec{E} \perp \vec{v}_0$

$\vec{E} \perp \vec{B}$

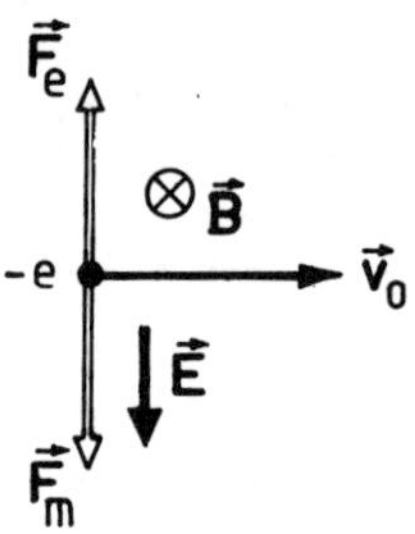

b) $F_e = F_m$

$-eE = -ev_0B$

$E = \frac{U}{d}$

$B = \mu_0 H$

$\frac{U}{d} = v_0\mu_0 H$

$H = \frac{U}{\mu_0 v_0 d} = 8\cdot 10^3$ A/m

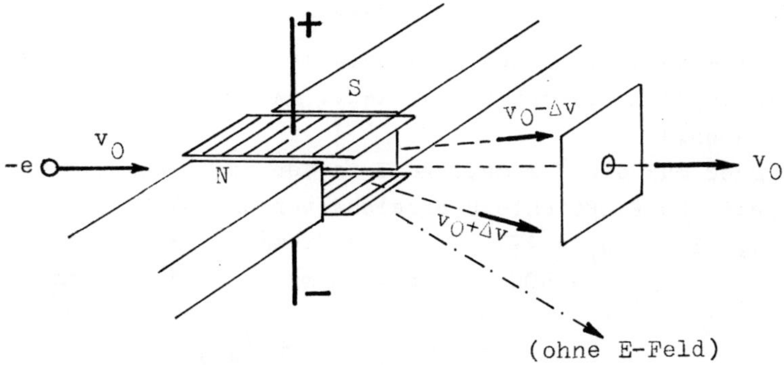

c) $H = \frac{NI}{l} = nI$

$I = \frac{H}{n} = 20\ A$

d) $v > v_0$: Ablenkung in Richtung $\vec{F}_m$

$v < v_0$: Ablenkung in Richtung $\vec{F}_e$

4.3.2. Luftspalt

Ein Eisenjoch mit einem Luftspalt der Spaltbreite s ist mit N Windungen Kupferdraht umwickelt. (Abmessungen der Skizze entnehmen.)

Wie groß muß die Stromstärke I in der Spule sein, wenn die magnetische Flußdichte B erreicht werden soll?

$B = 1{,}5\ T$ $\mu_r = 477$ $s = 1{,}00\ mm$ $a = 60\ mm$

$N = 500$ $b = 90\ mm$ $d = 15\ mm$

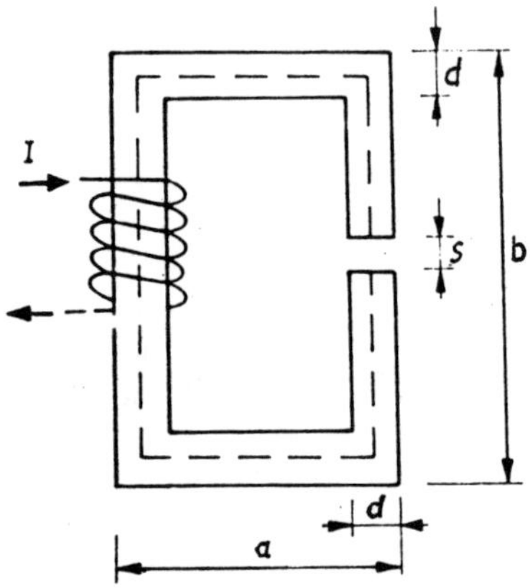

$$NI = \oint H_s ds = H_E l + H_L s$$

$$l = 2a + 2b - 4d - s \quad \text{(mittlere Länge des Weges im Eisen)}$$

$$B = B_E = B_L$$

$$\Longrightarrow \quad H_L = \frac{B}{\mu_0} \qquad H_E = \frac{B}{\mu_0 \mu_r}$$

$$NI = \frac{B}{\mu_0} \left(\frac{l}{\mu_r} + s \right)$$

$$I = \frac{B}{\mu_0 N} \left[\frac{2a + 2b - 4d - s}{\mu_r} + s \right] = \underline{\underline{3{,}6\ A}}$$

4.3.3. Kupferscheibe

Eine Kupferscheibe (Radius r_0) kann um die Achse A rotieren und berührt dabei die Quecksilberoberfläche im Punkt P. Quecksilber und Achse sind mit einer Spannungsquelle verbunden, so daß ein Strom (I) durch die Scheibe fließen kann.

a) Durch welches Drehmoment M wird die Rotation der Scheibe verursacht, wenn ein homogenes Feld (B) die Scheibe senkrecht durchdringt?

b) Welche Drehrichtung hat die Scheibe?

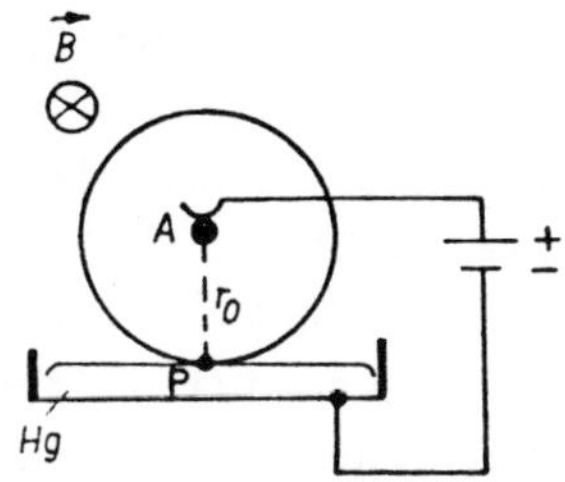

---

a) $M = F\,\frac{r_0}{2}$ ($\vec{F} \perp \vec{r}_0$; Angriffspunkt der Kraft in der Mitte des Leiterstücks)

$F = I r_0 B$ (Kraft auf den stromdurchflossenen Leiter der Länge r_0)

$$\underline{M = \frac{1}{2}\, I\, r_0^2\, B}$$

b) $\vec{F} = I\vec{r}_0 \times \vec{B}$

Drehung entgegen dem Uhrzeigersinn

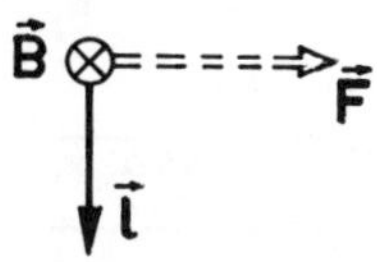

Anderer Lösungsweg zu a) bzw. Begründung der Richtigkeit der Annahme in a):

$$\vec{M} = \int \vec{r} \times d\vec{F} \; ; \; d\vec{F} = I\, d\vec{r} \times \vec{B} \; ; \quad M = I \int \vec{r} \times (d\vec{r} \times \vec{B})$$

$$M = IB \int_0^{r_0} r\, dr = \frac{1}{2}\, IBr_0^2$$

4.3.4. Tangentenbussole

Ein historisches Strommeßgerät ist die Tangentenbussole. Sie besteht aus einer langen Spule mit horizontal liegender Spulenachse (Länge l, Windungszahl N), in deren Mitte eine Magnetnadel drehbar gelagert ist. Im stromlosen Zustand stellt sich die Magnetnadel im erdmagnetischen Feld auf die Nord-Süd-Richtung ein. Die Spulenachse wird danach rechtwinklig ausgerichtet.

a) Die Tangentenbussole wird mit einem Strom von bekannter Stromstärke I_0 geeicht. Dabei wird die Magnetnadel um den Winkel φ_0 aus der Nord-Süd-Richtung herausgedreht. Welchen Wert H_0 hat die Horizontalkomponente des erdmagmagnetischen Feldes?

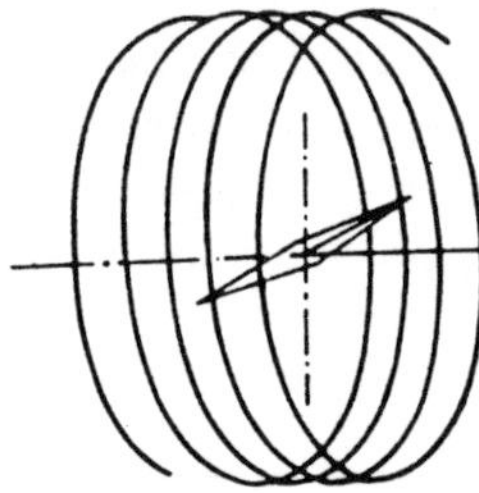

b) Welche kleinste Stromstärke I_1 und größte Stromstärke I_2 können mit dem Gerät gemessen werden, wenn sich Winkelunterschiede von $\Delta\varphi = 1^{\circ}$ gerade noch ablesen lassen?

$l = 30$ cm $\quad N = 600 \quad I_0 = 3{,}60$ mA $\quad \varphi_0 = 26^{\circ}$

---

a) $\tan\varphi = \dfrac{H_S}{H_0}$

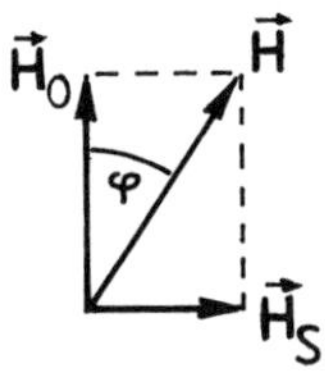

$$H_S = \frac{NI_0}{l}$$

$$H_0 = \frac{NI_0}{l\tan\varphi_0} = 14{,}8\ \frac{\mathrm{A}}{\mathrm{m}}$$

b) $$I = \frac{H_S\, l}{N} = \frac{H_0\, l}{N}\tan\varphi = I_0\,\frac{\tan\varphi}{\tan\varphi_0}$$

$$I_1 = I_0\,\frac{\tan\Delta\varphi}{\tan\varphi_0} = 0{,}13\ \mathrm{mA}$$

$$I_2 = I_0\,\frac{\tan(90^{\circ} - \Delta\varphi)}{\tan\varphi_0} = 423\ \mathrm{mA}$$

4.3.5. Elektromotor

Bei einem Elektromotor mit Trommelanker umschließen die Polschuhe den zylindrischen Kern des Ankers fast vollständig. Die Ankerwicklung besteht aus N Kupferstäben der Länge l, die in axialer Richtung auf dem Zylindermantel (Durchmesser d) angebracht sind. Es wird näherungsweise angenommen, daß alle Stäbe, die von der gleichen Stromstärke I durchflossen werden, in dem magnetischen Radialfeld die gleiche Feldstärke H vorfinden. Ein Kommutator sorgt für das Umkehren der Stromrichtung.

Welche Leistung P gibt der Motor bei der Drehfrequenz f ab?

$H = 1{,}00 \cdot 10^6$ A/m l = 200 mm d = 150 mm N = 300

I = 20,0 A $f = 750\ \text{min}^{-1}$

$$P = N F v$$

$$F = IlB \qquad (\vec{I} \perp \vec{B})$$

$$B = \mu_0 H$$

$$v = \omega r = 2\pi f r = \pi f d$$

$$P = \pi \mu_0 N l d H I f = 8{,}9\ \text{kW}$$

4.3.6. Spiegelgalvanometer I

Bei einem Spiegelgalvanometer fließt der Strom, dessen Stromstärke I zu messen ist, durch eine Rechteckspule (Windungszahl N, Kantenlängen h und b), die sich um eine vertikale Achse drehen kann. Die vertikalen Seiten (h) der Spule bewegen sich im Spalt zwischen den Polschuhen eines Permanentmagneten und einem zylindrischen Eisenkern in einem konstanten Magnetfeld H (Radialfeld). Eine Torsionsfeder (Richtmoment D) erzeugt ein rücktreibendes Drehmoment. Die bei Stromfluß entstehende Winkelauslenkung aus der Ruhelage wird durch einen Lichtstrahl angezeigt, der über einen kleinen an der Spulendrehachse befestigten Spiegel auf die in der Entfernung l aufgestellte Skale gelenkt wird.
Gesucht ist der Ausschlag x auf dieser Skale bei gegebener Stromstärke I. $(x \ll l)$

$N = 200$ $h = 2{,}5$ cm $b = 3{,}0$ cm $H = 1{,}00 \cdot 10^5$ A/m

$D = 1{,}13 \cdot 10^{-4}$ N·m $l = 1{,}00$ m $I = 40$ µA

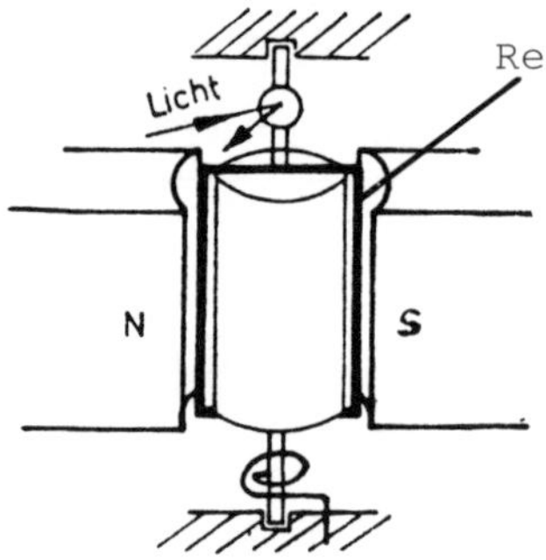

Drehmomentengleichgewicht (Spule S, Feder F):

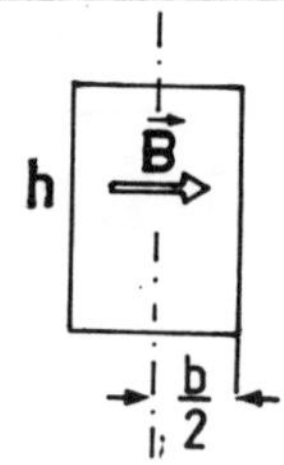

$$M_S + M_F = 0$$

Drehmoment um die Achse, erzeugt durch die Kraft auf ein Drahtstück der Länge h:

$$M_1 = F_1 \frac{b}{2}$$

$$F = IhB \qquad (\vec{h} \perp \vec{B})$$

$$B = \mu_0 H$$

$$M_1 = \frac{Ih\mu_0 Hb}{2}$$

Gesamtdrehmoment (N Windungen)

$$M_S = 2\ N\ M_1$$

$$M_S = N\mu_0 hbHI$$

Rücktreibendes Drehmoment der Torsionsfeder:

$$M_F = -D\varphi$$

$$Nbh\mu_0 HI = D\varphi$$

$$\varphi = \frac{Nbh\mu_0 HI}{D}$$

Ablenkung des Lichtzeigers auf der Skale:

$$x = l \cdot 2\varphi$$

$$x = 2\frac{\mu_0 HNbhl}{D} I = \underline{\underline{13\ \text{mm}}}$$

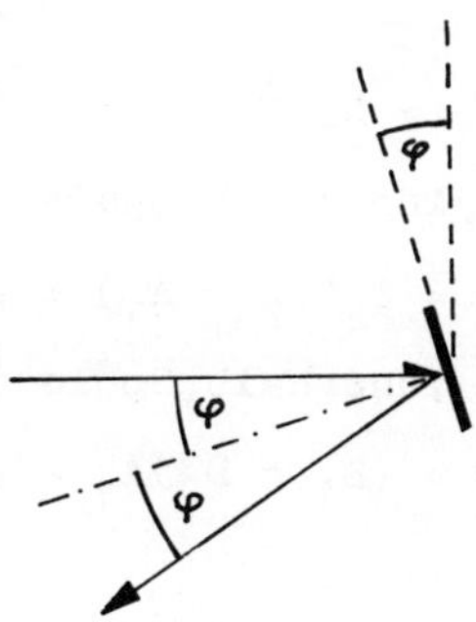

4.3.7. Spule ohne Streufeld

Um bei der Erzeugung eines homogenen Magnetfeldes im Inneren einer Spule das äußere Feld stark einzuschränken, verwendet man folgende Anordnung: Zwei zylindrische Luftspulen mit der gleichen Länge l, verschiedenen Durchmessern (d_1, d_2) und verschiedenen Windungszahlen (N_1, N_2) sind koaxial ineinandergeschoben. Beide werden von der gleichen Stromstärke durchflossen. Das Verhältnis N_2/N_1 der Windungszahlen wird so festgelegt, daß der magnetische Fluß Φ, der das Innere der Spule 1 durchsetzt, vollständig durch den Raum zwischen den beiden Spulen zurückgeführt wird.

d_1, d_2 und N_1 seien vorgegeben.

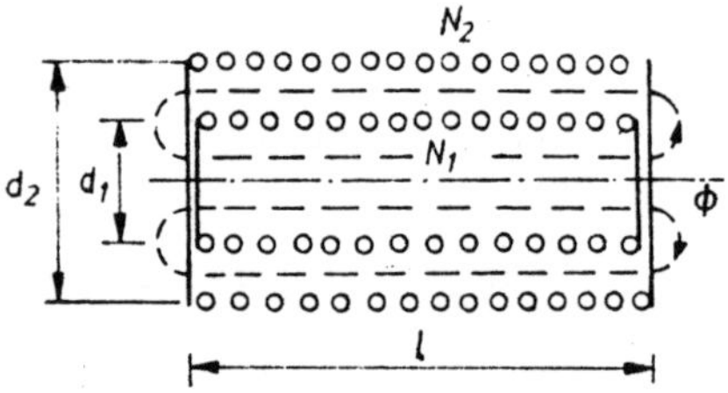

a) Wie groß muß N_2 gewählt werden?

b) Welche Stromstärke I ist erforderlich, um in der inneren Spule die magnetische Feldstärke H zu erzeugen?

c) Welche Feldstärke H' herrscht im Raum zwischen beiden Spulen?

d) Wie groß ist der magnetische Fluß Φ ?

$l = 300$ mm $\quad d_1 = 80$ mm $\quad d_2 = 100$ mm $\quad N_1 = 600$

$H = 2{,}00 \cdot 10^3$ A/m

---

a) $H_1 = N_1 \frac{I}{l} \qquad H_2 = N_2 \frac{I}{l}$

Fluß innerhalb Spule 2 und außerhalb Spule 1:

$$\Phi = B_2(A_2 - A_1) = \mu_0 H_2 \frac{\pi}{4} (d_2^2 - d_1^2)$$

Fluß innerhalb Spule 1:

$$\Phi = (B_1 - B_2)A_1 = \mu_0 (H_1 - H_2) \frac{\pi}{4} d_1^2$$

$\Longrightarrow$

$$(N_1 - N_2)\, d_1^2 = N_2\, (d_2^2 - d_1^2)$$

$$N_2\, d_2^2 = N_1\, d_1^2$$

$$N_2 = N_1 \left(\frac{d_1}{d_2}\right)^2 = \underline{\underline{384}}$$

b) $$H = H_1 - H_2 = (N_1 - N_2)\,\frac{I}{l}$$

$$I = \frac{Hl}{N_1 - N_2}$$

$$I = \frac{Hl}{N_1\left[1 - (d_1/d_2)^2\right]} = \underline{\underline{2{,}78\ \text{A}}}$$

c) $$H' = H_2 = \frac{N_2 I}{l}$$

$$H' = \frac{N_1 (d_1/d_2)^2 Hl}{l N_1 \left[1 - (d_1/d_2)^2\right]} = H\,\frac{(d_1/d_2)^2}{1 - (d_1/d_2)^2}$$

$$H' = \frac{H}{(d_2/d_1)^2 - 1} = \underline{\underline{3{,}56 \cdot 10^3\ \text{A/m}}}$$

d) $$\phi = B \int_0^{A_1} dA = \mu_0 H\, \frac{\pi}{4}\, d_1^2 = \underline{\underline{12{,}6 \cdot 10^{-6}\ \text{Wb}}}$$

4.3.8. Zyklotron

In einem Zyklotron werden Protonen beschleunigt. Das homogene Magnetfeld hat die Feldstärke H. Bevor die Protonen das Zyklotron verlassen, haben sie einen Kreisbahndurchmesser d erreicht. Die hochfrequente Wechselspannung zwischen den Duanten hat die Amplitude U_m.

a) Mit welcher kinetischen Energie E_k (in eV) verlassen die Protonen das Zyklotron?

b) Welche Frequenz f muß die Wechselspannung haben?

c) Wie groß ist die Zahl N der Umläufe der Protonen, und welche Zeit t_0 dauert es, bis ein Proton das Zyklotron verläßt?

$H = 0{,}805 \cdot 10^6$ A/m $d = 100$ cm $U_m = 10{,}0$ kV

Protonenmasse $m_p = 1{,}67 \cdot 10^{-27}$ kg

---

a) $E_k = \frac{m_p}{2} v^2$

Ermittlung von v:

$F_r = F_m$

$- m \frac{v^2}{r} = - evB \qquad (\vec{v} \perp \vec{B})$

$B = \mu_0 H \qquad d = 2r$

$v = \frac{e\mu_0 Hd}{2m_p}$

$E_k = \frac{(e\mu_0 Hd)^2}{8m_p} = 12{,}3$ MeV

b) $\omega = 2\pi f$

$f = \frac{\omega}{2\pi} \qquad \omega = \frac{v}{r} = \frac{2v}{d}$

$f = \frac{\mu_0 eH}{2\pi m_p} = 15{,}4$ MHz

c) $E_k = 2N\,E_p \qquad E_p = eU_m$

$N = \frac{E_k}{2eU_m} = 613$

$t_0 = NT = \frac{N}{f} = 40\ \mu s$

4.3.9. Fernsehbildröhre

In einer Fernsehbildröhre muß der Elektronenstrahl den Winkel 2α überstreichen. Die Beschleunigungsspannung des Strahles ist U. Das Magnetfeld steht senkrecht auf der Strahlrichtung. Es wird angenommen, daß es homogen ist und nur innerhalb eines Gebietes von kreisförmigem Querschnitt (Durchmesser d) existiert.

Berechnen Sie die für die maximale Ablenkung α des Elektronenstrahls erforderliche magnetische Flußdichte B!

$2\alpha = 110°$ $\quad U = 15$ kV $\quad d = 50$ mm

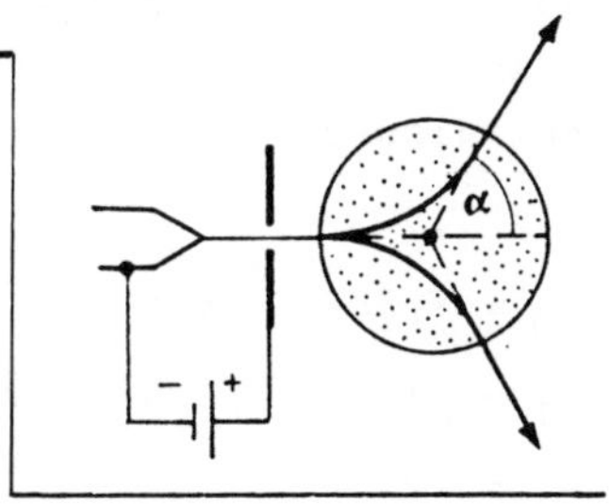

Bewegungsgleichung für die Kreisbewegung:

$$F_r = F_m$$

$$-m\frac{v^2}{r_B} = -evB \qquad (\vec{v} \perp \vec{B})$$

$$B = \frac{mv}{er_B}$$

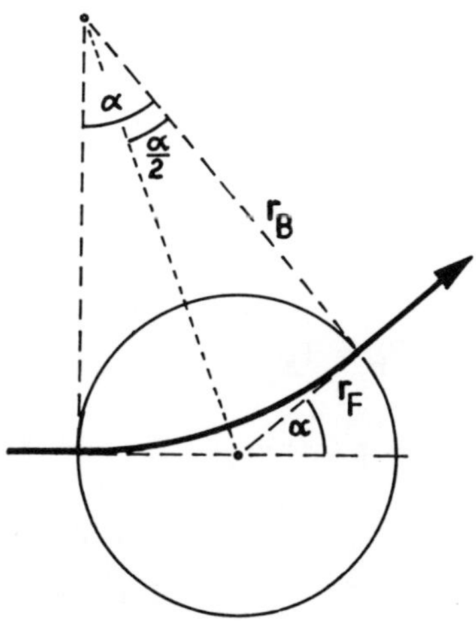

Berechnung der Bahngeschwindigkeit v:

$$E_k(2) = E_p(1)$$

$$\frac{m}{2}v^2 = eU$$

$$v = \sqrt{\frac{2eU}{m}}$$

Zusammenhang zwischen r_B, d und α:

$$\frac{r_F}{r_B} = \tan\frac{\alpha}{2} \qquad r_F = \frac{d}{2}$$

$$r_B = \frac{d}{2\tan\frac{\alpha}{2}}$$

$$B = \frac{m\sqrt{\frac{2eU}{m}}\,2\tan\frac{\alpha}{2}}{ed} = \frac{2\tan\frac{\alpha}{2}}{d}\sqrt{\frac{2Um}{e}} = 8{,}6 \text{ mT}$$

4.3.10. Massenspektrograph

In das homogene Magnetfeld (Flußdichte B) eines Massenspektrographen tritt senkrecht zur Feldrichtung ein Ionenstrahl ein, der ein Isotopengemisch von Zinkionen gleicher Geschwindigkeit v_0 und gleicher Ladung Q enthält. Nachdem die Ionen das Magnetfeld durchlaufen haben, treffen sie auf eine Fotoplatte, die in den Abständen d_1, d_2 und d_3 von der Eintrittsöffnung geschwärzt wird.
Berechnen Sie die registrierten Ionenmassen m_1, m_2 und m_3 und deren Massezahlen A_1, A_2 und A_3!
(Hinweis: A ist der auf ganze Zahlen gerundete Wert des Verhältnisses von m zur atomaren Masseeinheit $u = 1{,}66 \cdot 10^{-27}$ kg.)

$B = 1{,}50$ T $\quad Q = 2e$

$v_0 = 7{,}22 \cdot 10^5$ m/s

$d_1 = 319$ mm $\quad d_2 = 329$ mm

$d_3 = 339$ mm

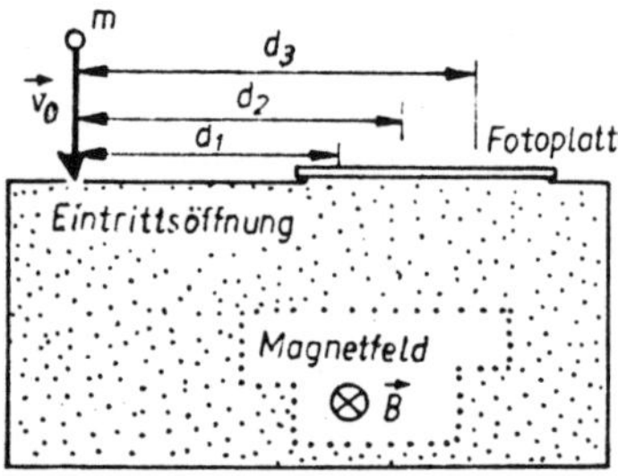

Ionenbahnen: Halbkreise, Durchmesser d

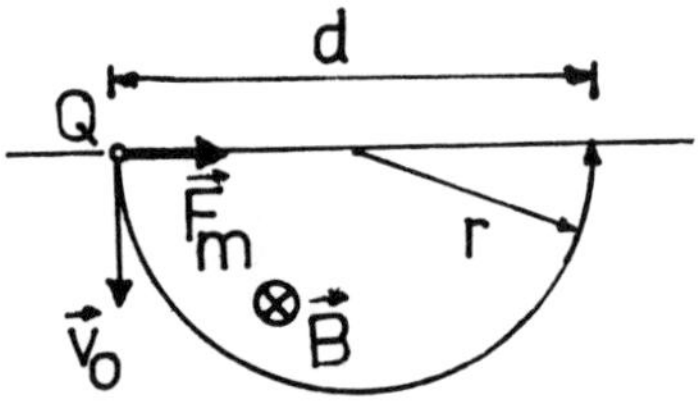

$F_r = F_m$

$$-m\frac{v_0^2}{r} = -Qv_0B \qquad (\vec{v}_0 \perp \vec{B})$$

$Q = 2e$

$d = 2r$

$$m = \frac{edB}{v_0} \qquad A = \mathrm{int}\left(\frac{m}{u}\right)$$

$m_1 = 1{,}06 \cdot 10^{-25}$ kg

$m_2 = 1{,}09 \cdot 10^{-25}$ kg

$m_3 = 1{,}13 \cdot 10^{-25}$ kg

$A_1 = 64$ $\quad A_3 = 68$

$A_2 = 66$

4.4.1. Eisenbahngleis

Die beiden Schienen eines Eisenbahngleises mit der Spurweite l seien voneinander isoliert und mit einem Spannungsmesser verbunden.
Welche Spannung U_i zeigt das Instrument an, wenn ein Zug mit der Geschwindigkeit v über die Strecke fährt?
B_v ist der Betrag der Vertikalkomponente der magnetischen Flußdichte vom Erdmagnetfeld.

$B_v = 45\ \mu T$ $\quad l = 1435$ mm $\quad v = 100$ km/h

$$|U_i| = \frac{d\phi}{dt}$$

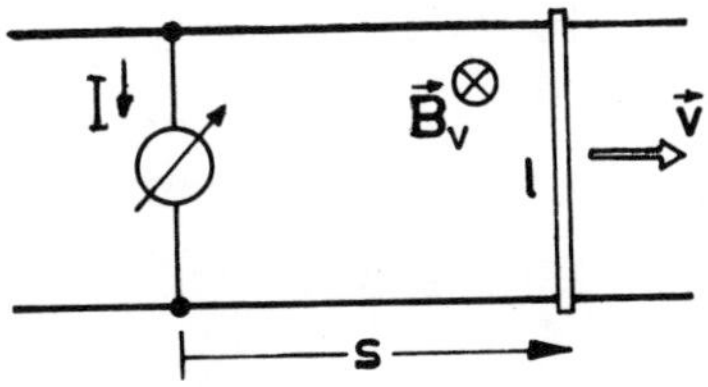

$$\phi(t) = B_v\ A(t)$$

$$= B_v\ ls$$

$$s = s(t)$$

$$|U_i| = B_v\ l\ \frac{ds}{dt}$$

$$|U_i| = B_v lv = 1{,}8\ \text{mV}$$

2. Lösungsweg: $\vec{E}_i = \vec{v} \times \vec{B}$

$E_i = vB_v$ $\quad (\vec{v} \perp \vec{B}_v)$

$U_i = E_i l$

4.4.2. Rotierender Stab

Ein Stab der Länge l rotiert mit der Winkelgeschwindigkeit ω um eines seiner Enden in einer Ebene senkrecht zum Magnetfeld (B).
Welche Spannung U_i wird zwischen den Stabenden induziert?

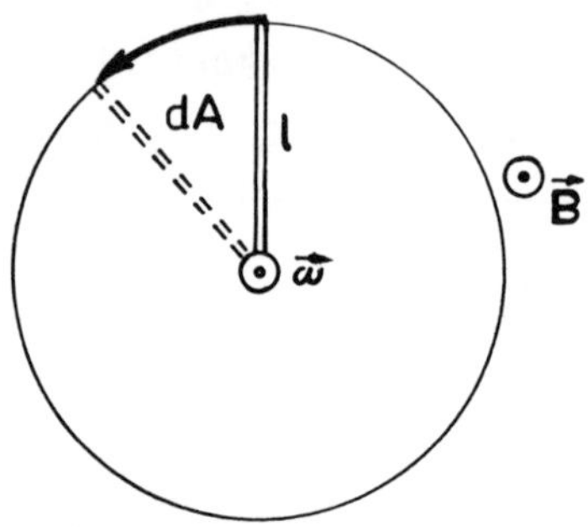

$$|U_i| = \left|\frac{d\phi}{dt}\right|$$

$$\phi = B\int dA = B\cdot A(t)$$

$$U_i = B\,\frac{dA}{dt}$$

$$\frac{dA}{dt} = \text{const} = \frac{A}{T}$$

$$U_i = B\,\frac{A}{T}$$

$$A = \pi l^2$$

$$T = \frac{2\pi}{\omega}$$

$$\underline{U_i = B\omega\,\frac{l^2}{2}}$$

Andere Lösungswege: 1) $E_i = Evb = \omega B r \qquad 0 < r < l$

$$U_i = \int_0^l E_i\,dr = \omega B\int_0^l r\,dr = \frac{\omega B l^2}{2}$$

2)

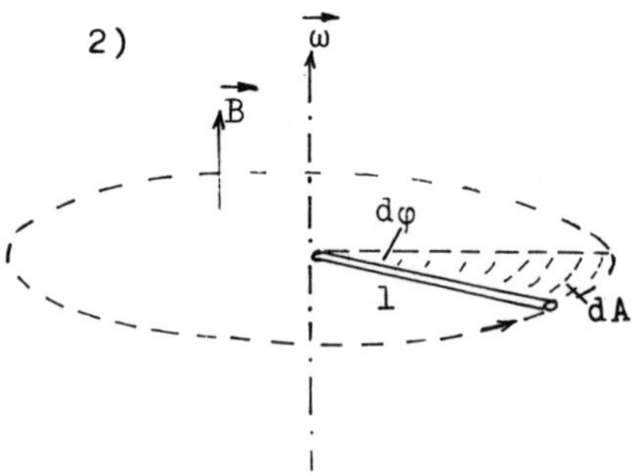

$$U_i = \frac{d\phi}{dt}$$

$$d\phi = B\,dA$$

$$d\phi = B\,\frac{l^2}{2}\,d\varphi$$

$$d\phi = B\,\frac{l^2}{2}\,\omega\,dt$$

$$U_i = B\,\frac{l^2}{2}\,\omega$$

4.4.3. Magnetfeldmessung

Zur Messung der magnetischen Feldstärke H eines statischen Magnetfeldes wird eine Spule der Windungszahl N und der Windungsfläche A aus dem Feld herausgeschleudert. Mit einem im Spulenkreis (Gesamtwiderstand R) liegenden ballistischen Galvanometer wird die hindurchgegangene Ladung Q gemessen.
Wie groß ist die magnetische Feldstärke H?

$N = 300$ $\quad A = 1{,}00\ \text{cm}^2$ $\quad R = 500\ \Omega$ $\quad Q = 3{,}77 \cdot 10^{-6}\ \text{A}\cdot\text{s}$

Magn. Fluß durch die Spule:

$$\Phi = B\int dA = \mu_0 HA$$

$$\Longrightarrow \quad H = \frac{\Phi}{\mu_0 A}$$

Ermittlung von Φ:

$$U_i = -N\frac{d\Phi}{dt}$$

$$-d\Phi = \frac{U_i}{N}dt \qquad U_i = IR$$

$$-\int_{\Phi_0}^{\Phi_1} d\Phi = \frac{R}{N}\int_0^{t_1} I\,dt \qquad \int_0^{t_1} I\,dt = Q$$

$$-(\Phi_1 - \Phi_0) = \frac{RQ}{N} \qquad \Phi_0 = \Phi \qquad \Phi_1 = 0$$

$$\Phi = \frac{RQ}{N}$$

$$H = \frac{RQ}{\mu_0 NA} = 5{,}0 \cdot 10^4\ \text{A/m}$$

4.4.4. Generator

In einem homogenen Magnetfeld mit der magnetischen Flußdichte B befindet sich eine quadratische Spule der Seitenlänge a und der Windungszahl N. Die Spule dreht sich mit der Frequenz f um eine Achse, die senkrecht zum Feld steht und parallel zu einer Seite des Quadrates durch die Spulenmitte läuft.

Welche effektive Stromstärke I_{eff} fließt in der Spule, die den Widerstand R hat?

$B = 10\ \mathrm{mT}$ $\quad a = 10\ \mathrm{cm}$ $\quad f = 50\ \mathrm{s}^{-1}$ $\quad R = 10\ \Omega$ $\quad N = 100$

$$U_i = -N\frac{d\Phi}{dt}$$

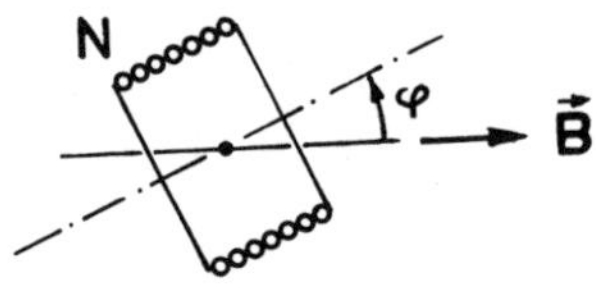

$$\Phi = \int B_n\, dA$$

$$B_n = B\cos\varphi$$

$$\int dA = a^2$$

$$\Phi = Ba^2\cos\varphi \qquad \varphi = \omega t = 2\pi f t$$

$$\Phi = B\,a^2\cos 2\pi f t$$

$$U_i = 2\pi f N B a^2 \sin 2\pi f t = U_m \sin 2\pi f t$$

$$U_{eff} = \frac{U_m}{\sqrt{2}}$$

$$I_{eff} = \frac{U_{eff}}{R}$$

$$\Longrightarrow \qquad I_{eff} = \frac{\sqrt{2}\,\pi f N B a^2}{R} = 0{,}22\ \mathrm{A}$$

4.4.5. Rotierende Spule

Durch eine lange Spule (Länge l, Windungszahl N_1) fließt ein Strom mit der Stromstärke I_1. In dieser Spule rotiert eine zweite Spule (Windungszahl N_2, Windungsfläche A_2) mit der Frequenz f_2.
Berechnen Sie den Maximalwert U_m der entstehenden Wechselspannung!

$l_1 = 20$ cm $N_1 = 2000$ $I_1 = 50$ A $N_2 = 400$
$A_2 = 6{,}0\ \text{cm}^2$ $f_2 = 100\ \text{s}^{-1}$

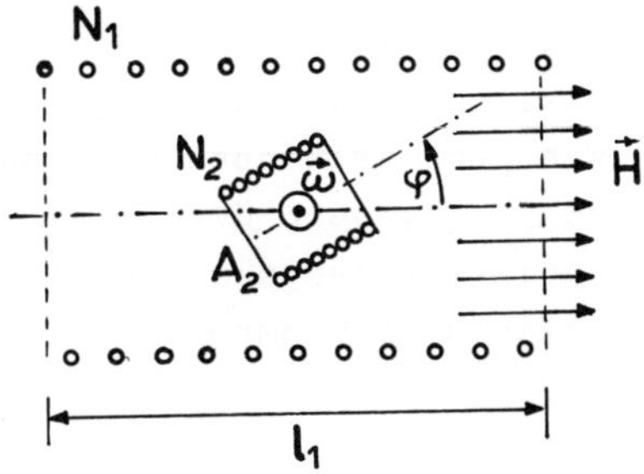

$$U_i = -N_2 \frac{d\Phi}{dt}$$

$$\Phi = \int B_n \, dA$$

$$\Phi = B_n \int dA$$

$$\Phi = (B \cos \varphi)\, A_2$$

$$B = \mu_0 H \;; \qquad H = \frac{N_1 I_1}{l_1}$$

$$\varphi = \omega t = 2\pi f_2 t$$

$$\Phi = \frac{\mu_0 N_1 I_1 A_2}{l_1} \cos 2\pi f_2 t$$

$$U_i = \frac{2\pi f_2 \mu_0 N_1 N_2 I_1 A_2}{l_1} \sin 2\pi f_2 t = U_m \sin 2\pi f_2 t$$

$$U_m = \frac{2\pi f_2 \mu_0 N_1 N_2 I_1 A_2}{l_1} = \underline{\underline{95\ \text{V}}}$$

4.4.6. Spiegelgalvanometer II

Bei einem Spiegelgalvanometer ist eine rechteckige Spule (Kantenlängen a,b) mit N Windungen Kupferdraht (Gesamtwiderstand R) in einem homogenen Magnetfeld (Flußdichte B) an einem Torsionsfaden aufgehängt. In der Ruhelage steht die Spulennormale senkrecht zur Richtung des Flußdichtevektors $\vec{B}$.

a) Welcher magnetische Fluß Φ durchsetzt die Spule, wenn die Spulennormale um den Winkel φ aus der Ruhelage ausgelenkt ist?

b) Welche induzierte Spannung U_i tritt in der Spule auf, wenn sich diese mit der Winkelgeschwindigkeit $\omega = \frac{d\varphi}{dt}$ durch die Stellung $\varphi = 0$ bewegt?

c) Wie groß ist dabei die induzierte Stromstärke I, wenn die beiden Anschlüsse der Spule kurzgeschlossen werden?

d) Welches Drehmoment M erfährt die Spule infolge des Induktionsstromes im Magnetfeld?

e) Welche Richtungsbeziehung zwischen $\vec{\omega}$ und $\vec{M}$ besteht auf Grund der Lenzschen Regel?

f) Der Torsionsfaden hat das Richtmoment D, die Spule das Trägheitsmoment J_A. Stellen Sie die Bewegungsgleichung der Spule für kleine Ausschläge φ auf! Welche Art Bewegung findet statt?

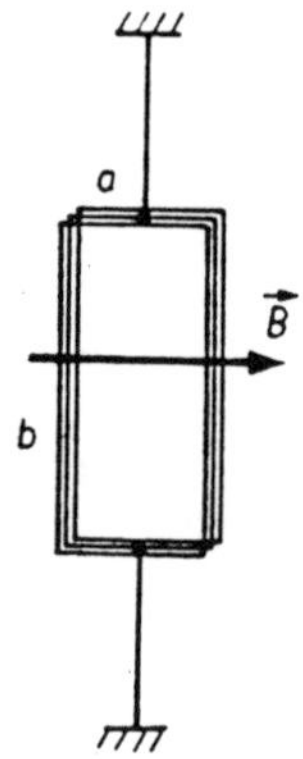

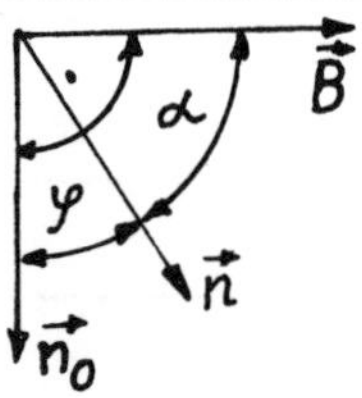

a)
$$\Phi = \int B_n \, dA = B \int dA \cos \alpha$$
$$\Phi = B \, ab \cos(\tfrac{\pi}{2} - \varphi)$$
$$\underline{\Phi = B \, ab \sin \varphi}$$

b)
$$U_i = - N \frac{d\Phi}{dt}$$
$$\Phi = B \, ab \sin \varphi \quad \text{mit } \varphi = \omega t$$
$$U_i(t) = - NB\omega ab \cos \omega t \Longrightarrow \text{für } \varphi = \omega t = 0\text{:} \quad \underline{U_i = - NBab\omega}$$

c) $$I = \frac{U_i}{R} = -\frac{NabB\omega}{R}$$

d) $$M = F_{ges}\frac{a}{2} \qquad (\vec{F}_{ges} \perp \vec{a})$$

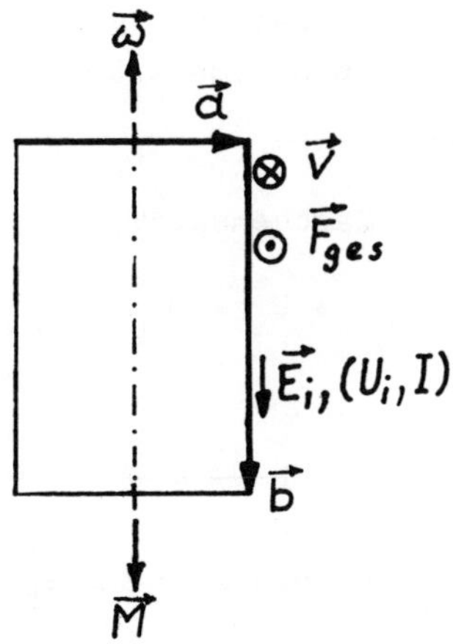

$$F_{ges} = 2N\,F$$

$$F = IbB \qquad (\vec{b} \perp \vec{B})$$

$$F_{ges} = 2NIbB$$

$$M = NabBI$$

$$M = -\frac{(NabB)^2\omega}{R}$$

e) $$\vec{M} \sim -\vec{\omega}$$

f) $$J_A\,\ddot{\varphi} = M_{Faden} + M$$

$$J_A\,\ddot{\varphi} = -D\varphi - \frac{(NabB)^2}{R}\,\dot{\varphi}$$

Gedämpfte Torsionsschwingung

4.4.7. Spule im Wechselstromkreis

An eine Spule der Induktivität L wird eine Wechselspannung $U = U_m \sin \omega t$ angelegt. Der ohmsche Widerstand im Stromkreis sei vernachlässigbar klein.
Welche Stromstärke I(t) fließt?

Maschensatz:

$$U + U_i = 0$$

(Oder: $U = U_L$; $U_L = L \frac{dI}{dt}$ als Spannungsabfall ;'Verbraucher')

$$U - L \frac{dI}{dt} = 0$$

$$U_m \sin \omega t = L \frac{dI}{dt}$$

$$\int dI = \frac{U_m}{L} \int (\sin \omega t)\, dt$$

$$I(t) = -\frac{U_m}{\omega L} \cos \omega t$$

4.4.8. Wechselfeld

Zur Messung eines von der Netzspannung (Frequenz f) herrührenden magnetischen Störfeldes befindet sich eine Spule der Windungszahl N und der Windungsfläche A an dem zu untersuchenden Ort. Durch Verändern der Orientierung der Spulenachse im Raum findet man diejenige Richtung heraus, bei der die induzierte Wechselspannung ihren größten Wert U_{eff} hat.
Welchen Wert H_m hat die Amplitude der magnetischen Feldstärke?

$N = 500 \quad A = 2{,}0\ cm^2 \quad U_{eff} = 1{,}3\ mV \quad f = 50\ Hz$

Das Wechselfeld induziert eine Wechselspannung:

$$U_i = -N\frac{d\Phi}{dt}$$

$$\Phi = B\int dA = \mu_0 H\, A$$

$$\text{mit } H = H_m \sin \omega t = H_m \sin 2\pi f t$$

$$\Phi = \mu_0 A H_m \sin 2\pi f t$$

$$U_i = -N\mu_0 A H_m 2\pi f\,(\cos 2\pi f t) = -U_m \cos 2\pi f t$$

$$\Longrightarrow \quad U_m = 2\pi f N \mu_0 A H_m$$

$$U_m = \sqrt{2}\,U_{eff}$$

$$H_m = \frac{\sqrt{2}\,U_{eff}}{2\pi f N\mu_0 A} = \frac{U_{eff}}{\sqrt{2}\,\pi f N \mu_0 A} = 47\ A/m$$

4.4.9. Induktivität

Eine lange Zylinderspule (Windungszahl N, Länge l, Durchmesser d) wird von einem Strom durchflossen.

a) Die Stromstärke ist konstant: $I = I_0$. Berechnen Sie den magnetischen Fluß ϕ_0 durch den Spulenquerschnitt!

b) Für die Stromstärke gilt $I = I_m \cos \omega t$. Berechnen Sie die in der Spule induzierte Spannung $U_i(t)$! Wie groß ist der Effektivwert U_{ieff} der Wechselspannung (Frequenz f)?

c) Wie groß ist die Induktivität L der Spule?

N = 2000 $\quad I_0$ = 125 mA $\quad I_m$ = 65 mA $\quad$ f = 50 Hz

l = 120 mm $\quad$ d = 30 mm

---

a) $$\Phi_0 = B_0 \int dA = B_0 A \qquad B_0 = \mu_0 H = \mu_0 \frac{NI_0}{l}$$

$$A = \frac{\pi}{4} d^2$$

$$\underline{\Phi_0 = \frac{\pi \mu_0 d^2 N I_0}{4l}} = \underline{\underline{1{,}85 \cdot 10^{-6}\ \text{Wb}}}$$

b) $$U_i = -N \frac{d\Phi}{dt} \qquad \Phi = \frac{\pi \mu_0 d^2 N}{4l} I_m \cos \omega t$$

$$\underline{U_i(t) = \frac{\pi \mu_0 d^2 N^2}{4l} \omega I_m \sin \omega t = U_{im} \sin \omega t}$$

$$\Longrightarrow \quad U_{im} = \frac{\pi \mu_0 d^2 N^2 \omega I_m}{4l} \qquad \omega = 2\pi f$$

$$\underline{U_{ieff} = \frac{U_{im}}{\sqrt{2}} = \frac{\pi^2 \mu_0 d^2 N^2}{2\sqrt{2}\, l} f I_m} = \underline{\underline{0{,}43\ \text{V}}}$$

c) $$L = \frac{\mu_0 N^2 A}{l}$$

$$\underline{L = \frac{\pi \mu_0 d^2 N^2}{4l}} = \underline{\underline{30\ \text{mH}}}$$

4.4.10. Ringspule

Eine Ringspule hat den mittleren Durchmesser d_1 und N Windungen mit dem Windungsdurchmesser d_2. Der Luftraum im Spuleninneren wird vom magnetischen Fluß ϕ durchsetzt.

a) Wie groß ist die magnetische Feldstärke H im Spuleninneren?

b) Wie groß ist die Stromstärke I in der Spule?

c) Welche Gegenspannung U_{ieff} entsteht durch Selbstinduktion, wenn ein Wechselstrom (Stromstärke I_{eff}, Frequenz f) fließt?

$I_{eff} = 2{,}5$ A $f = 50$ Hz $N = 450$ $d_1 = 10$ cm
$d_2 = 2{,}0$ cm $\phi = 2{,}0\ \mu$Wb

---

a)

$$\phi = B\int dA = BA \qquad B = \mu_0 H \qquad A = \frac{\pi}{4} d_2^2$$

$$H = \frac{4\phi}{\pi\mu_0 d_2^2} = 5{,}1\cdot 10^3\ \text{A/m}$$

b)

$$H = \frac{NI}{l}$$

$$I = \frac{Hl}{N} \qquad l = \pi d_1$$

$$I = \frac{\pi d_1 H}{N}$$

$$I = \frac{4 d_1 \phi}{\mu_0 N d_2^2} = 3{,}5\ \text{A}$$

c)

$$U_i = -L\frac{dI}{dt}$$

$$I = I_m \cos \omega t$$

$$L = \frac{\mu_0 N^2 A}{l} = \frac{\mu_0 N^2 d_2^2}{4 d_1}$$

$$U_i = \omega L I_m \sin \omega t = U_m \sin \omega t \implies U_m = \omega L I_m$$

$$U_{ieff} = \frac{U_m}{\sqrt{2}} \qquad I_{eff} = \frac{I_m}{\sqrt{2}} \qquad \omega = 2\pi f$$

$$U_{ieff} = \frac{\pi\mu_0 N^2 d_2^2}{2 d_1} f\, I_{eff} = 200\ \text{mV}$$

4.4.11. Leiterrechteck

Gegeben ist das folgende Leitersystem:

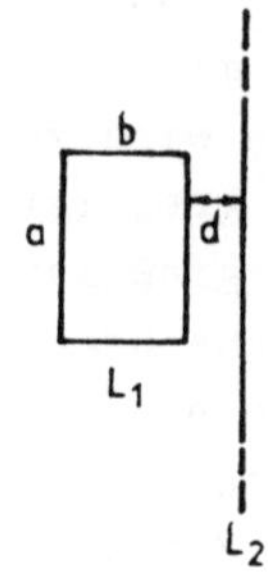

a) Durch den Leiter L_2 fließt ein Strom der Stärke I_2. Wie groß ist der magnetische Fluß ϕ_1 durch die Rechteckfläche, die der Leiter L_1 umrandet?

b) Durch L_2 fließt sinusförmiger Wechselstrom (Stromstärke I_{2eff}, Frequenz f). Wie groß ist die induzierte Spannung U_{1eff} im Leiter L_1?

c) Der Leiter L_1 hat den Widerstand R. Wie groß ist die Stromstärke I_{1eff}?

d) Welche Leistung P wird im Leiter L_1 in Wärme umgesetzt?

e) Woher stammt die verbrauchte Energie?

$I_2 = 10$ A $I_{2eff} = 10$ A $f = 50$ Hz $R = 0{,}10\ \Omega$

$a = 100$ cm $b = 10$ cm $d = 2{,}0$ cm

---

a) $\phi_1 = \int B\, dA$

$$B = \mu_0 H = \mu_0 \frac{I_2}{2\pi r}$$

$$dA = a\, dr$$

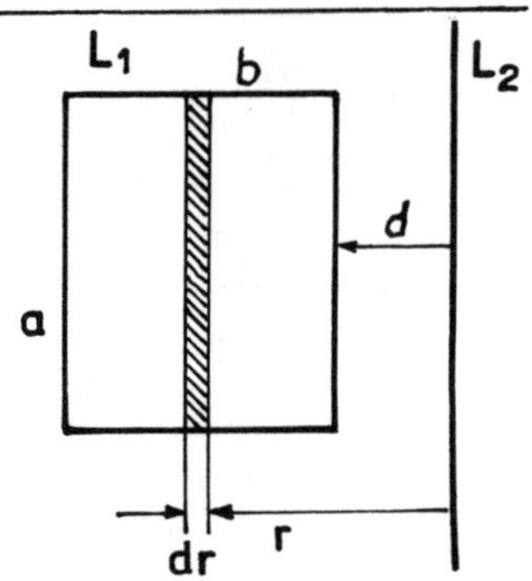

$$\phi_1 = \mu_0 \frac{I_2 a}{2\pi} \int_d^{d+b} \frac{dr}{r}$$

$$\underline{\phi_1 = \mu_0 \frac{a}{2\pi} \ln(1 + \frac{b}{d}) I_2}$$

$$\underline{\underline{\phi_1 = 3{,}6 \cdot 10^{-6}\ \text{Wb}}}$$

b) $U_1 = -\frac{d\phi}{dt}$ $\phi = \phi_1(t) = \frac{\mu_0 a}{2\pi} \ln(1 + \frac{b}{d})\, I_{2m} \cos \omega t$

$$U_1 = \frac{\mu_0 a}{2\pi} \ln(1 + \frac{b}{d})\, I_{2m}\, \omega \sin \omega t = U_{1m} \sin \omega t$$

$$U_{1eff} = \frac{U_{1m}}{\sqrt{2}} \qquad I_{2eff} = \frac{I_{2m}}{\sqrt{2}} \qquad \omega = 2\pi f$$

$$\underline{U_{1eff} = \mu_0 a \ln\left(1 + \frac{b}{d}\right) f \, I_{2eff}} = \underline{\underline{1{,}1 \text{ mV}}}$$

c) $\underline{I_{1eff} = \frac{U_{1eff}}{R}} = \underline{\underline{11 \text{ mA}}}$

d) $\underline{P = I_{1eff} \, U_{1eff}} = \underline{\underline{12 \ \mu\text{W}}}$

e) Aus der Spannungsquelle, die L_2 versorgt.

4.4.12. Einschaltstrom

Gegeben ist folgender Stromkreis:
Zum Zeitpunkt t = 0 wird der Schalter geschlossen.

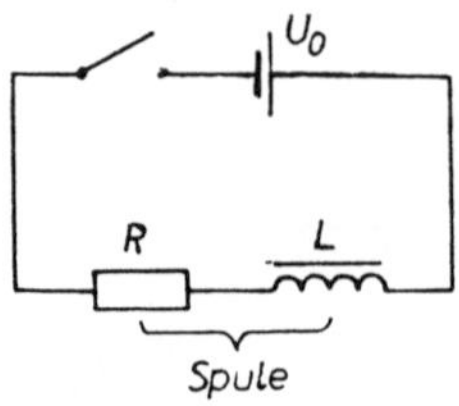

a) Wie groß ist der Endwert I_e der Stromstärke?

b) Zu welcher Zeit t_1 ist $I_1 = \frac{3}{4} I_e$?

$U_0 = 200$ V $\quad R = 300\ \Omega \quad L = 100$ H

---

a) $\underline{I_e = \frac{U_0}{R}} = \underline{\underline{0{,}67\text{ A}}}$

b) Maschensatz:

$U_0 + U_i = IR \qquad U_i = -L\frac{dI}{dt}$

$L\frac{dI}{dt} = U_0 - IR$

$dt = L\frac{dI}{U_0 - RI}$

$\int_0^{t_1} dt = L\int_0^{I_1}\frac{dI}{U_0 - RI}$

Substitution:

$u = U_0 - RI$

$\frac{du}{dI} = -R$

$\Longrightarrow \quad dI = -\frac{du}{R} \quad ; \quad u(I = 0) = U_0$

$u(I = I_1) = U_0 - RI_1$

$$t_1 = -\frac{L}{R}\int_{U_0}^{U_0 - RI_1}\frac{du}{u} = -\frac{L}{R}\ln\frac{U_0 - RI_1}{U_0}$$

$$I_1 = \frac{3}{4}\frac{U_0}{R}$$

$\underline{t_1 = \frac{L}{R}\ln 4} = \underline{\underline{0{,}46\text{ s}}}$

4.5.1. Parallelschaltung

Man bestimme für die folgende Schaltung

a) den Blindwiderstand X_C

b) den Scheinwiderstand Z

c) die Gesamtstromstärke I_{eff}

d) die Teilstromstärken I_{Ceff} und I_{Reff},

e) den Phasenwinkel φ,

f) die Scheinleistung P_S,

g) die pro Sekunde am ohmschen Widerstand abgegebene Wärme Q,

h) die parallel zu schaltende Induktivität L, die die Phasenverschiebung aufhebt!

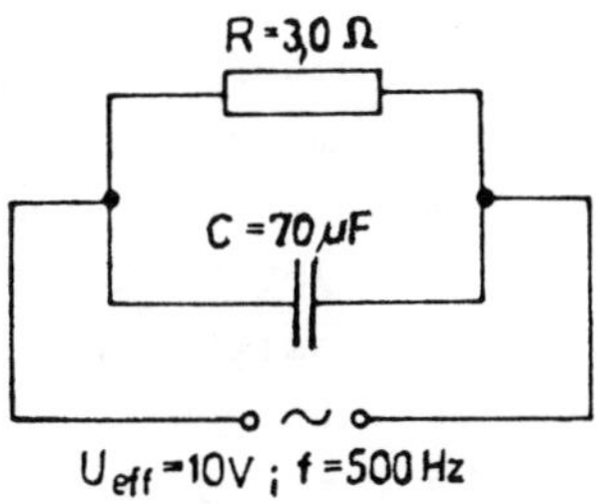

a) $X_C = \frac{1}{\omega C} = \frac{1}{2\pi f C} = 4{,}5\ \Omega$

b) $\frac{1}{Z} = \sqrt{\frac{1}{R^2} + (\omega C)^2}$

$Z = \frac{R}{\sqrt{1 + (2\pi f R C)^2}} = 2{,}5\ \Omega$

c) $I_{eff} = \frac{U_{eff}}{Z} = 4{,}0\ A$

d) $I_{Ceff} = \frac{U_{eff}}{X_C} = 2{,}2\ A$

$I_{Reff} = \frac{U_{eff}}{R} = 3{,}3\ A$

e) $\tan\varphi = -R\omega C = -2\pi f R C$

$\varphi = -33\,°$

f) $P_S = I_{eff}\, U_{eff} = 40\ W$

g) $Q = Pt$

$= U_{eff}\, I_{eff} (\cos\varphi) t$

$= \frac{U_{eff}^2}{Z} (\cos\varphi) t$

$Q = \frac{U_{eff}^2}{R}\, t = 33\ J$

h) $\tan\varphi = 0\ ;\ \omega C - \frac{1}{\omega L} = 0$

$L = \frac{1}{\omega^2 C} = \frac{1}{(2\pi f)^2 C} = 1{,}4\ mH$

4.5.2. Reihenschaltung

Für den dargestellten Wechselstromkreis ist

a) die Stromstärke I_{eff}, die durch den Strommesser fließt, zu berechnen! (Der geringe Innenwiderstand des Meßinstruments kann vernachlässigt werden.)

b) Wie groß ist die Wirkleistung P?

c) Welche Wärme Q wird in einer Minute von diesem Stromkreis an die Umgebung abgegeben?

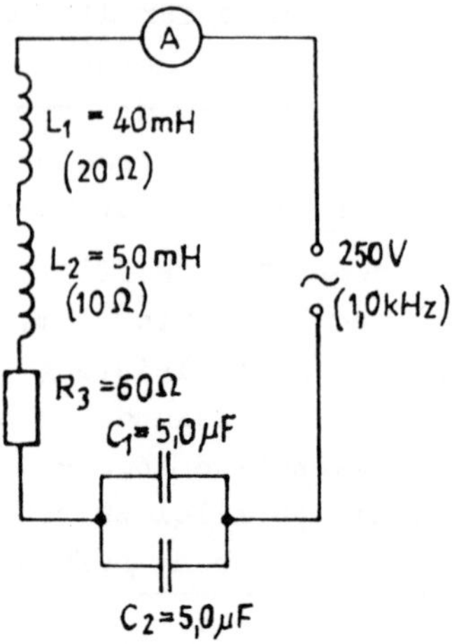

---

a) $I_{eff} = \frac{U_{eff}}{Z}$

Ersatzschaltbild:

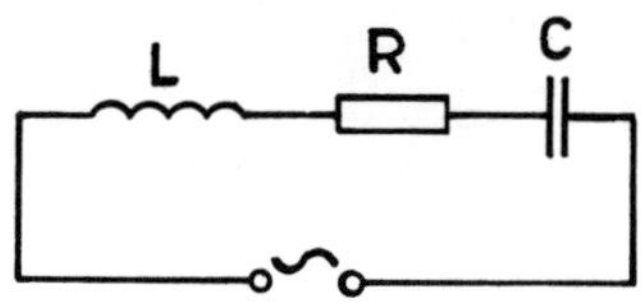

$L = L_1 + L_2 = 45$ mH

$R = R_1 + R_2 + R_3 = 90\ \Omega$

$C = C_1 + C_2 = 10\ \mu F$

$\omega = 2\pi f$

$$I_{eff} = \frac{U_{eff}}{\sqrt{R^2 + (\omega L - \frac{1}{\omega C})^2}} = 0{,}89\ A$$

b) Wirkleistung entsteht allein am ohmschen Widerstand:

$P = I_{eff}^2 R = 71\ W$ $\quad (P = U_{eff}\, I_{eff} \cos\varphi = Z\, I_{eff}^2 \cos\varphi = I_{eff}^2 R)$

c) $Q = P\, t = 4{,}2\ kJ$

4.5.3. Drosselspule

Liegt an einer Drosselspule eine Gleichspannung U, so wird die Stromstärke I festgestellt. Beim Anlegen einer Wechselspannung U_{eff} (Frequenz f) mißt man den Effektivwert I_{eff} der Stromstärke.

a) Wie groß sind der Widerstand R, Scheinwiderstand Z und Blindwiderstand X_B?

b) Welche Induktivität L hat die Spule?

c) Wie groß ist der Phasenwinkel φ?

$U_{eff} = 220$ V $I_{eff} = 1{,}82$ A U = 6,0 V I = 300 mA
f = 50 Hz

---

a) $R = \frac{U}{I} = 20\ \Omega$

$Z = \frac{U_{eff}}{I_{eff}} = 121\ \Omega$

$Z = \sqrt{R^2 + (\omega L)^2} = \sqrt{R^2 + R_B^2}$

$X_B = \sqrt{R_S^2 - R^2} = 119\ \Omega$

b) $X_B = \omega L$ $\omega = 2\pi f$

$L = \frac{X_B}{2\pi f} = 0{,}38$ H

c) $\tan\varphi = \frac{\omega L}{R} = \frac{X_B}{R}$ $\varphi = 80°$

4.5.4. Vorschaltkondensator

Eine Glühlampe (P_1 = 40 W) mit rein ohmschem Widerstand ist für die Spannung U_{1eff} = 110 V vorgesehen und soll mit der Netzspannung U_{2eff} = 220 V bei f = 50 Hz betrieben werden.

a) Welcher Kondensator mit der Kapazität C ist in Reihe zu schalten?

b) Wie groß ist die Blindleistung P_B?

---

a) $U_{2eff} = I_{eff} R$

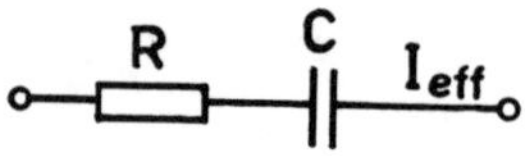

$U_{2eff} = I_{eff} Z$

$$\Longrightarrow \quad Z = R \frac{U_{2eff}}{U_{1eff}} = \sqrt{R^2 + \frac{1}{(\omega C)^2}}$$

$$R^2 + \frac{1}{(\omega C)^2} = R^2 \left(\frac{U_{2eff}}{U_{1eff}}\right)^2$$

$$(\omega C)^2 = \frac{1}{R^2 \left[\left(\frac{U_{2eff}}{U_{1eff}}\right)^2 - 1\right]}$$

$$\omega = 2\pi f$$

$$P_1 = U_{1eff} I_{eff} = \frac{U_{1eff}^2}{R}$$

(Die Wirkleistung entsteht allein am ohmschen Widerstand; $\varphi = 0$)

$$R = \frac{U_{1eff}^2}{P_1}$$

$$C = \frac{P_1}{2\pi f \, U_{1eff}^2 \sqrt{\left(\frac{U_{2eff}}{U_{1eff}}\right)^2 - 1}} = 6{,}1 \ \mu F$$

b) Die Blindleistung entsteht nur an der Kapazität:

$$P_B = I_{eff}^2 X_C \qquad (P_B = I_{eff} U_{2eff} \sin\varphi = I_{eff}^2 Z \sin\varphi = I_{eff}^2 X_C)$$

$$X_C = \frac{1}{\omega C} = \sqrt{Z^2 - R^2}$$

$$P_B = I_{eff}^2 \sqrt{Z^2 - R^2} = I_{eff}^2 \sqrt{\left(\frac{U_{2eff}}{I_{eff}}\right)^2 - \left(\frac{U_{1eff}}{I_{eff}}\right)^2}$$

$$P_B = I_{eff} \sqrt{U_{2eff}^2 - U_{1eff}^2}$$

$$I_{eff} = \frac{P_1}{U_{1eff}}$$

$$P_B = \frac{P_1}{U_{1eff}} \sqrt{U_{2eff}^2 - U_{1eff}^2}$$

$$\underline{P_B = P_1 \sqrt{\left(\frac{U_{2eff}}{U_{1eff}}\right)^2 - 1}} = \underline{\underline{69\ \mathrm{W}}}$$

4.5.5. Leistungsfaktor

In einem Stromkreis (sinusförmiger Wechselstrom mit der Frequenz f) sind eine Spule und ein ohmscher Widerstand in Reihe geschaltet. U_{eff}, I_{eff} und P sind bekannt.

a) Berechnen Sie den Leistungsfaktor $\cos\varphi$!

b) Welche Kapazität C müßte in Reihe geschaltet werden, um den Leistungsfaktor auf $\cos\varphi' = 0{,}9$ zu steigern?

$U_{eff} = 220$ V $\quad I_{eff} = 100$ A $\quad P = 15$ kW $\quad f = 50$ Hz

---

a)

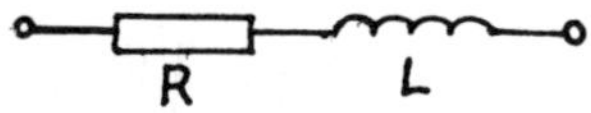

$$P = I_{eff}\, U_{eff} \cos\varphi$$

$$\cos\varphi = \frac{P}{I_{eff}\, U_{eff}} = \underline{\underline{0{,}68}}$$

b) Reihenschaltung

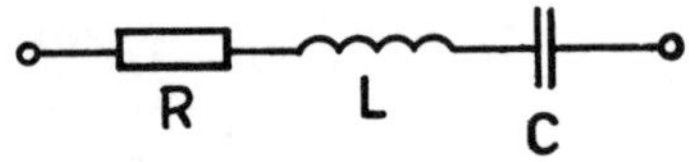

$$\tan\varphi' = \frac{\omega L - \frac{1}{\omega C}}{R} = \frac{\omega L}{R} - \frac{1}{\omega RC}$$

$$\frac{\omega L}{R} = \tan\varphi$$

$$\frac{1}{\omega RC} = \tan\varphi - \tan\varphi'$$

$$\omega = 2\pi f$$

$$C = \frac{1}{2\pi f R(\tan\varphi - \tan\varphi')}$$

Berechnung von R:

$$P = I_{eff}^2\, R$$

(Wirkleistung entsteht nur am ohmschen Widerstand)

$$R = \frac{P}{I_{eff}^2}$$

$$C = \frac{I_{eff}^2}{2\pi f\, P\; (\tan\varphi - \tan\varphi')} = \underline{\underline{3{,}6\ \mu F}}$$

4.5.6. Resonanzfall

Ein ohmscher Widerstand (R), eine Spule (L) und ein Kondensator (C) sind in Reihe geschaltet. Die anliegende Spannung hat den Scheitelwert U_m.

a) Wie groß ist die Stromstärke I_{eff} im Resonanzfall?

b) Wie groß sind im Resonanzfall die Spannungen U_{Leff} und U_{Ceff} über der Spule und dem Kondensator?

$R = 20\ \Omega \qquad L = 100\ \mu H \qquad C = 2{,}5\ nF \qquad U_m = 1{,}0\ kV$

a) $$I_{eff} = \frac{U_{eff}}{Z} = \frac{U_m}{\sqrt{2}\,Z}$$

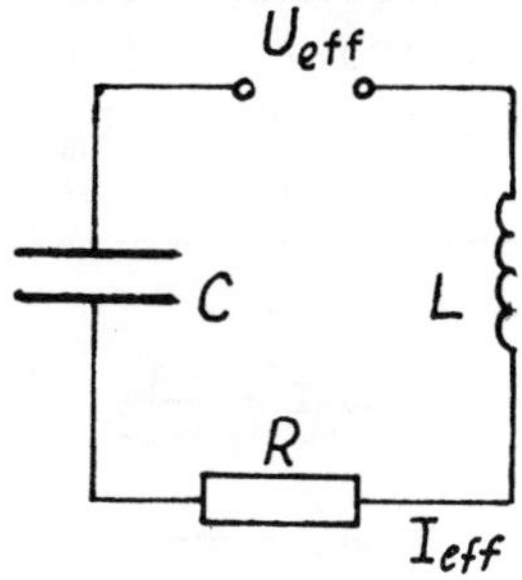

Resonanz:

$$\varphi = 0\,; \quad X_L = X_C$$

$$Z = R$$

$$I_{eff} = \frac{U_m}{\sqrt{2}\,R} = 35\ A$$

b) $$U_{Leff} = I_{eff}\,X_L = \omega L\, I_{eff}$$

$$U_{Ceff} = I_{eff}\,X_C = \frac{I_{eff}}{\omega C}$$

Resonanz:

$$\omega L = \frac{1}{\omega C}$$

$$\omega = \frac{1}{\sqrt{LC}}$$

$$U_{Leff} = U_{Ceff} = \sqrt{\frac{L}{C}}\, I_{eff} = 7{,}1\ kV$$

4.5.7. Reihenschwingkreis

Ein Reihenschwingkreis (R, L, C) wird an einen Sinusgenerator mit abstimmbarer Frequenz f angeschlossen. Der Scheitelwert U_m der Wechselspannung ist konstant.

a) Bei welcher Frequenz f_0 tritt Resonanz ein?

b) Wie groß ist im Resonanzfall der Scheitelwert I_m der Stromstärke?

c) Welchen Scheitelwert U_{Cm} hat dabei die Spannung am Kondensator?

d) Wie ändert sich I_m, wenn der Generator verstimmt wird: $f = kf_0$?

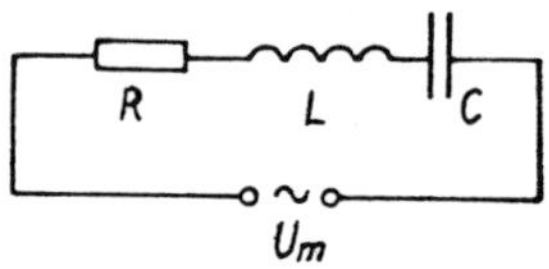

$R = 100\ \Omega \qquad L = 0{,}245\ \text{H}$

$C = 100\ \text{nF} \qquad U_m = 10\ \text{V}$

$k = 1{,}10$ bzw. $k = 0{,}90$

---

a) $X_L = X_C$

$$\omega_0 L = \frac{1}{\omega_0 C}$$

$$\omega_0 = \frac{1}{\sqrt{LC}} \qquad \omega_0 = 2\pi f_0$$

$$f_0 = \frac{1}{2\pi\sqrt{LC}} = 1{,}02\ \text{kHz}$$

b) $I_m = \dfrac{U_m}{Z}$ Resonanz: $Z = R$

$$I_m = \frac{U_m}{R} = 100\ \text{mA}$$

c) $U_{Cm} = I_m X_C = \dfrac{U_m}{R}\left(\dfrac{1}{\omega_0 C}\right)$

$$U_{Cm} = U_m \frac{1}{R}\sqrt{\frac{L}{C}} = 157\ \text{V}$$

d) $I_m = \dfrac{U_m}{Z} \qquad Z = \sqrt{R^2 + \left(\omega L - \dfrac{1}{\omega C}\right)^2}$

$$\omega = k\omega_0$$

$$\Longrightarrow \omega L = k\frac{L}{\sqrt{LC}} = k\sqrt{\frac{L}{C}}$$

$$\frac{1}{\omega C} = \frac{\sqrt{LC}}{k\,C} = \frac{1}{k}\sqrt{\frac{L}{C}}$$

$$I_m = \frac{U_m}{\sqrt{R^2 + \left(k - \frac{1}{k}\right)^2 \frac{L}{C}}}$$

$I_m = 31{,}7$ mA bzw. $I_m = 29{,}0$ mA

4.5.8. Hoch- und Tiefpaß

Ein Hochpaß und ein Tiefpaß bestehen jeweils aus der Zusammenschaltung eines Widerstandes R und einer Kapazität C. Der Spannungsmesser hat einen sehr hohen Widerstand.

a) Berechnen Sie für beide Schaltungen das Verhältnis $\frac{U_{eff}}{U_{0eff}}$!

b) Skizzieren Sie die Abhängigkeit des Effektivwertes U_{eff} von der Frequenz f !

c) Welche Näherungen der Effektivwerte U_{eff} können für $f \ll \frac{1}{RC}$ und $f \gg \frac{1}{RC}$ angewendet werden?

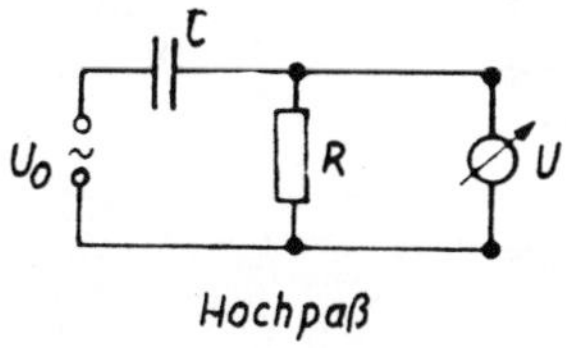

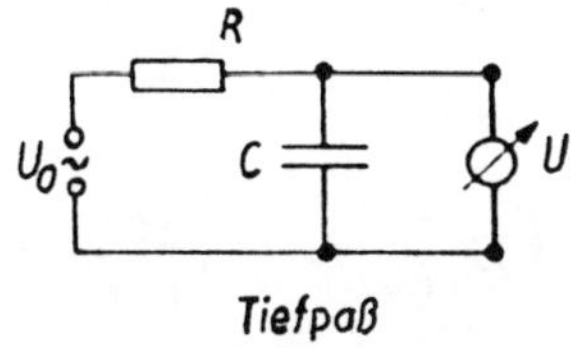

---

a) $U_{0eff} = I_{eff} Z_0$

$U_{eff} = I_{eff} Z$

$$\frac{U_{eff}}{U_{0eff}} = \frac{Z}{Z_0} \qquad Z_0 = \sqrt{R^2 + \frac{1}{(\omega C)^2}}$$ (für Hoch- und Tiefpaß)

Hochpaß: $Z = R \qquad \omega = 2\pi f$

$$\frac{U_{eff}}{U_{0eff}} = \frac{R}{\sqrt{R^2 + \frac{1}{(\omega C)^2}}} = \frac{1}{\sqrt{1 + \frac{1}{(2\pi fRC)^2}}}$$

Tiefpaß: $Z = \frac{1}{\omega C}$

$$\frac{U_{eff}}{U_{0eff}} = \frac{1}{\omega C\sqrt{R^2 + \frac{1}{(\omega C)^2}}} = \frac{1}{\sqrt{1 + (2\pi fRC)^2}}$$

b)

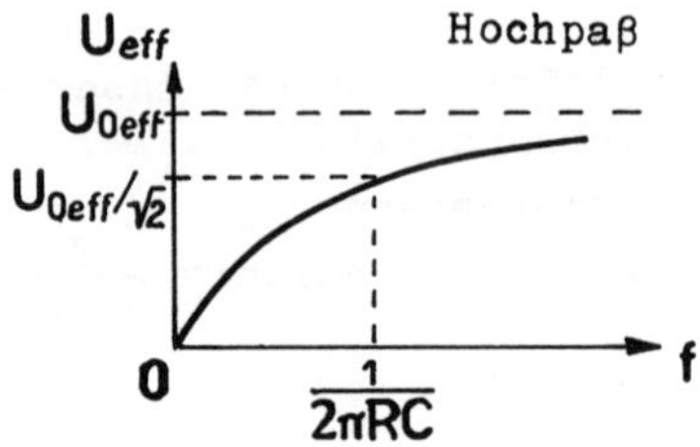

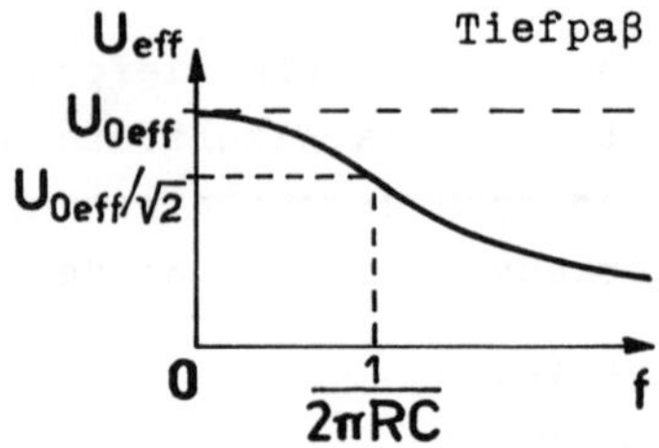

c) Hochpaß:

$$f \ll \frac{1}{RC} \qquad \frac{U_{eff}}{U_{0eff}} \approx \frac{1}{\sqrt{\frac{1}{(2\pi fRC)^2}}} = 2\pi fRC$$

$$f \gg \frac{1}{RC} \qquad \frac{U_{eff}}{U_{0eff}} \approx \frac{1}{\sqrt{1 + 0}} = 1$$

Tiefpaß:

$$f \ll \frac{1}{RC} \qquad \frac{U_{eff}}{U_{0eff}} \approx \frac{1}{\sqrt{1 + 0}} = 1$$

$$f \gg \frac{1}{RC} \qquad \frac{U_{eff}}{U_{0eff}} \approx \frac{1}{\sqrt{(2\pi fRC)^2}} = \frac{1}{2\pi fRC}$$

4.5.9. Resonanzkurven

An eine Reihenschaltung für R, L und C wird eine Wechselspannung mit konstanter Amplitude U_m und veränderlicher Kreisfrequenz ω angelegt. (Vergleiche Skizze in Aufgabe 7.)
Stellen Sie die Abhängigkeit der Stromamplitude I_m und des Phasenwinkels φ von der Kreisfrequenz ω ($0 \leq \omega \leq 3000\ s^{-1}$) grafisch dar!

$U_m = 1\ V$ $R = 1\ k\Omega$ $L = 1\ H$ $C = 1\ \mu F$

$$I_m = \frac{U_m}{Z} = \frac{U_m}{\sqrt{R^2 + \left(\omega L - \frac{1}{\omega C}\right)^2}}$$

$$I_m = \frac{U_m/R}{\sqrt{1 + \left(\frac{\omega L}{R} - \frac{1}{\omega CR}\right)^2}} = \frac{1\ mA}{\sqrt{1 + \left(\frac{\omega}{1000\ s^{-1}} - \frac{1000\ s^{-1}}{\omega}\right)^2}}$$

$$\tan\varphi = \frac{\omega L}{R} - \frac{1}{\omega CR} = \frac{\omega}{1000\ s^{-1}} - \frac{1000\ s^{-1}}{\omega}$$

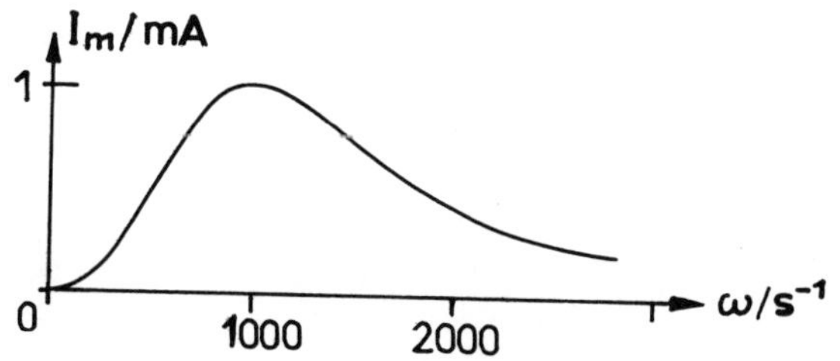

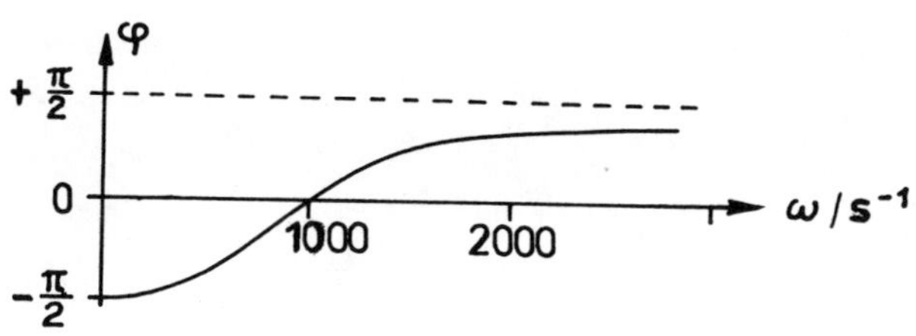

5. OPTIK

5.1.1. Brewsterscher Winkel

Unter welchem Einfallswinkel ε muß ein Lichtstrahl auf eine Wasseroberfläche treffen, damit zwischen gebrochenem und reflektiertem Strahl ein Winkel von $\alpha = 90^\circ$ entsteht?
Wasser: $n' = 1{,}333$

$$\sin\varepsilon = n' \sin\varepsilon'$$

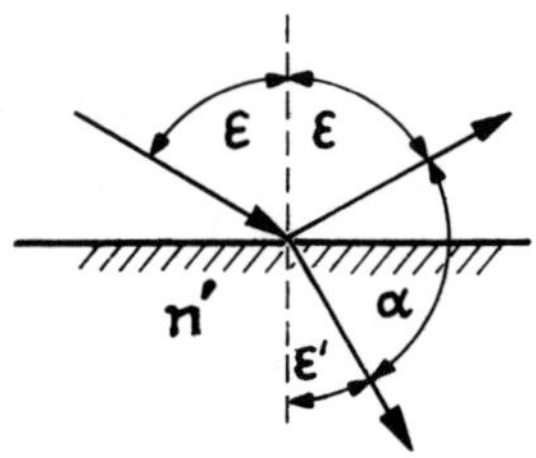

$$\varepsilon + \varepsilon' = 90^\circ$$

$$\varepsilon' = 90^\circ - \varepsilon$$

$$\sin\varepsilon = n' \sin(90^\circ - \varepsilon)$$

$$\sin\varepsilon = n' \cos\varepsilon$$

$$\underline{\tan\varepsilon = n'} \qquad \underline{\underline{\varepsilon = 53{,}1^\circ}}$$

5.1.2. Refraktometer

Die Brechzahl n einer Zuckerlösung soll mit einem Refraktometer bestimmt werden, bei dem sich am Boden eines Gefäßes ein um eine horizontale Achse drehbar gelagerter Spiegel befindet.

Es wird derjenige Neigungswinkel α des Spiegels gegenüber der Flüssigkeitsoberfläche ermittelt, bei dem senkrecht zur Oberfläche eintretendes Licht gerade total reflektiert wird.

Wie groß ist die Brechzahl n der Zuckerlösung?

$\alpha = 23{,}0^\circ$

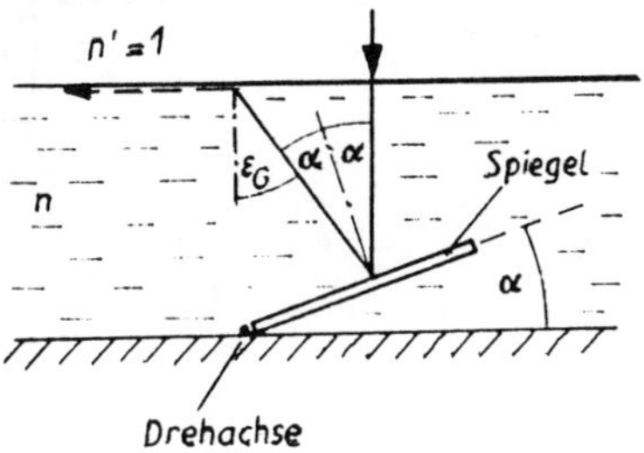

Totalreflexion:

$$n \sin \varepsilon_G = n' \sin 90^\circ$$

$$\varepsilon_G = 2\alpha \qquad n' = 1$$

$$n = \frac{1}{\sin 2\alpha} = 1{,}39$$

5.1.3. Prisma I

Berechnen Sie die Brechzahl n eines Prismas, das den brechenden Winkel φ hat und bei senkrechtem Eintritt des Lichtes in die Prismenfläche die Ablenkung δ erzeugt!

$\varphi = 40{,}0^\circ \qquad \delta = 33{,}5^\circ$

$$n \sin \varphi = \sin(\varphi + \delta)$$

$$n = \frac{\sin(\varphi + \delta)}{\sin \varphi} = 1{,}492$$

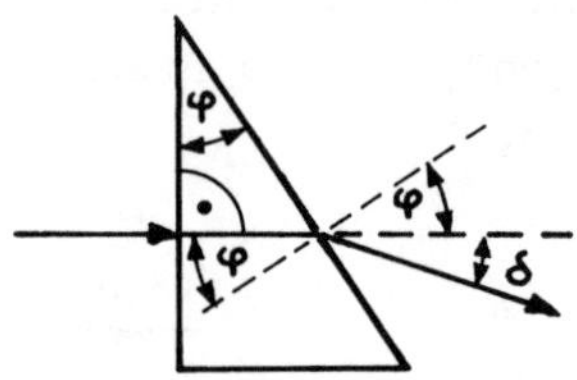

5.1.4. Planparallele Platte

Ein Lichtstrahl fällt unter einem Winkel ε zum Einfallslot auf eine planparallele Glasplatte (Dicke d, Brechzahl n). Berechnen Sie die Parallelverschiebung s des Strahles beim Durchgang durch die Platte!

$\varepsilon = 65{,}0°$ $d = 45{,}0$ mm $n = 1{,}500$

Zunächst Weglänge l im Glas einführen.

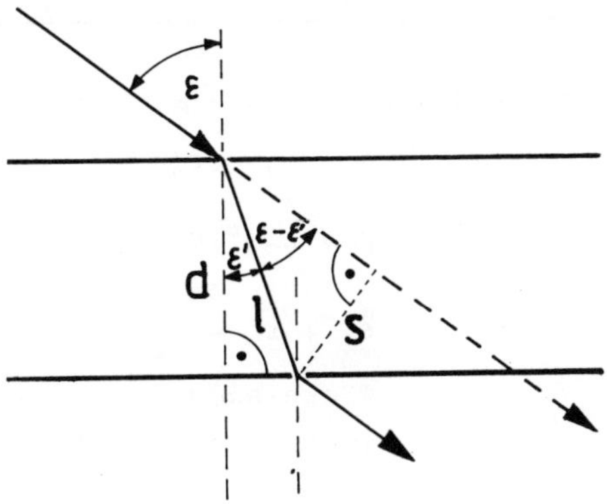

$$\frac{s}{l} = \sin(\varepsilon - \varepsilon')$$

$$s = l \sin(\varepsilon - \varepsilon')$$

$$\frac{d}{l} = \cos\varepsilon'$$

$$s = d\,\frac{\sin(\varepsilon - \varepsilon')}{\cos\varepsilon'}$$

$$\sin(\varepsilon - \varepsilon') = \sin\varepsilon\cos\varepsilon' - \cos\varepsilon\sin\varepsilon'$$

$$s = d\left[\sin\varepsilon - \cos\varepsilon\,\frac{\sin\varepsilon'}{\cos\varepsilon'}\right]$$

$$\frac{\sin\varepsilon'}{\cos\varepsilon'} = \frac{\sin\varepsilon'}{\sqrt{1 - \sin^2\varepsilon'}}$$

Ermittlung von sin ε' mit dem Brechungsgesetz:

$$\sin\varepsilon = n\sin\varepsilon' \qquad \sin\varepsilon' = \frac{\sin\varepsilon}{n}$$

$$\frac{\sin\varepsilon'}{\cos\varepsilon'} = \frac{\sin\varepsilon}{n\sqrt{1 - \frac{1}{n^2}\sin^2\varepsilon}}$$

$$s = d\left[\sin\varepsilon - \cos\varepsilon\,\frac{\sin\varepsilon}{n\sqrt{1 - \frac{1}{n^2}\sin^2\varepsilon}}\right]$$

$$s = d\sin\varepsilon\left[1 - \frac{\cos\varepsilon}{\sqrt{n^2 - \sin^2\varepsilon}}\right] = 26{,}4 \text{ mm}$$

5.1.5. Prisma I

Ein Prisma aus Kronglas hat die Brechzahl n und einen brechenden Winkel φ. Ein Lichtstrahl fällt unter dem Winkel ε_1 gegenüber dem Einfallslot auf die Prismenfläche.
Unter welchem Winkel δ wird der Strahl durch die zweimalige Brechung an den Prismenflächen abgelenkt?

$n = 1{,}500 \quad \varphi = 45{,}0° \quad \varepsilon_1 = 60{,}0°$

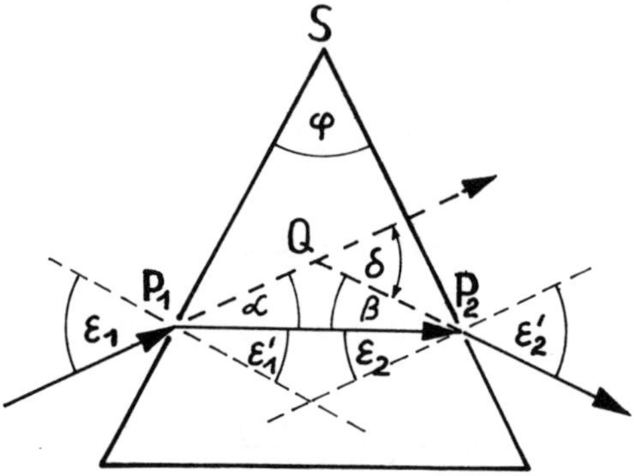

$$\delta = \alpha + \beta$$

$$\alpha = \varepsilon_1 - \varepsilon_1'$$

$$\beta = \varepsilon_2' - \varepsilon_2$$

$$\delta = \varepsilon_1 - \varepsilon_1' + \varepsilon_2' - \varepsilon_2$$

Winkelsumme im Dreieck P_1SP_2:

$$180° = \varphi + (90° - \varepsilon_1') + (90° - \varepsilon_2)$$

$$\Longrightarrow \quad \varepsilon_2 = \varphi - \varepsilon_1'$$

$$\delta = \varepsilon_1 + \varepsilon_2' - \varphi$$

Brechungsgesetz:

$$\sin \varepsilon_1 = n \sin \varepsilon_1' \quad ; \quad n \sin \varepsilon_2 = \sin \varepsilon_2'$$

$$\Longrightarrow \quad \varepsilon_2' = \arcsin(n \sin \varepsilon_2) = \arcsin[n \sin(\varphi - \varepsilon_1')]$$

$$\varepsilon_2' = \arcsin\left[n \sin\left(\varphi - \arcsin \frac{\sin \varepsilon_1}{n}\right)\right]$$

$$\underline{\delta = \varepsilon_1 - \varphi + \arcsin\left[n \sin\left(\varphi - \arcsin \frac{\sin \varepsilon_1}{n}\right)\right]} = \underline{\underline{29{,}7°}}$$

5.1.6. Lichtleiter

Alle durch die Stirnfläche einer Lichtfaser eintretenden Strahlen sollen im Lichtleiter durch Totalreflexion fortgeleitet werden.
Welche Brechzahl n muß die Lichtleiterfaser mindestens haben?

Brechungsgesetz an der Stirnfläche:

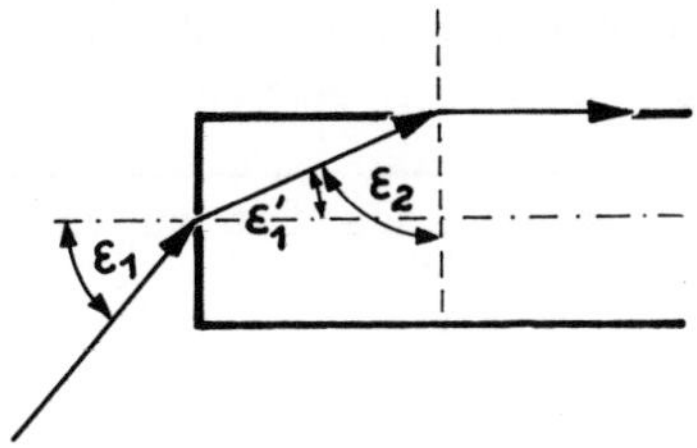

$$\sin \varepsilon_1 = n \sin \varepsilon_1'$$

Maximaler Winkel:

$\varepsilon_1 = 90^\circ$ (alle Strahlen sollen erfaßt werden)

$$1 = n \sin \varepsilon_1'$$

$$n = \frac{1}{\sin \varepsilon_1'}$$

Ermittlung von $\sin \varepsilon_1'$:

$$\varepsilon_1' + \varepsilon_2 = 90^\circ \qquad \varepsilon_1' = 90^\circ - \varepsilon_2$$

$$\sin \varepsilon_1' = \sin(90^\circ - \varepsilon_2) = \cos \varepsilon_2$$

$$\sin \varepsilon_1' = \sqrt{1 - \sin^2 \varepsilon_2}$$

ε_2 ist aber der Grenzwinkel der Totalreflexion:

$$n \sin \varepsilon_2 = 1 \qquad \sin \varepsilon_2 = \frac{1}{n}$$

$$\sin \varepsilon_1' = \sqrt{1 - \frac{1}{n^2}}$$

$$n = \frac{1}{\sqrt{1 - \frac{1}{n^2}}} \qquad \frac{1}{n^2} = 1 - \frac{1}{n^2}$$

$$\underline{n = \sqrt{2}}$$

5.1.7. Luftprisma

Aus dünnen Glasplatten wird ein luftgefülltes Prisma gebildet, dessen Hauptschnitt ein gleichseitiges Dreieck ist. Unter Wasser trifft ein parallel zu einer Dreiecksseite ankommender Lichtstrahl auf das Prisma.
Wie groß ist der Ablenkwinkel δ des Lichtstrahles?
Wird der Strahl zur brechenden Kante K hin oder von ihr weg abgelenkt?
Wasser: $n = 1{,}333$

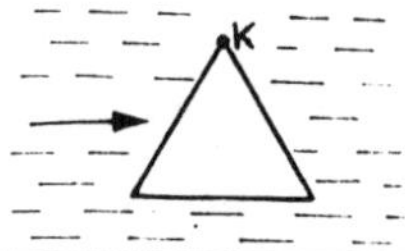

Der Skizze ist zu entnehmen:

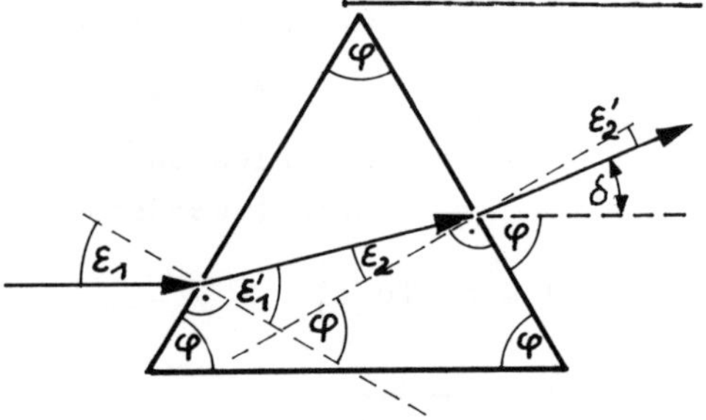

$$\varphi + \delta + \varepsilon_2' = 90^\circ$$

$$\delta = 90^\circ - \varphi - \varepsilon_2'$$

$$\varphi = 60^\circ$$

ε_2' und ε_1' liefert das Brechungsgesetz:

$$n \sin \varepsilon_2' = \sin \varepsilon_2$$

$$\varepsilon_2' = \arcsin\left(\frac{1}{n} \sin \varepsilon_2\right)$$

$$\varepsilon_2 + \varepsilon_1' = \varphi$$

$$\varepsilon_2 = \varphi - \varepsilon_1'$$

$$\sin \varepsilon_1' = n \sin \varepsilon_1$$

$$\varepsilon_2 = \varphi - \arcsin(n \sin \varepsilon_1)$$

$$\varepsilon_1 = 90^\circ - \varphi = 30^\circ$$

$$\varepsilon_2 = \varphi - \arcsin \frac{n}{2}$$

$$\varepsilon_2' = \arcsin\left[\frac{1}{n} \sin\left(\varphi - \arcsin \frac{n}{2}\right)\right]$$

$$\underline{\delta = 30^\circ - \arcsin\left[\frac{1}{n} \sin\left(60^\circ - \arcsin \frac{n}{2}\right)\right]} = \underline{\underline{16{,}3^\circ}}$$

Der Strahl wird zur brechenden Kante hin gebrochen.

5.1.8. Münze

Eine Münze, die auf dem Boden eines Gefäßes liegt, wird senkrecht von oben aus der Höhe h_0 betrachtet.
In welchem Verhältnis α_2/α_1 ändert sich der Sehwinkel, unter dem der Rand der Münze erscheint, wenn das Gefäß bis zur Höhe h mit Wasser (Brechzahl n) gefüllt wird?
Der Winkel α sei so klein, daß $\tan\alpha \approx \sin\alpha \approx \alpha$ gesetzt werden kann.

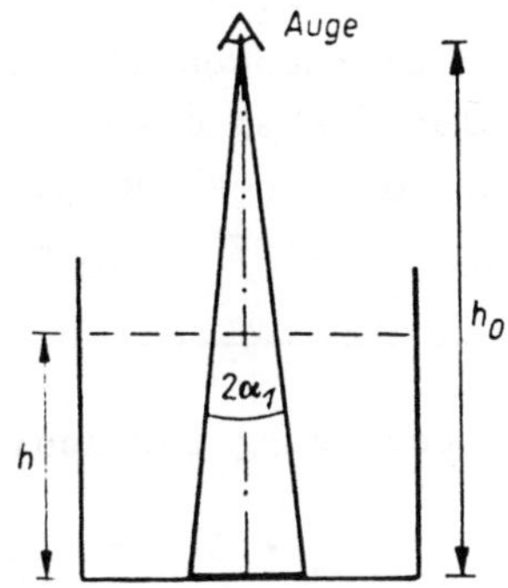

$h_0 = 60{,}0$ cm $\qquad h = 40{,}0$ cm

$n = 1{,}333$

Der Skizze entnimmt man, wenn es sich um kleine Winkel α handelt:

$$r = (h_0 - h)\alpha_2 + h\alpha_2' = h_0\alpha_1$$

Das Brechnungsgesetz

$$\sin\alpha_2 = n \sin\alpha_2'$$

liefert hierzu für kleine Winkel:

$$\alpha_2' = \frac{\alpha_2}{n}$$

$$r = \alpha_2\left(h_0 - h + \frac{h}{n}\right) = h_0\alpha_1$$

$$\Longrightarrow \quad \frac{\alpha_2}{\alpha_1} = \frac{h_0}{h_0 - h\left(1 + \frac{1}{n}\right)}$$

$$\frac{\alpha_2}{\alpha_1} = \frac{1}{1 - \frac{h}{h_0}\left(1 - \frac{1}{n}\right)} = \underline{\underline{1{,}20}}$$

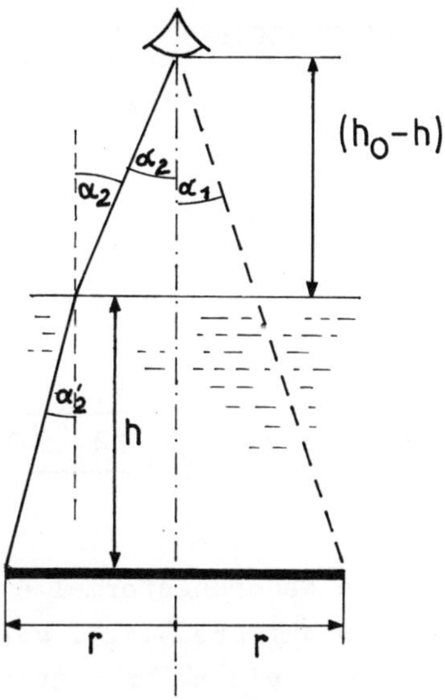

5.1.9. Achromat I

Wie groß muß das Verhältnis φ_1/φ_2 der brechenden Winkel zweier verkitteter Prismen aus Kronglas (1) und Flintglas (2) sein, damit ein achromatisches Prisma entsteht?
Die brechenden Winkel sollen so klein sein, daß für den Ablenkwinkel δ am Einzelprisma näherungsweise die Beziehung $\delta = (n - 1)\varphi$ gilt.

$n_{1F} = 1{,}5157 \quad n_{1C} = 1{,}5076 \quad n_{2F} = 1{,}6246 \quad n_{2C} = 1{,}6081$

Bedingung für Achromasie:

$$\delta_{1F} - \delta_{1C} = \delta_{2F} - \delta_{2C}$$

Brechungsgesetz:

$$\delta = (n - 1)\varphi$$

$$\Longrightarrow \qquad (n_{1F} - n_{1C})\varphi_1 = (n_{2F} - n_{2C})\varphi_2$$

$$\frac{\varphi_1}{\varphi_2} = \frac{n_{2F} - n_{2C}}{n_{1F} - n_{1C}} = 2{,}04$$

Die Näherungsformel $\delta = (n - 1)\varphi$ kann aus dem Ergebnis von Aufgabe 5.1.5. gewonnen werden, indem

$$\sin x \approx x \approx \arcsin x$$

gesetzt wird:

$$\delta \approx \varepsilon_1 - \varphi + \left[n\left(\varphi - \frac{\varepsilon_1}{n}\right)\right]$$

5.1.10. Geradsichtprisma

Ein Geradsichtprisma soll das Licht der Natrium-D-Linie nicht ablenken. Es besteht aus zwei miteinander verkitteten Prismen aus Kronglas und Flintglas mit den brechenden Winkeln φ_1 und φ_2.

a) Wie groß ist der brechende Winkel φ_2 des Flintglasprismas bei gegebenem Winkel φ_1?

b) Wie groß ist die Differenz $\Delta\delta$ der Ablenkwinkel für das Licht der C-Linie und F-Linie?

Es soll $\delta = (n - 1)\varphi$ gelten (vgl. Aufgabe 5.1.9.).

$\varphi_1 = 10{,}0°$ $n_{1C} = 1{,}5076$ $n_{1F} = 1{,}5157$ $n_{2C} = 1{,}6081$
$n_{2F} = 1{,}6246$

---

a) Geradsichtigkeit für die D-Linie:

$$\delta_{1D} = \delta_{2D}$$

$$(n_{1D} - 1)\varphi_1 = (n_{2D} - 1)\varphi_2$$

$$\varphi_2 = \varphi_1 \frac{n_{1D} - 1}{n_{2D} - 1} = 8{,}3^\circ$$

b) $\Delta\delta = \delta_C - \delta_F$

$$\delta_C = \delta_{1C} - \delta_{2C} = n_{1C}\varphi_1 - n_{2C}\varphi_2$$

$$\delta_F = \delta_{1F} - \delta_{2F} = n_{1F}\varphi_1 - n_{2F}\varphi_2$$

$$\Delta\delta = (n_{1C} - n_{1F})\varphi_1 - (n_{2C} - n_{2F})\varphi_2 = \vartheta_1\varphi_1 - \vartheta_2\varphi_2$$

$$\Delta\delta = 0{,}057^\circ$$

5.1.11. Regenbogen

Ein Lichtstrahl soll in einem kugelförmigen Wassertropfen zweimal gebrochen und einmal reflektiert werden (Regenbogen).

a) Berechnen Sie den Winkel δ (s. Skizze) als Funktion des Einfallswinkels ε !

b) Welchen maximalen Wert δ_0 kann der Ablenkwinkel annehmen?
Berechnen Sie δ_0 für die Fraunhoferschen Linien C, D und F !
Lösungshilfe:
$\frac{d}{dx}(\arcsin x) = \frac{1}{\sqrt{1 - x^2}}$

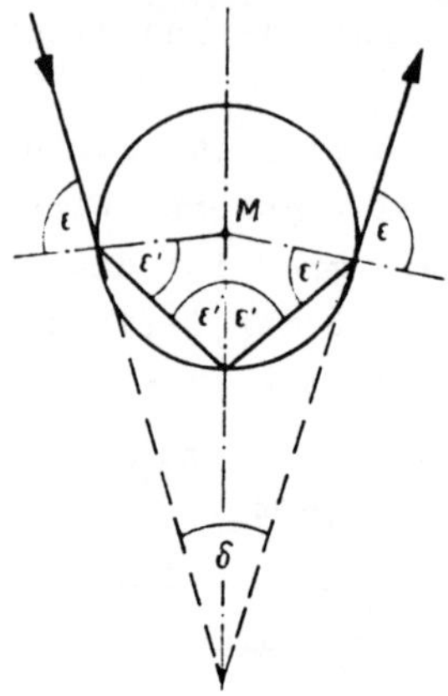

---

a) Dreieck ABC:

$$\frac{\delta}{2} + (\varepsilon - \varepsilon') + (180^0 - \varepsilon') = 180^0$$

$$\delta = 2(2\varepsilon' - \varepsilon)$$

Brechungsgesetz:

$$\sin \varepsilon = n \sin \varepsilon'$$

$$\varepsilon' = \arcsin \frac{\sin \varepsilon}{n}$$

$$\delta = 4 \arcsin(\frac{\sin \varepsilon}{n}) - 2\varepsilon$$

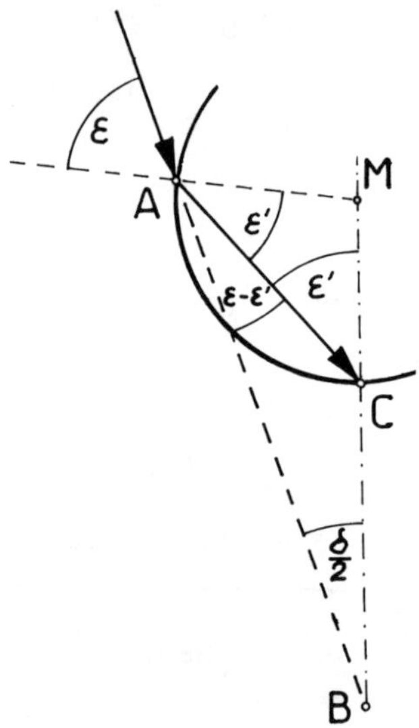

b) $\frac{d\delta}{d\varepsilon}(\varepsilon_0) = 0$

$$\frac{d\delta}{d\varepsilon} = 4 \frac{1}{\sqrt{1 - (\frac{\sin \varepsilon}{n})^2}} \cdot \frac{\cos \varepsilon}{n} - 2$$

$$\frac{4 \cos \varepsilon_0}{n \sqrt{1 - (\frac{\sin \varepsilon_0}{n})^2}} - 2 = 0$$

$$\frac{\cos \varepsilon_0}{\sqrt{n^2 - \sin^2 \varepsilon_0}} = \frac{1}{2}$$

$$1 - \sin^2 \varepsilon_0 = \frac{1}{4}(n^2 - \sin^2 \varepsilon_0)$$

$$\frac{3}{4} \sin^2 \varepsilon_0 = 1 - \frac{n^2}{4}$$

$$\sin \varepsilon_0 = \sqrt{\frac{4 - n^2}{3}}$$

$$\Longrightarrow \quad \underline{\delta_0 = 4 \arcsin\left(\frac{1}{n} \sqrt{\frac{4 - n^2}{3}} \right) - 2 \arcsin \sqrt{\frac{4 - n^2}{3}}}$$

$\delta_{0C} = 42{,}34^\circ$

$\delta_{0D} = 42{,}08^\circ$

$\delta_{0F} = 41{,}49^\circ$

5.2.1. Formatfüllende Abbildung

In welcher Mindestentfernung a vom Objektiv einer Kleinbildkamera (Brennweite f, Filmbildformat mit den Seitenlängen b und c > b) muß sich eine Person (Körpergröße h) aufstellen, um vollständig abgebildet zu werden?

f = 50 mm h = 1,75 m b = 24 mm c = 36 mm

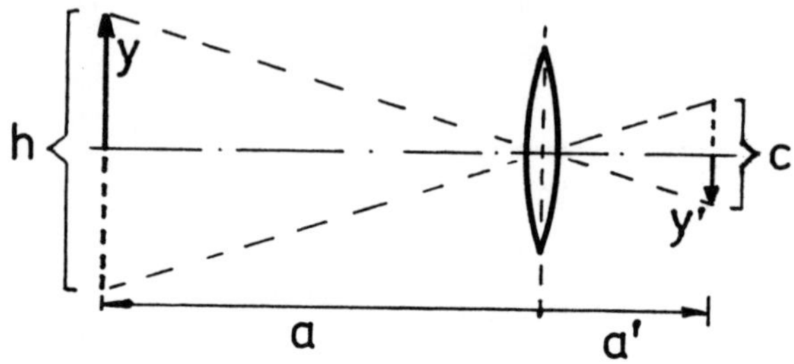

$$\beta = \frac{y'}{y} = -\frac{c}{h} = -\frac{a'}{a}$$

$$\Longrightarrow \quad a = a'\frac{h}{c}$$

$$\frac{1}{f} = \frac{1}{a} + \frac{1}{a'}$$

$$a' = \frac{fa}{a - f}$$

$$a = \frac{fah}{(a - f)c}$$

$$a - f = \frac{fh}{c}$$

$$\underline{a = f\left(1 + \frac{h}{c}\right)} = \underline{\underline{2{,}5\ \mathrm{m}}}$$

5.2.2. Fotoapparat

Bei einem einfachen Fotoapparat wird eine symmetrische, dünne Bikonvexlinse aus Glas der mittleren Brechzahl n verwendet. Diese Linse hat den Durchmesser d und die Brennweite f.

a) Welche Krümmungsradien r_1 und r_2 hat die Linse?

b) Um welche Strecke x' muß die Bildebene aus der Einstellung für Unendlich gegenüber der Linse verschoben werden, wenn ein Gegenstand in der Entfernung a scharf abgebildet werden soll?

c) Wie groß ist bei dieser Einstellung der Durchmesser δ des Zerstreuungskreises in der Bildebene für den unendlich fernen Achsenpunkt?

f = 7,50 cm   d = 10 mm   n = 1,510   a = 2,0 m

---

a) $\frac{1}{f} = \left(\frac{n}{n_0} - 1\right)\left(\frac{1}{r_1} - \frac{1}{r_2}\right)$ $n_0 = 1$ $r_2 = - r_1$

$\frac{1}{f} = (n - 1)\,\frac{2}{r_1}$

$r_1 = - r_2 = 2(n - 1)f = 76,5\ \text{mm}$

b) Einstellung für $a_0 = \infty$:

$a_0' = f$

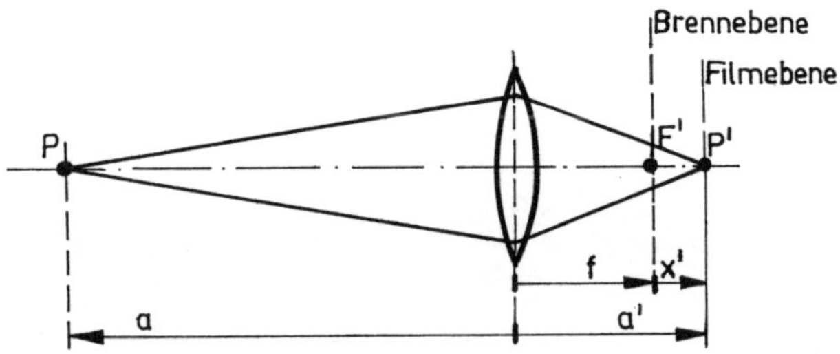

$x' = a' - f$

$\frac{1}{f} = \frac{1}{a} + \frac{1}{a'}$

$a' = \frac{af}{a - f}$

$x' = \frac{af - f(a - f)}{a - f}$ $x' = \frac{f^2}{a - f} = 2,9\ \text{mm}$

c) $\frac{\delta}{d} = \frac{x'}{f}$

$\delta = \frac{x'}{f} d$

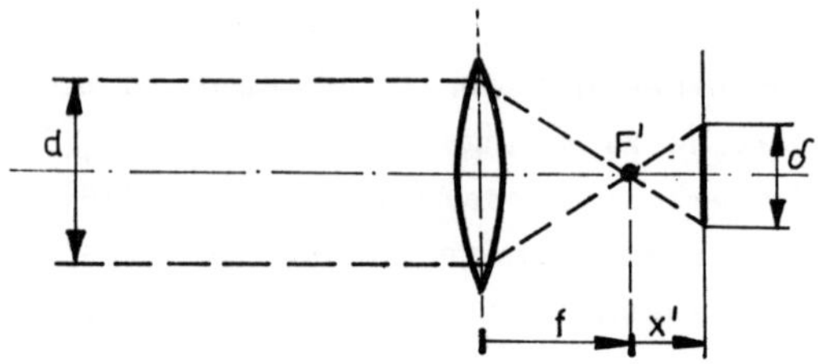

$\delta = 0,4 \text{ mm}$

5.2.3. Kleinbildkamera

Eine Kleinbildkamera hat ein Objektiv mit der Brennweite f. Wird die Entfernungseinstellung von ∞ auf den geringsten Objektabstand verändert, so muß durch Schraubbewegung das Objektiv um die Länge Δs von der Filmebene entfernt werden. Bei Nahaufnahmen reicht dieser Auszug nicht aus. Es werden deshalb Zwischenringe zwischen Objektiv und Kamera gebracht, die eine Auszugsverlängerung s ermöglichen.

a) Leiten Sie eine Formel her, die den Abbildungsmaßstab β in Abhängigkeit von f, s und Δs darstellt!

b) Welcher Abbildungsmaßstab β_1 wird ohne Zwischenring bei maximalem Auszug Δs_1 des Objektivs erreicht?

c) Welche Auszugsverlängerung s_2 (Höhe des Zwischenringes) ist notwendig, wenn bei der Entfernungseinstellung ∞ der Abbildungsmaßstab $\beta_2 = -1$ betragen soll?

d) Welche kürzeste Gegenstandsweite a_3 erhält man mit dem unter Teilaufgabe c) berechneten Zwischenring ($s_3 = s_2$) bei geeigneter Wahl von Δs_3?

$f = 50$ mm $\qquad \Delta s_1 = 7{,}0$ mm

---

a) $$\beta = -\frac{a'}{a}$$

$$a = \frac{a'f}{a' - f}$$

$$\beta = -\frac{a' - f}{f}$$

$$a' = f + \Delta s + s$$

$$\underline{\beta = -\frac{\Delta s + s}{f}}$$

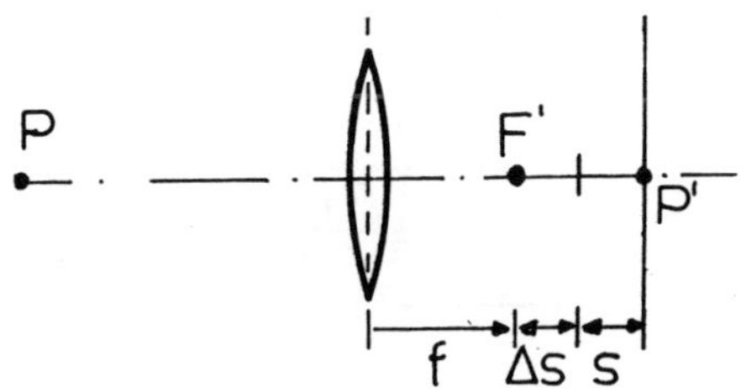

b) $s = 0$: $\quad \underline{\beta_1 = -\frac{\Delta s_1}{f}} = \underline{\underline{-0{,}14}}$

c) $\Delta s = 0$: $\quad \beta_2 = -1 = -\frac{s_2}{f} \Longrightarrow \underline{s_2 = f} = \underline{\underline{50 \text{ mm}}}$

d) $s_3 = s_2 = f$ und $\Delta s = \Delta s_1 \Longrightarrow a_3' = 2f + \Delta s_1$

$$a_3 = \frac{a_3' f}{a_3' - f} = \underline{\frac{(2f + \Delta s_1)f}{f + \Delta s_1} = \frac{2f + \Delta s_1}{f + \Delta s_1} f} = \underline{\underline{94 \text{ mm}}}$$

5.2.4. Brillenglas

Ein Brillenglas (Brechzahl n) hat auf der Vorderseite den Krümmungsradius r_1.
Auf welchen Krümmungsradius r_2 muß die Rückseite geschliffen werden, um die Brechkraft D zu erreichen?

$n = 1{,}52 \qquad r_1 = 150\ \text{mm} \qquad D = -\ 2{,}5\ \text{dpt}$

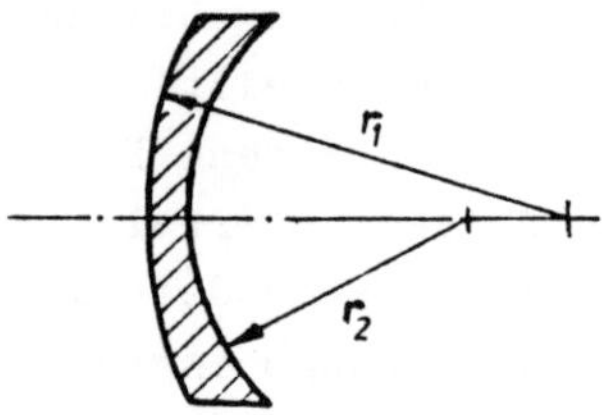

$$D = \frac{1}{f} = \left(\frac{n}{n_0} - 1\right)\left(\frac{1}{r_1} - \frac{1}{r_2}\right)$$

$$\frac{1}{r_2} = \frac{1}{r_1} - \frac{D}{n - 1} = \frac{(n - 1) - D\, r_1}{r_1(n - 1)}$$

$$r_2 = \frac{r_1}{1 - \frac{D\, r_1}{n - 1}} = \underline{\underline{87\ \text{mm}}}$$

5.2.5. Projektor

Mit einem Bildwerfer sollen Kleinbilddiapositive (Seitenlängen b und h) auf eine quadratische Projektionsfläche der Seitenlänge c vorgeführt werden. Der Bildwerfer steht in der Entfernung l von der Projektionsfläche. Es stehen drei Wechselobjektive mit den Brennweiten f_1, f_2 und f_3 zur Verfügung.

Welches dieser Objektive muß benutzt werden, wenn das Bild möglichst groß werden soll?

$b = 36$ mm $h = 24$ mm $c = 3{,}00$ m $l = 10$ m

$f_1 = 80$ mm $f_2 = 120$ mm $f_3 = 300$ mm

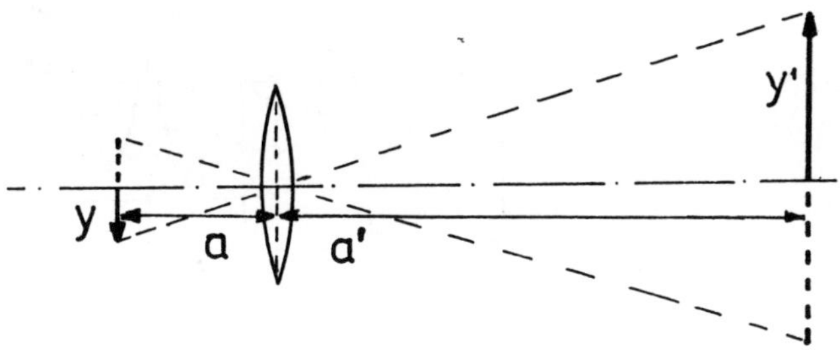

$$\frac{1}{f} = \frac{1}{a} + \frac{1}{a'} \qquad a' = l$$

$$y = -\frac{b}{2}$$

$$f = \frac{aa'}{a' + a} \qquad y' \leq \frac{c}{2}$$

$$\beta = \frac{y'}{y} = -\frac{c}{b} = -\frac{a'}{a}$$

$$a = l\,\frac{b}{c}$$

$$f = \frac{l^2\,\frac{b}{c}}{l\,\frac{b}{c} + l} = \frac{l\,\frac{b}{c}}{\frac{b}{c} + 1}$$

$$f \geq \frac{l}{1 + \frac{c}{b}} = 119 \text{ mm}$$

$$f = f_2 = 120 \text{ mm}$$

5.2.6. Zerstreuungslinse I

Vor einer Zerstreuungslinse ist im Abstand a auf der optischen Achse eine punktförmige Lichtquelle aufgestellt. Die Linse hat den Durchmesser d. Auf einem Schirm in der Entfernung e hinter der Linse entsteht ein beleuchteter Kreis vom Durchmesser d_1.

Welche Brennweite f hat die Linse?

$a = 90$ mm $\quad d = 20$ mm $\quad e = 350$ mm $\quad d_1 = 150$ mm

---

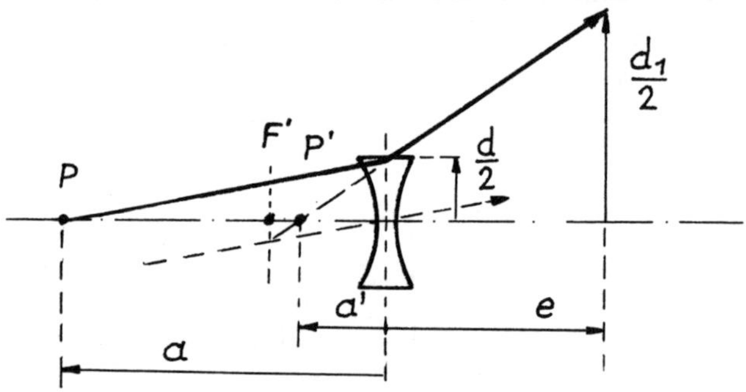

$$\frac{1}{f} = \frac{1}{a} + \frac{1}{a'}$$

$$f = \frac{aa'}{a + a'} = \frac{a}{1 + \frac{a}{a'}}$$

Ermittlung von a' mit dem Strahlensatz:

$$\frac{d_1}{d} = \frac{e + |a'|}{|a'|} \qquad a' < 0$$

$$\frac{d_1}{d} = \frac{e}{-a'} + 1$$

$$a' = \frac{e}{1 - \frac{d_1}{d}}$$

$$f = \frac{a}{1 + \frac{a}{e}\left(1 - \frac{d_1}{d}\right)} = -\ 134\ \text{mm}$$

5.2.7. Schattenprojektion

Eine punktförmige Lichtquelle erzeugt auf einem Schirm den Schatten eines Gegenstandes. Abstand Lichtquelle - Gegenstand: d ; Abstand Lichtquelle – Schirm: s.

a) Man bestimme den Wert V_0 des Größenverhältnisses von Schatten und Gegenstand!

b) Wie groß ist der Wert V_1 dieses Verhältnisses, wenn hinter dem Gegenstand im Abstand a_1 von der Lichtquelle noch eine Linse der Brennweite f aufgestellt wird?

c) In welchem Abstand a_2 von der Lichtquelle muß die Linse aufgestellt werden, damit dieses Verhältnis bei gegebenen f, s und d einen Extremwert hat? Wie groß ist V_2 in diesem Fall?

d = 10 mm s = 500 mm f = 50 mm a_1 = 200 mm

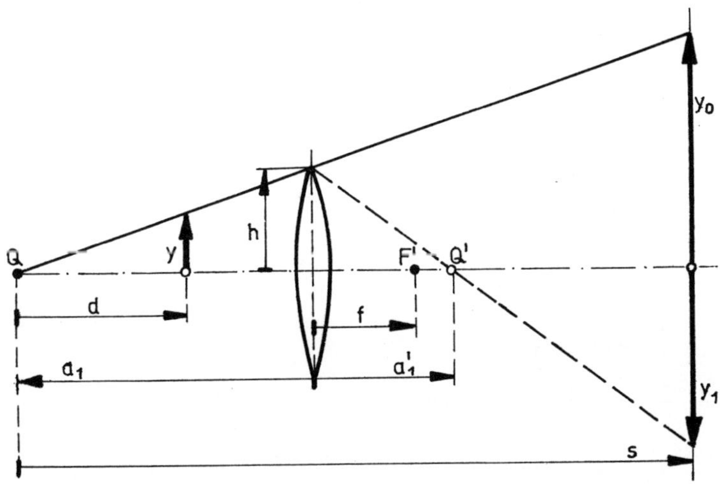

a) Strahlensatz (Scheitelpunkt Q):

$$V_0 = \frac{y_0}{y} = \frac{s}{d} = 50$$

b) $V_1 = \frac{y_1}{y}$

Ermittlung von y_1 und y mit dem Strahlensatz (Scheitelpunkte Q und Q'):

$$\frac{y}{h} = \frac{d}{a_1} \quad \text{und} \quad \frac{-y_1}{h} = \frac{s - a_1 - a_1'}{a_1'} \qquad y_1 < 0$$

$$\Longrightarrow \quad \frac{y_1}{y} = -\frac{(s - a_1 - a_1')\,a_1}{a_1'\,d}$$

$$V_1 = -\frac{a_1(s - a_1 - a_1')}{a_1'\,d}$$

Berechnung von a_1':

$$\frac{1}{f} = \frac{1}{a_1} + \frac{1}{a_1'}$$

$$a_1' = \frac{a_1 f}{a_1 - f}$$

$$V_1 = -\frac{(a_1 - f)(s - a_1 - \frac{a_1 f}{a_1 - f})}{f\,d}$$

$$\underline{V_1 = \frac{a_1^2 - s(a_1 - f)}{f\,d}} = \underline{\underline{-70}}$$

c) $V(a) = \frac{a^2 - s(a - f)}{f\,d}$

$$\frac{dV}{da} = \frac{2a - s}{f\,d}$$

$$\frac{dV}{da}(a_2) = 0 \qquad \Longrightarrow \qquad 2a_2 - s = 0$$

$$\underline{a_2 = \frac{s}{2}} = \underline{\underline{250\ \text{mm}}}$$

$$V_2 = \frac{(\frac{s}{2})^2 - s(\frac{s}{2} - f)}{f\,d}$$

$$\underline{V_2 = \frac{s}{fd}\left(f - \frac{s}{4}\right)} = \underline{\underline{-75}}$$

5.2.8. Beliebiger Strahl

Ein Lichtstrahl trifft unter dem Neigungswinkel α gegenüber der optischen Achse und im Abstand r_0 von ihr auf eine dünne Sammellinse der Brennweite f.

a) Konstruieren Sie den gebrochenen Strahl!

b) Berechnen Sie unter Benutzung der Abbildungsgleichung den Abstand a' von der Linse, in dem der gebrochene Strahl die optische Achse schneidet!

c) Welchen Neigungswinkel α' hat der gebrochene Strahl gegenüber der optischen Achse?

$f = 40\ \text{mm}$ $\alpha = 15^\circ$ $r_0 = 30\ \text{mm}$

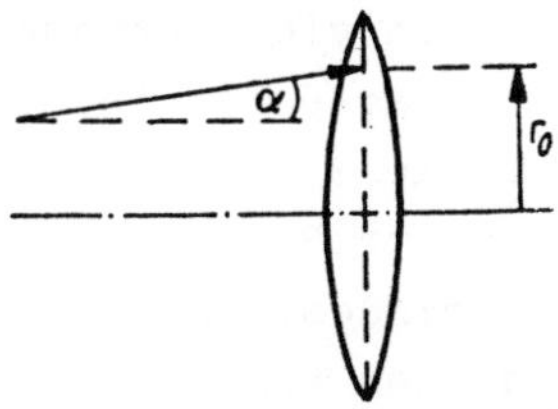

---

a)

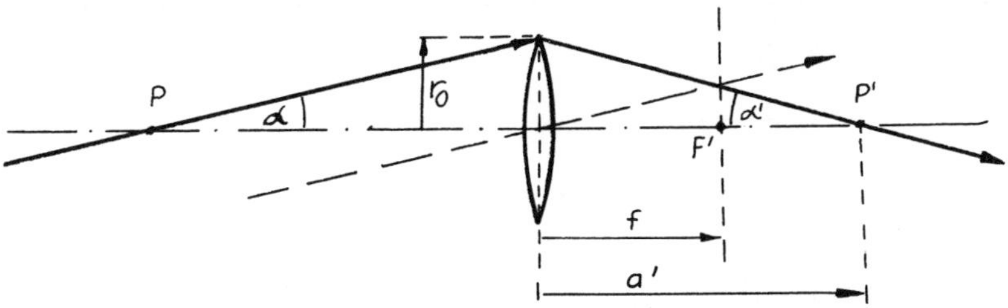

b)

$$\frac{1}{f} = \frac{1}{a} + \frac{1}{a'}$$

$$a' = \frac{af}{a - f}$$

Ermittlung von a:

$$\frac{r_0}{a} = \tan\alpha$$

$$a = \frac{r_0}{\tan\alpha}$$

$$\underline{a' = \frac{r_0 f}{r_0 - f\tan\alpha}} = \underline{\underline{62\ \text{mm}}}$$

c)

$$\tan\alpha' = \frac{r_0}{a'} = \frac{r_0 - f\tan\alpha}{f} = \underline{\frac{r_0}{f} - \tan\alpha} \qquad \underline{\underline{\alpha' = 26^\circ}}$$

5.2.9. Optische Bank

Auf einer optischen Bank sind eine Lichtquelle und ein Schirm im konstanten Abstand l voneinander aufgestellt. Dazwischen befindet sich eine verschiebbare Sammellinse der Brennweite f.

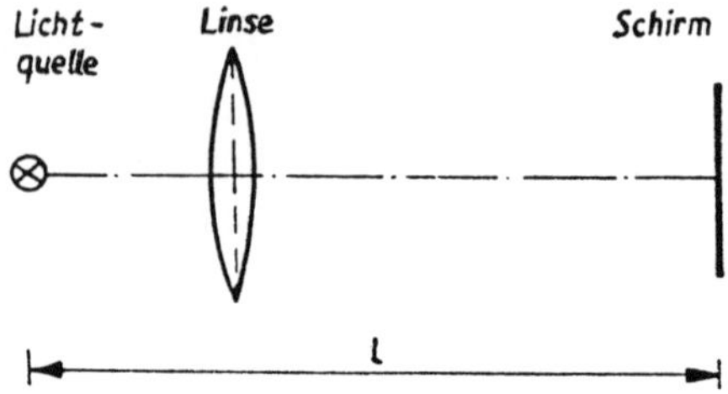

a) Bei welchen Gegenstandsweiten a_1 und a_2 entsteht auf dem Schirm ein scharfes Bild der Lichtquelle?

b) Welche Werte β_1 und β_2 ergeben sich für den Abbildungsmaßstab in beiden Fällen?

c) Wie groß muß bei gegebener Brennweite der Linse der Abstand l mindestens sein, damit überhaupt ein scharfes Bild entstehen kann?

l = 2000 mm f = 100 mm

---

a) $\frac{1}{f} = \frac{1}{a} + \frac{1}{a'}$ $\qquad a + a' = l$

$$\frac{1}{f} = \frac{1}{a} + \frac{1}{l - a}$$

$$(l - a)f + af = a(l - a)$$

$$a^2 - al + lf = 0$$

$$a = \frac{l}{2} \pm \sqrt{\frac{l^2}{4} - lf}$$

$$\underline{a_1 = \frac{l}{2}\left(1 - \sqrt{1 - \frac{4f}{l}}\right)} = \underline{\underline{106 \text{ mm}}}$$

$$\underline{a_2 = \frac{l}{2}\left(1 + \sqrt{1 - \frac{4f}{l}}\right)} = \underline{\underline{1894 \text{ mm}}}$$

b) $\beta = -\frac{a'}{a}$ $\qquad a' = l - a$

$$\underline{\beta = 1 - \frac{l}{a}}$$

$$\underline{\underline{\beta_1 = -18}} \qquad \underline{\underline{\beta_2 = -0{,}056}}$$

c) Diskriminante der Berechnung von a:

$$1 - \frac{4f}{l} \geq 0$$

$$\Longrightarrow \qquad \underline{l = 4\,f} = \underline{\underline{400 \text{ mm}}}$$

5.2.10. Besselsches Verfahren

Zur Bestimmung der Brennweite f einer Sammellinse nach dem Besselschen Verfahren benutzt man die Tatsache, daß es bei hinreichend großem, fest vorgegebenen Abstand l zwischen Objekt und Bildebene zwei Stellungen der Linse gibt, bei denen ein scharfes Bild entsteht. Gemessen wird der Abstand d der beiden Stellungen.
Wie wird f aus l und d berechnet?

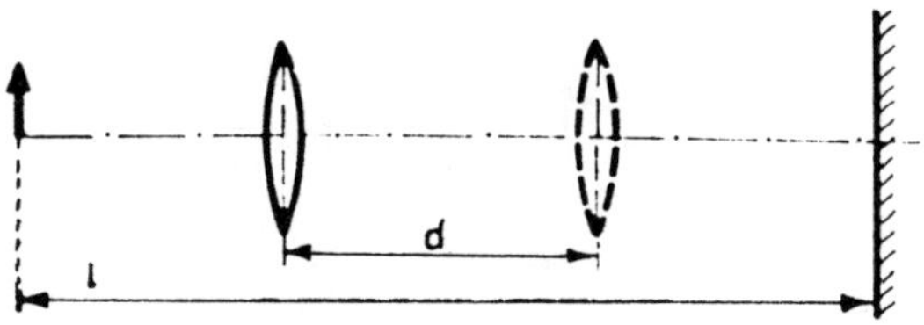

$$\frac{1}{f} = \frac{1}{a} + \frac{1}{a'} \qquad (1)$$

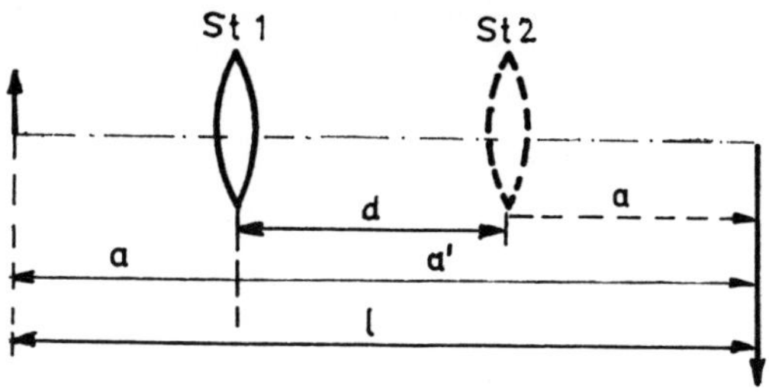

Für Stellung 1 (St 1) gilt:

$$a' = l - a \qquad (2)$$

Für Stellung 2 (St 2) gilt (wegen Umkehrbarkeit des Lichtweges):

$$a = a' - d \qquad (3)$$

(3) in (2) liefert: $a' = \frac{l + d}{2}$ (4)

(4) in (3) liefert: $a = \frac{l - d}{2}$ (5)

(4) und (5) in (1) ergibt:

$$\frac{1}{f} = \frac{2}{l - d} + \frac{2}{l + d} = \frac{4l}{(l - d)(l + d)}$$

$$\underline{f = \frac{l^2 - d^2}{4l}}$$

5.3.1. Ebener Spiegel

Vor einem ebenen Spiegel befindet sich im Abstand a ein Gegenstand der Größe y.

a) Führen Sie die Bildkonstruktion durch!

b) Ermitteln Sie die Bildweite a' mit Hilfe der Abbildungsgleichung!

---

a)

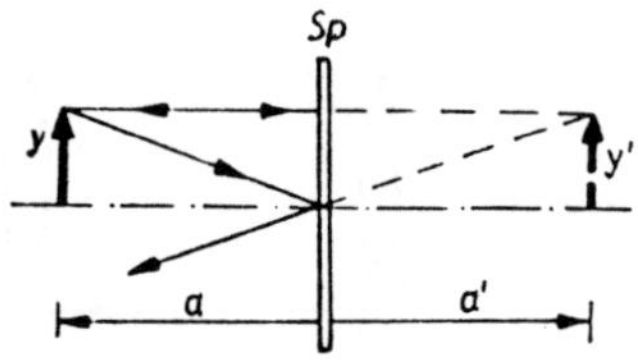

b) $$\frac{1}{f} = \frac{1}{a} + \frac{1}{a'} \qquad f = \infty$$

$$\Longrightarrow \quad \underline{a' = -a}$$

5.3.2. Hohlspiegel

Ein Hohlspiegel soll benutzt werden, um die Wärmestrahlung einer Flamme auf einen kleinen Versuchskörper zu übertragen. Dazu wird die Flamme auf den Körper abgebildet, wobei der Abstand e zwischen beiden einzuhalten ist.
In welchen Abständen vom Spiegel müssen Flamme und Körper aufgestellt werden? Der Krümmungsradius des Spiegels ist r.
e = 90 mm r = 120 mm

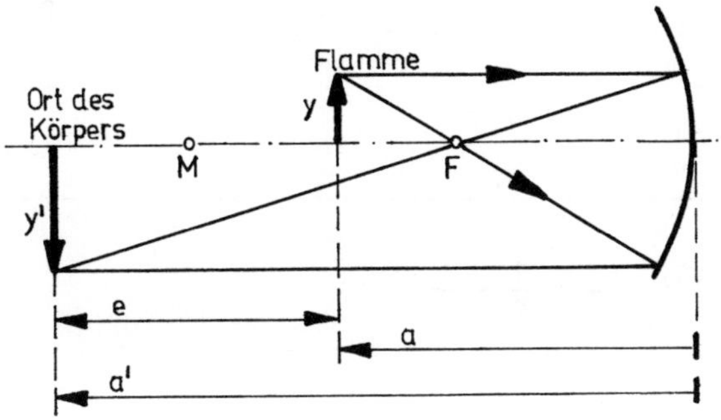

$$\frac{1}{f} = \frac{1}{a} + \frac{1}{a'}$$

$$f = \frac{r}{2}$$

$$a' = a + e$$

$$\frac{2}{r} = \frac{1}{a} + \frac{1}{a + e}$$

$$(a + e)\frac{r}{2} + a\frac{r}{2} = a(a + e)$$

$$a^2 + (e - r)a - \frac{er}{2} = 0$$

$$a = \frac{r - e}{2} \pm \sqrt{\left(\frac{r - e}{2}\right)^2 + \frac{er}{2}} > 0$$

$$\Longrightarrow \quad \underline{a = \frac{1}{2}\left(r - e + \sqrt{r^2 + e^2}\right)} = \underline{\underline{90 \text{ mm}}}$$

$$\underline{a' = \frac{1}{2}\left(r + e + \sqrt{r^2 + e^2}\right)} = \underline{\underline{180 \text{ mm}}}$$

5.3.3. Rasierspiegel

Ein Rasierspiegel mit dem Krümmungsradius r soll so benutzt werden, daß das aufrechte, virtuelle Bild in der Entfernung S vor dem Gesicht entsteht.

a) In welcher Entfernung a muß sich das Gesicht vor dem Spiegel befinden?

b) Wie groß ist der Abbildungsmaßstab β ?

r = 300 mm S = 250 mm

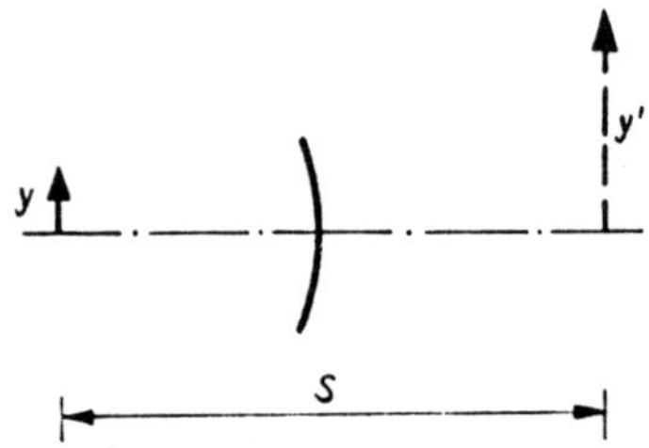

---

a) $$\frac{1}{f} = \frac{1}{a} + \frac{1}{a'}$$

$$f = \frac{r}{2}$$

$$a - a' = S \qquad \text{(wegen } a' < 0\text{)}$$

$$\frac{2}{r} = \frac{1}{a} + \frac{1}{a - S}$$

$$a(a - S) = (a - S)\frac{r}{2} + a\frac{r}{2}$$

$$a^2 - (r + S)a + \frac{Sr}{2} = 0$$

$$a = \frac{r + S}{2} \pm \sqrt{\left(\frac{r + S}{2}\right)^2 - \frac{Sr}{2}}$$

Wegen $a < S$:

$$a = \frac{1}{2}(r + S - \sqrt{r^2 + S^2}) = 80 \text{ mm}$$

b) $$\beta = -\frac{a'}{a} = \frac{S - a}{a}$$

$$\beta = \frac{S}{a} - 1 = 2,1$$

5.3.4. Wölbspiegel

Eine punktförmige Lichtquelle befindet sich in der Entfernung a vor einem Wölbspiegel (Krümmungsradius r) auf der optischen Achse. Der Spiegel hat den Durchmesser d.

a) Ermitteln Sie den Verlauf eines Randstrahles des reflektierten Lichtbündels (in paraxialer Näherung) durch Strahlenkonstruktion!

b) Berechnen Sie den Öffnungswinkel α' des reflektierten Lichtbündels unter Benutzung der Abbildungsgleichung!

a = 100 mm r = 60 mm d = 40 mm

---

a)

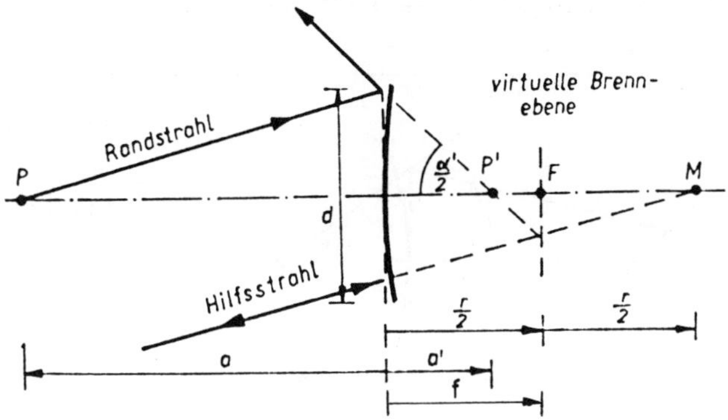

b) $\tan\frac{\alpha'}{2} = -\frac{d}{2a'}$ (wegen a' < 0)

$$\frac{1}{f} = \frac{1}{a} + \frac{1}{a'}$$

$$a' = \frac{af}{a - f}$$

$$f = -\frac{r}{2}$$

$$a' = -\frac{ar}{2a + r}$$

$$\tan\frac{\alpha'}{2} = \frac{d(2a + r)}{2ar} \qquad \alpha' = 82^\circ$$

5.3.5. Rückspiegel

Ein Wölbspiegel (Kreisfläche) befindet sich in der Entfernung e vor dem Auge des Beobachters.

a) Welchen Krümmungsradius r muß die sphärische Fläche haben, damit für den Beobachter der Öffnungswinkel des rückwärts überblickbaren Gesichtsfeldes doppelt so groß ist wie bei einem ebenen Spiegel der gleichen Größe?

b) Unter welchem Sehwinkel σ sieht der Beobachter einen Gegenstand der Höhe y, der sich in der Entfernung s hinter ihm befindet?

(Alle Winkel werden als klein gegen 1 angenommen.)

$e = 1{,}00$ m $s = 9{,}00$ m $y = 2{,}00$ m

---

a)

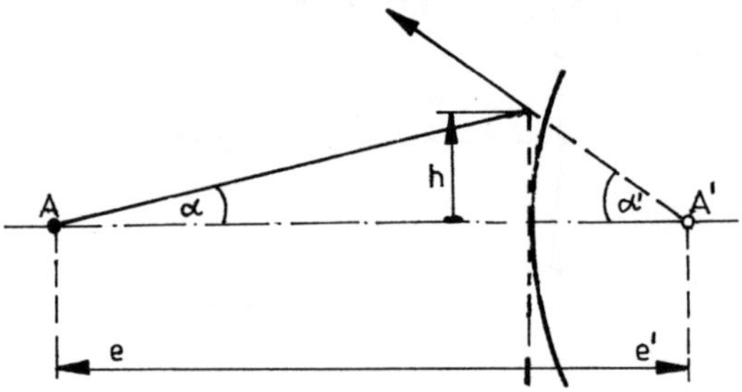

Umkehrbarkeit der Richtung des Randstrahles

$$f = -\frac{r}{2}$$

$$r = -2f$$

$$\frac{1}{f} = \frac{1}{e} - \frac{1}{e'}$$

$$f = \frac{ee'}{e + e'}$$

$$r = -2\,\frac{ee'}{e + e'}$$

Ermittlung von e':

Ebener Spiegel: $\alpha' = \alpha$;

Wölbspiegel: $\alpha' = 2\alpha$

$$\Longrightarrow \quad -\frac{h}{e'} = 2\,\frac{h}{e} \qquad \text{(wegen } e' < 0\text{)}$$

$$e' = -\frac{e}{2}$$

$$\underline{r = 2e = \underline{\underline{2{,}00\ \text{m}}}}$$

b)

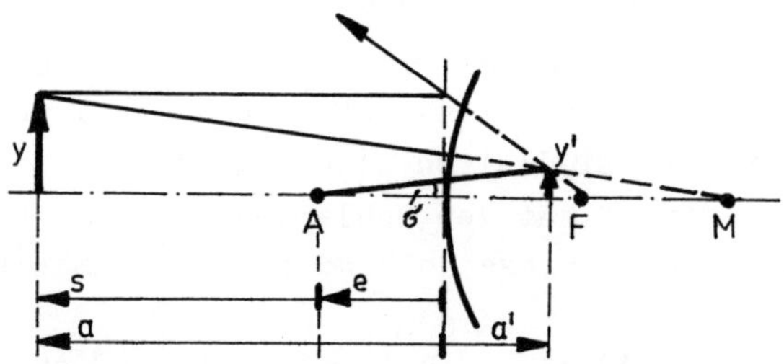

$$\tan \sigma = \frac{y'}{e - a'} \qquad \text{(wegen } a' < 0\text{)}$$

$$\beta' = \frac{y'}{y} = -\frac{a'}{a}$$

$$y' = -\frac{ya'}{a}$$

$$\tan \sigma = \frac{ya'}{a(e - a)}$$

$$\frac{1}{f} = \frac{1}{a} + \frac{1}{a'} \qquad f = -\frac{r}{2}$$

$$a' = -\frac{ra}{2a + r}$$

$$\tan \sigma = \frac{yr}{(2a + r)(e + \frac{ra}{2a + r})} = \frac{yr}{e(2a + r) + ra}$$

$$a = e + s \qquad r = 2e$$

$$\underline{\tan \sigma = \frac{y}{3e + 2s}} = 0{,}095$$

$$\underline{\underline{\sigma = 5{,}4^\circ}}$$

5.3.6. Objektverschiebung

Ein Gegenstand nähert sich einem Hohlspiegel von der Gegenstandsweite a_1 auf a_2. Dabei ändert sich die Bildweite um $\Delta a'$.

a) Berechnen Sie die Bildweiten a_1' und a_2' !

b) Welche Brennweite f hat der Hohlspiegel?

c) Deuten Sie die Ergebnisse an Hand einer Strahlenkonstruktion!

$a_1 = 40$ cm $\quad a_2 = 30$ cm $\quad \Delta a' = a_2' - a_1' = 60$ cm

---

a) $\frac{1}{f} = \frac{1}{a_1} + \frac{1}{a_1'}$ $\qquad \frac{1}{f} = \frac{1}{a_2} + \frac{1}{a_2'}$ $\qquad a_2' = a_1' + \Delta a'$

$$\frac{1}{a_1} + \frac{1}{a_1'} = \frac{1}{a_2} + \frac{1}{a_1' + \Delta a'}$$

$$\frac{1}{a_1'} - \frac{1}{a_1' + \Delta a'} = \frac{1}{a_2} - \frac{1}{a_1} = \frac{a_1 - a_2}{a_1 a_2}$$

$$a_1' + \Delta a' - a_1' = \frac{a_1 - a_2}{a_1 a_2} a_1'(a_1' + \Delta a')$$

$$a_1'^2 + \Delta a' a_1' - \frac{a_1 a_2 \Delta a'}{a_1 - a_2} = 0$$

$$\underline{a_1' = -\frac{\Delta a'}{2} \pm \sqrt{\left(\frac{\Delta a'}{2}\right)^2 + \frac{a_1 a_2 \Delta a'}{a_1 - a_2}}}$$

$$\underline{a_2' = a_1' + \Delta a'}$$

2 Lösungen:

Spiegel I: $\quad a_1' = 60$ cm $\qquad a_2' = 120$ cm

Spiegel II: $\quad a_1' = -120$ cm $\qquad a_2' = -60$ cm

b) $$\underline{f = \frac{a_1 a_1'}{a_1 + a_1'} = \frac{a_2 a_2'}{a_2 + a_2'}}$$

Ergebnisse:

Spiegel I: $\quad f = 24$ cm

Spiegel II: $\quad f = 60$ cm

c)

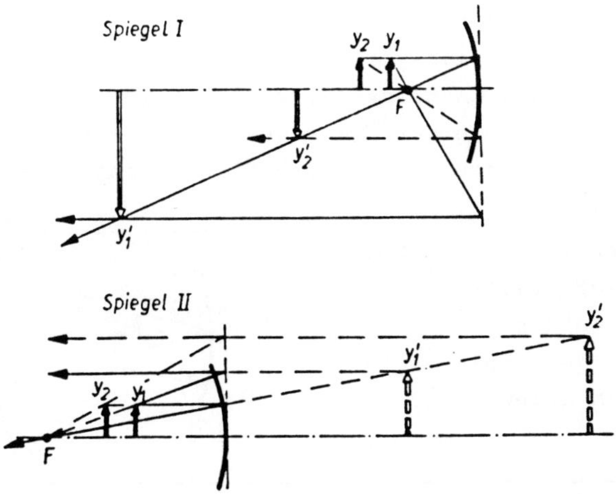

5.3.7. Spiegelteleskop

In einem Spiegelteleskop nach Gregory stehen sich zwei Hohlspiegel gegenüber. Das Bild y_2', das entsteht, wenn ein unendlich ferner Gegenstand nacheinander an den Spiegeln S_1 und S_2 abgebildet wird, liegt in der Ebene des Spiegels S_1, der für die Beobachtung an dieser Stelle eine Öffnung hat. Die Brennweiten sind f_1 und f_2.

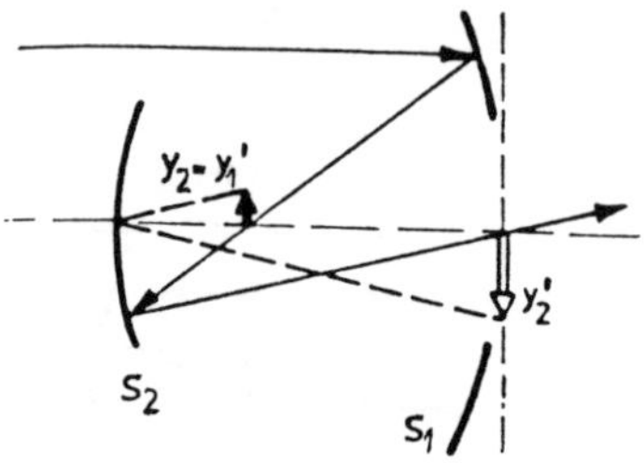

a) In welcher Entfernung a_2' vom Spiegel S_1 muß Spiegel S_2 aufgestellt werden?

b) Wie groß ist der Abbildungsmaßstab β_2 am Spiegel S_2?

$f_1 = 800$ mm $\qquad f_2 = 300$ mm

---

a) $$\frac{1}{f_2} = \frac{1}{a_2} + \frac{1}{a_2'} \qquad a_2' - a_2 = f_1$$

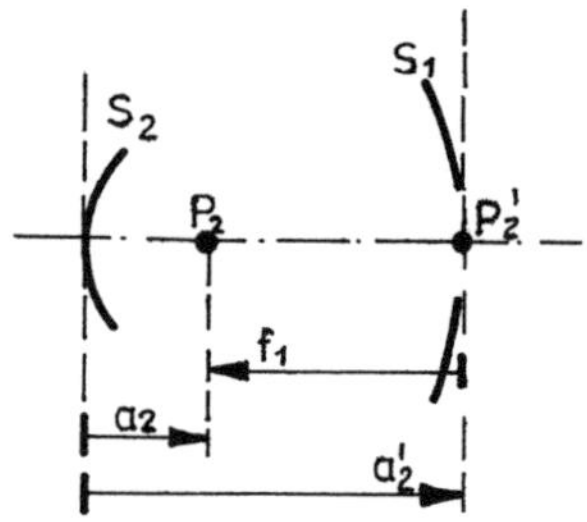

$$\frac{1}{f_2} = \frac{1}{a_2' - f_1} + \frac{1}{a_2'}$$

$$a_2' f_2 + (a_2' - f_1) f_2 = (a_2' - f_1) a_2'$$

$$a_2'^2 - (f_1 + 2f_2) a_2' + f_1 f_2 = 0$$

$$a_2' = \frac{f_1}{2} + f_2 \pm \sqrt{\left(\frac{f_1}{2} + f_2\right)^2 - f_1 f_2}$$

Wegen $a_2 > 0$:

$$\underline{a_2' = \frac{f_1}{2} + f_2 + \sqrt{\left(\frac{f_1}{2}\right)^2 + f_2^2}} = \underline{\underline{1200 \text{ mm}}}$$

$$\left(a_2' = \frac{f_1}{2} + f_2 - \sqrt{\left(\frac{f_1}{2}\right)^2 + f_2^2} = 200 \text{ mm}\right)$$

Die zweite Lösung $a_2' = 200$ mm entfällt, weil $a_2 = a_2' - f_1 = -600$ mm ergibt. Es muß aber $a_2 > 0$ sein.

b) $$\beta_2 = -\frac{a_2'}{a_2} = \underline{-\frac{a_2'}{a_2' - f_1}} = \underline{\underline{-3}}$$

5.4.1. Ersatzlinse

Eine dicke Linse hat die Brennweite f. Der Abstand der beiden Hauptebenen ist $d < 0$ (H und H' sind vertauscht). Es wird ein Gegenstand der Größe y aus der Dingweite a abgebildet.

a) Konstruieren Sie das Bild!

b) Berechnen Sie a' und y'!

Die dicke Linse soll so durch eine dünne Linse ersetzt werden, daß dabei die Lage und Größe von Ding und Bild nicht verändert werden.

c) Konstruieren Sie aus Ding und Bild die Lage der dünnen Linse und einen ihrer Brennpunkte!

$f = 50$ mm $\quad a = 80$ mm $\quad y = 20$ mm $\quad d = -40$ mm

---

a)

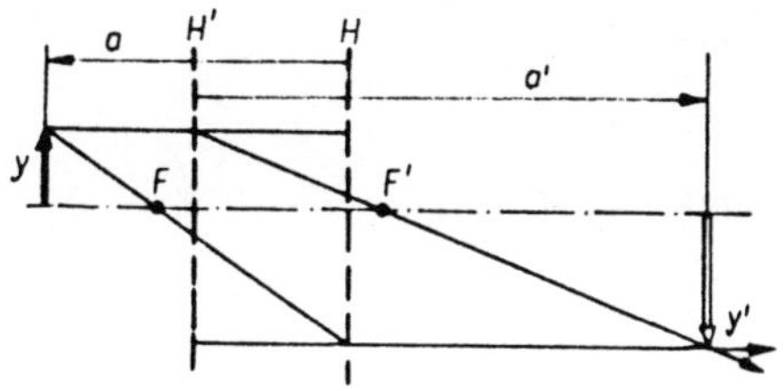

b)

$$\frac{1}{f} = \frac{1}{a} + \frac{1}{a'} \qquad a' = \frac{af}{a - f} = 133 \text{ mm}$$

$$\frac{y'}{y} = -\frac{a'}{a} \qquad y' = -\frac{fy}{a - f} = -33 \text{ mm}$$

c)

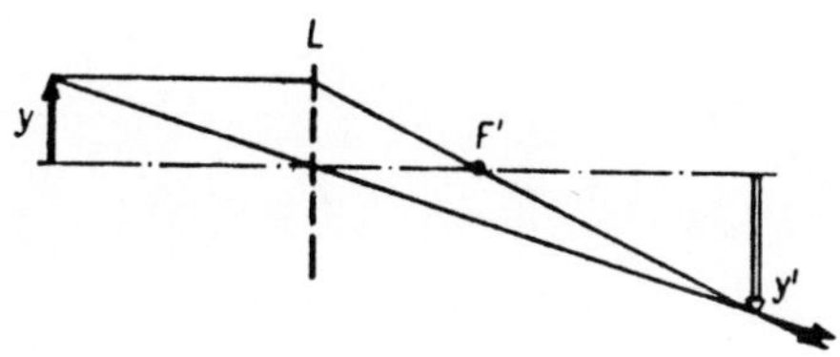

5.4.2. Abstandsbedingung

Ein Linsensystem besteht aus einer dünnen Sammellinse der Brennweite f_1 und einer dünnen Zerstreuungslinse der Brennweite f_2.

a) Welche Bedingung muß der Abstand d zwischen beiden Linsen erfüllen, damit die Gesamtbrennweite positiv ist?

b) Berechnen Sie d für eine gegebene Systembrennweite f!

$f_1 = 120$ mm $\quad f_2 = -80$ mm $\quad f = 900$ mm

---

a) $$\frac{1}{f} = \frac{1}{f_1} + \frac{1}{f_2} - \frac{d}{f_1 f_2}$$

$$d = f_1 + f_2 - \frac{f_1 f_2}{f}$$

Wegen $f > 0$ und $f_2 < 0$:

$$\underline{d > f_1 + f_2} = \underline{\underline{40 \text{ mm}}}$$

b) $$\underline{d = f_1 + f_2 - \frac{f_1 f_2}{f}} = \underline{\underline{51 \text{ mm}}}$$

5.4.3. Beleuchtungseinrichtung

Zur intensiven Beleuchtung eines Präparates soll eine Anordnung aus drei Linsen L_1, L_2 und L_3 verwendet werden, die die gegenseitigen Abstände b und c haben. Auf die Linse L_1 fällt ein achsenparalleles Lichtbündel vom Durchmesser d.

f_1 = 50 mm f_2 = - 10 mm f_3 = 10 mm b = 40 mm
c = 50 mm d = 30 mm

Zeichnen Sie maßstäblich den Verlauf des Lichtbündels!
Geben Sie die Lage des bildseitigen Brennpunktes F' und der bildseitigen Hauptebene H' sowie die Systembrennweite f an!

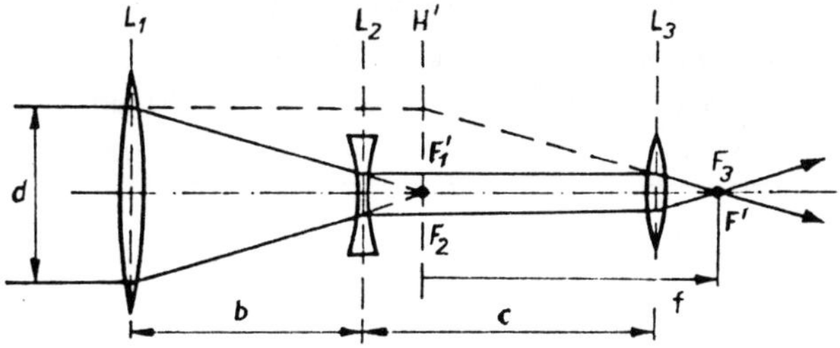

H' befindet sich 40 mm vor L_3

F' befindet sich 10 mm hinter L_3

f = 50 mm

5.4.4. Linsensystem

Eine dünne Linse der Brennweite f_1 wird mit einer zweiten der Brennweite f_2 kombiniert. Der Abstand der Mittelebenen der Linsen ist d.

a) Man ermittle die Lagen der Brennpunkte F, F' und der Hauptebenen H, H' grafisch, indem man den Verlauf geeigneter Strahlen in einer (dem jeweiligen Zahlenbeispiel entsprechend) maßstäblichen Skizze untersucht!

b) Man berechne die Gesamtbrennweite f der Linsenkombination und vergleiche das Ergebnis mit dem grafisch gewonnenen!

c) Man berechne den Abstand h' der bildseitigen Hauptebene H' von der hinteren Linse L_2! (h' werde in Lichtrichtung positiv gezählt.)

d) Man deute die für h' gewonnene Endformel so um, daß man sie zur Berechnung der Lage der dingseitigen Hauptebene H verwenden kann! (h ist analog h' zu definieren.)

Fall 1)	$f_1 = 50$ mm	$f_2 = 100$ mm	$d = 30$ mm
Fall 2)	$f_1 = 50$ mm	$f_2 = -100$ mm	$d = 30$ mm

---

a) Fall 1

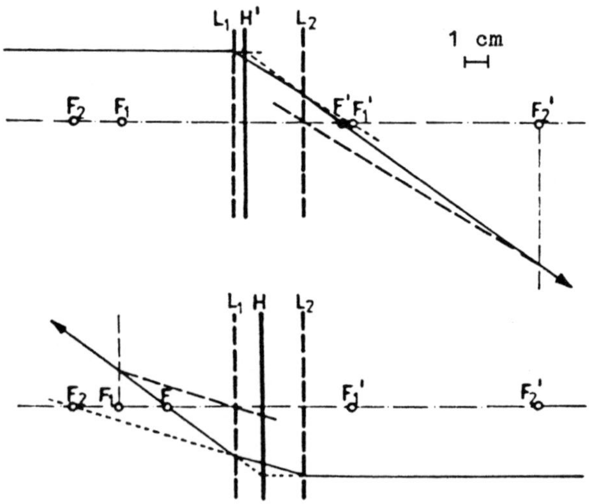

Fall 2

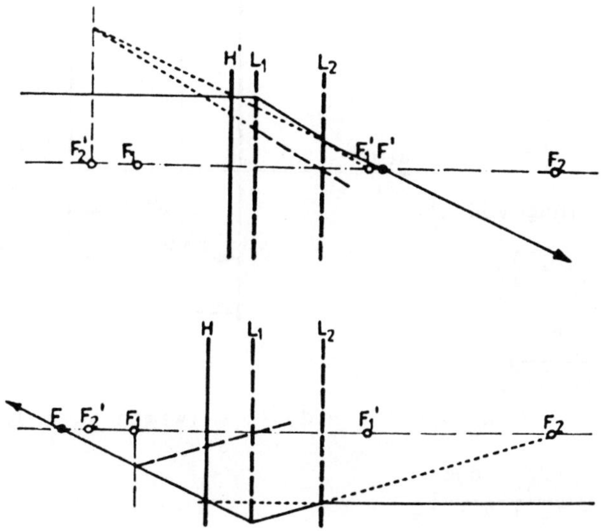

b) $$\frac{1}{f} = \frac{1}{f_1} + \frac{1}{f_2} - \frac{d}{f_1 f_2}$$

$$f = \frac{f_2 f_1}{f_1 + f_2 - d}$$

Fall 1: $\underline{\underline{f = +42\ \text{mm}}}$

Fall 2: $\underline{\underline{f = +63\ \text{mm}}}$

c) Der Skizze (entspricht Fall 2) ist zu entnehmen:

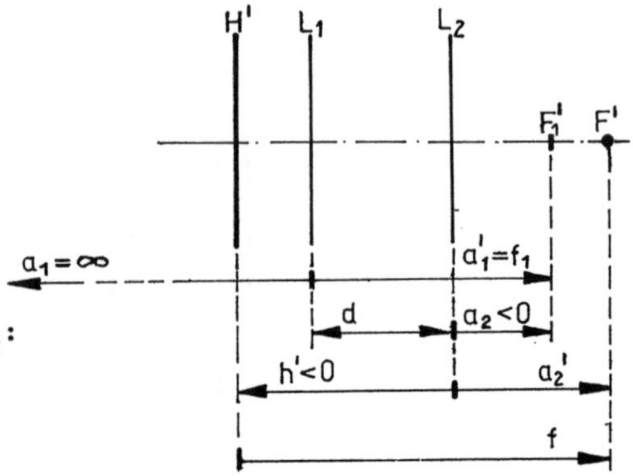

$$h' = -(f - a_2')$$

(wegen $h' < 0$)

Ermittlung von a_2':

$$\frac{1}{f_2} = \frac{1}{a_2} + \frac{1}{a_2'}$$

$$a_2' = \frac{a_2 f_2}{a_2 - f_2}$$

$$a_2 = -(f_1 - d) \qquad \text{(wegen } a_2 < 0\text{)}$$

$$a_2' = \frac{-(f_1 - d)f_2}{-f_1 + d - f_2}$$

f liefert die Teilaufgabe b).

$$h' = -\frac{f_1 f_2}{f_1 + f_2 - d} + \frac{-(f_1 - d)f_2}{-f_1 + d - f_2} = \frac{-f_1 f_2 + (f_1 - d)f_2}{f_1 + f_2 - d}$$

$$h' = \frac{-f_2 d}{f_1 + f_2 - d}$$

Fall 1: $h' = -25\,\text{mm}$

Fall 2: $h' = -38\,\text{mm}$

d) Umkehrung der Lichtrichtung:
L_1 und L_2 vertauscht.
$\Longrightarrow$ h zählt von L_1 aus entgegen der ursprünglichen Lichtrichtung positiv.

$$h = -\frac{f_1 d}{f_1 + f_2 - d}$$

Fall 1: $h = -13\,\text{mm}$

Fall 2: $h = +19\,\text{mm}$

5.4.5. Teleobjektiv I

Gegeben ist ein Linsensystem, bestehend aus den beiden dünnen Linsen L_1 und L_2 mit den Brennweiten $f_1 > 0$ und $f_2 < 0$ im Abstand d.

a) Man zeichne den Strahlengang für einen unendlich fernen Achsenpunkt maßstäblich entsprechend den gegebenen Zahlenwerten!

b) Man berechne die Gesamtbrennweite f des Systems!

c) Man berechne den Abstand l von der Vorderlinse L_1 bis zur Brennebene F' des Systems!

d) Welchen Abstand d_0 muß man den beiden Linsen geben, damit man ein scharfes Sonnenbild vom Durchmesser y' erhält? Die Sonne erscheint unter dem Sehwinkel σ.

e) Wie groß ist der Abstand l_0 des Sonnenbildes von der Linse L_1 ?

$f_1 = 60$ mm $\quad f_2 = -30$ mm $\quad d = 40$ mm $\quad y' = 50$ mm
$\sigma = 32'$

---

a) Die Skizze befindet sich auf der nächsten Seite.

b) $$\frac{1}{f} = \frac{1}{f_1} + \frac{1}{f_2} - \frac{d}{f_1 f_2}$$

$$f = \frac{f_1 f_2}{f_1 + f_2 - d} = \underline{\underline{180 \text{ mm}}}$$

c) $l = a_2' + d$

Ermittlung von a_2':

$$\frac{1}{f_2} = \frac{1}{a_2} + \frac{1}{a_2'}$$

$$a_2 = -(f_1 - d) \qquad \text{(wegen } a_2' < 0\text{)}$$

$$a_2' = \frac{-(f_1 - d)f_2}{-f_1 + d - f_2} = \frac{(f_1 - d)f_2}{f_1 + f_2 - d}$$

$$l = \frac{(f_1 - d)f_2}{f_1 + f_2 - d} + d = \underline{\underline{100 \text{ mm}}}$$

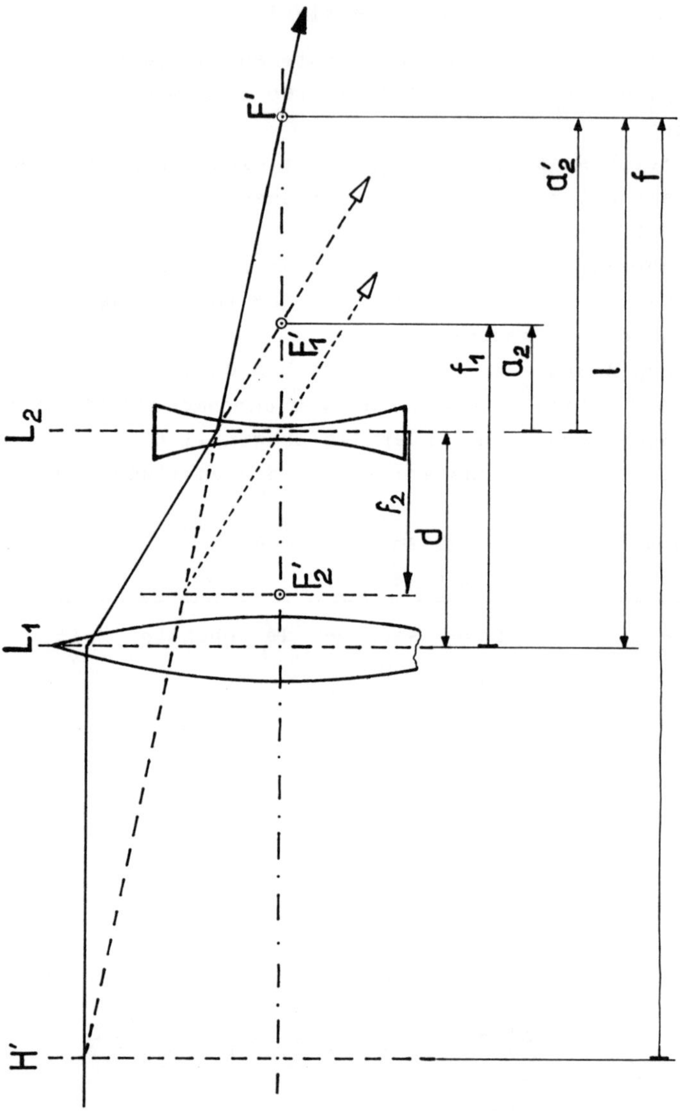

L₂
L₁
H'
F'
F'₁
F'₂
f₁
f₂
a₂
a'₂
d
l
f

d) $y' = \sigma f$

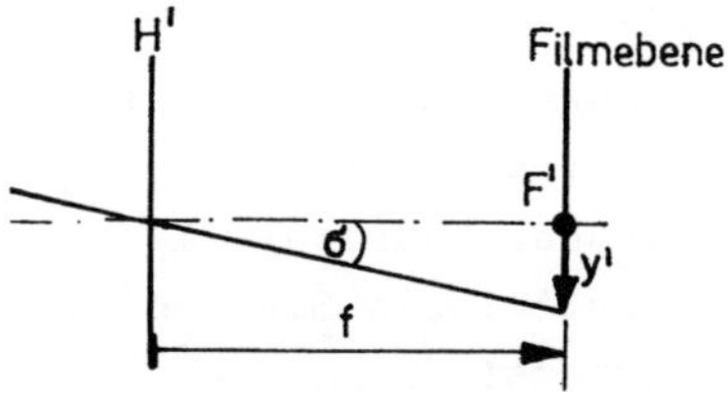

Mit der Formel für f aus der Teilaufgabe b):

$$y' = \frac{\sigma f_1 f_2}{f_1 + f_2 - d_0}$$

$$d_0 = f_1 + f_2 - \frac{\sigma f_1 f_2}{y'} = 30,3\ \text{mm}$$

e) Verwendung der Formel für l aus Teilaufgabe c):

$$l_0 = \frac{(f_1 - d_0) f_2}{f_1 + f_2 - d_0} + d_0$$

Mit dem Ausdruck für d_0 aus Teilaufgabe d):

$$l_0 = \frac{\left(\frac{\sigma f_1 f_2}{y'} - f_2\right) f_2}{\frac{\sigma f_1 f_2}{y'}} + f_1 + f_2 - \frac{\sigma f_1 f_2}{y'}$$

$$l_0 = f_2 - \frac{y' f_2}{\sigma f_1} + f_1 + f_2 - \frac{\sigma f_1 f_2}{y'}$$

$$l_0 = f_1 + f_2\left(2 - \frac{y'}{\sigma f_1} - \frac{\sigma f_1}{y'}\right) = 2,7\ \text{m}$$

5.4.6. Teleobjektiv II

Eine dünne Sammellinse L_1 und eine dünne Zerstreuungslinse L_2 vom gleichen Betrag der Brennweite f_0 werden im Abstand d_0 voneinander aufgestellt.

a) Konstruieren Sie die Brennpunkte und die Hauptebenen des Systems! (Nehmen Sie für die Skizze $d_0 < f_0$ an.)

b) Wo befinden sich H und H' unabhängig von der Wahl von d_0?

c) Der Abstand l der dingseitigen Hauptebene H des Systems von der Sammellinse L_1 und die Gesamtbrennweite f des Systems sollen vorgegebene Werte haben.
Wie groß müssen dann f_0 und d_0 gewählt werden?

$l = 60$ mm $\quad f = 180$ mm

---

a)

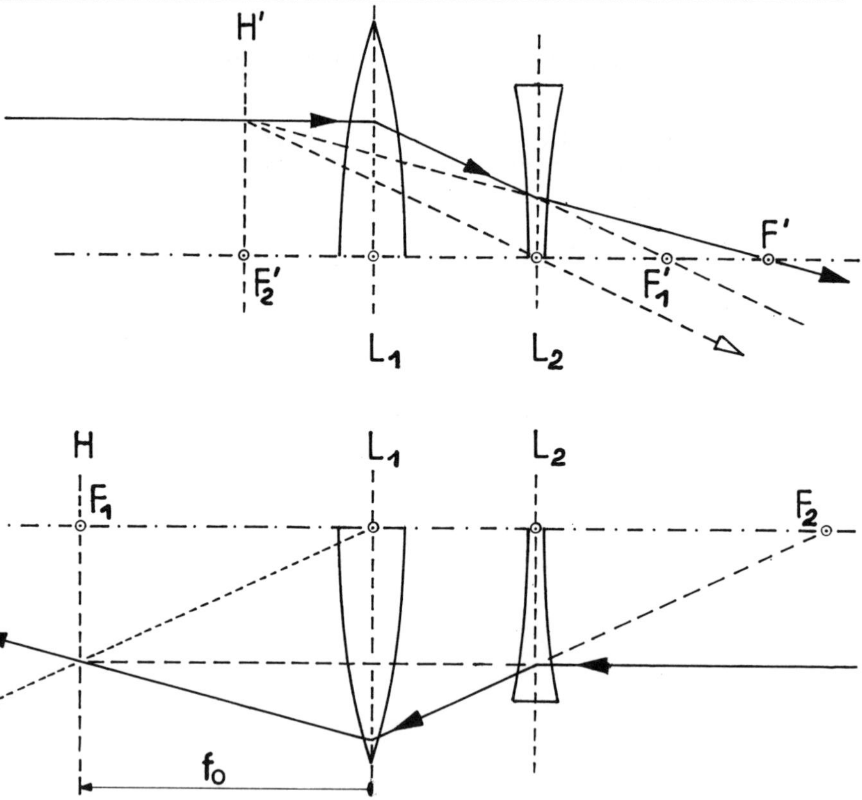

b) $H' = F_2'$; $H = F_1$

c) $f_0 = l = 60$ mm (Vergl. a) und b))

$$\frac{1}{f} = \frac{1}{f_1} + \frac{1}{f_2} - \frac{d}{f_1 f_2}$$

$$f_1 = +l$$

$$f_2 = -l$$

$$d = d_0$$

$$\frac{1}{f} = \frac{1}{l} - \frac{1}{l} + \frac{d_0}{l^2}$$

$$d_0 = \frac{l^2}{f} = 20 \text{ mm}$$

5.4.7. Zerstreuungslinse II

Eine dicke Linse der Brennweite $f_1 > 0$ und eine dünne Linse der Brennweite $f_2 > 0$ werden hintereinander aufgestellt, so daß die bildseitige Hauptebene H_1' und die Mittelebene der Linse L_2 den Abstand $d > f_1$ haben.

a) Konstruieren Sie den Brennpunkt F' und die bildseitige Hauptebene H' des Gesamtsystems!

b) Leiten Sie unter Benutzung der Strahlenkonstruktion und der Abbildungsgleichung eine Formel zur Berechnung der Gesamtbrechkraft $\frac{1}{f}$ des Systems her und berechnen Sie damit f !

$f_1 = 50$ mm $\quad f_2 = 20$ mm $\quad d = 100$ mm

---

a)

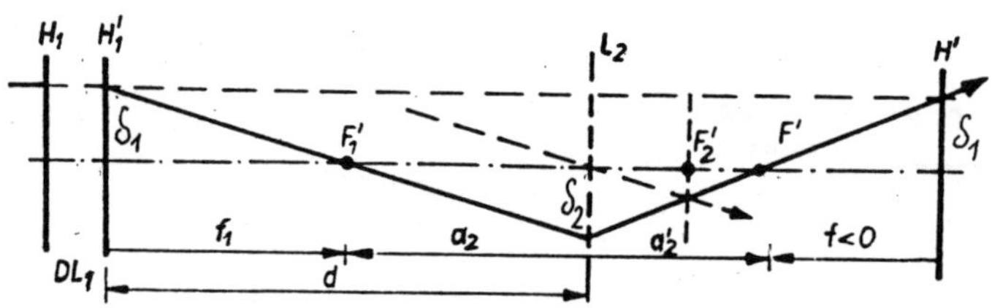

F' vor H': Zerstreuungslinse

b) Strahlensatz: (f < 0)

$$\frac{a_2'}{-f} = \frac{\delta_2}{\delta_1} \quad \text{und} \quad \frac{a_2}{f_1} = \frac{\delta_2}{\delta_1} \quad \Longrightarrow \quad \frac{a_2'}{-f} = \frac{a_2}{f_1}$$

$$\frac{1}{f} = -\frac{a_2}{a_2' f_1}$$

$$a_2 = d - f_1 \quad \text{und} \quad \frac{1}{f_2} = \frac{1}{a_2} + \frac{1}{a_2'}$$

$$\frac{a_2}{a_2'} = \frac{a_2 - f_2}{f_2} = \frac{d - (f_1 + f_2)}{f_2}$$

$$\frac{1}{f} = \frac{f_1 + f_2 - d}{f_1 f_2} = \underline{\frac{1}{f_1} + \frac{1}{f_2} - \frac{d}{f_1 f_2}}$$

$$\underline{f = \frac{f_1 f_2}{f_1 + f_2 - d}} = \underline{\underline{-\,33\ \text{mm}}}$$

5.4.8. Achromat II

Eine achromatische Linse soll aus einer symmetrischen Bikonvexlinse der Glassorte 1 und einer mit dieser verkitteten Plankonkavlinse der Glassorte 2 bestehen. Für die Spektrallinie D soll die Brennweite f erreicht werden.

a) Welchen Betrag r müssen die Krümmungsradien der Linsen haben?

b) Welche Bedingung müssen die Dispersionen ϑ_1 und ϑ_2 der beiden Glassorten erfüllen, damit es sich tatsächlich um einen Achromaten handelt?

$n_{1D} = 1{,}5100 \qquad n_{2D} = 1{,}6128 \qquad f = 200\ \text{mm}$

---

a) $$\frac{1}{f_1} = (n_1 - 1)\left(\frac{1}{r} + \frac{1}{r}\right)$$

$$\frac{1}{f_2} = (n_2 - 1)\left(-\frac{1}{r}\right)$$

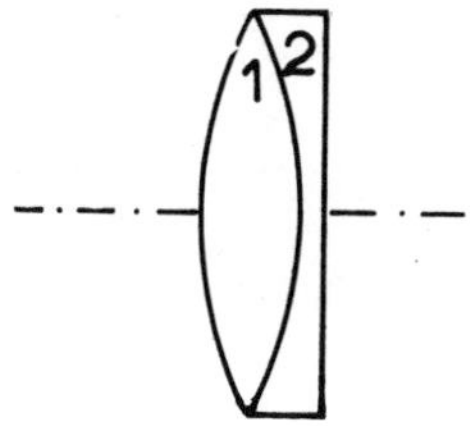

$$\frac{1}{f} = \frac{1}{f_1} + \frac{1}{f_2} \qquad (d \ll f_1,\ f_2)$$

$$\Longrightarrow \quad \frac{1}{f} = \frac{2(n_1 - 1) - (n_2 - 1)}{r}$$

$$\underline{r = (2n_{1D} - n_{2D} - 1)f} = \underline{\underline{81\ \text{mm}}}$$

b) $$\frac{1}{f_C} = \frac{1}{f_F}$$

$$\Longrightarrow \quad 2n_{1C} - n_{2C} - 1 = 2n_{1F} - n_{2F} - 1$$

$$n_{2F} - n_{2C} = 2(n_{1F} - n_{1C})$$

$$\underline{\vartheta_2 = 2\vartheta_1}$$

5.5.1. **Weitsichtigenbrille**

Welche Brechkraft D (in dpt) braucht ein Weitsichtiger für seine Brille, wenn der Nahpunkt aus der Entfernung s_N in die Bezugssehweite S verlagert werden soll?

s_N = 200 cm

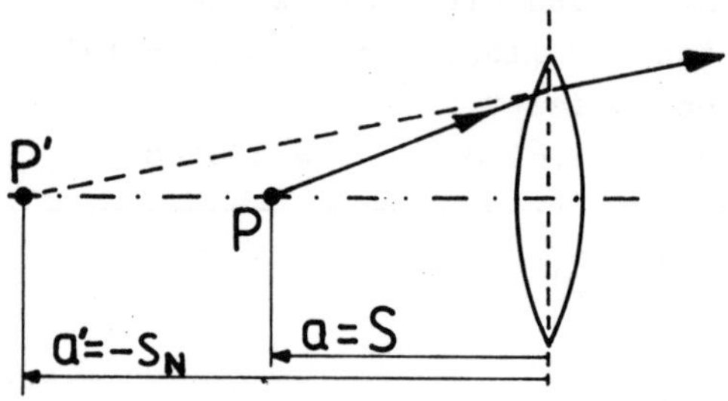

$$D = \frac{1}{f} = \frac{1}{a} + \frac{1}{a'}$$

$$D = \frac{1}{S} - \frac{1}{s_N} = \underline{\underline{3{,}5\ \text{dpt}}}$$

5.5.2. Alterssichtigkeit

Bei einem alterssichtigen Auge verschiebt eine Brille der Brennweite $f > 0$ den Nahpunkt in die Entfernung s_N'.
In welcher Entfernung s_N befindet er sich beim bloßen Auge?
$f = 250$ mm $\quad s_N' = 200$ mm

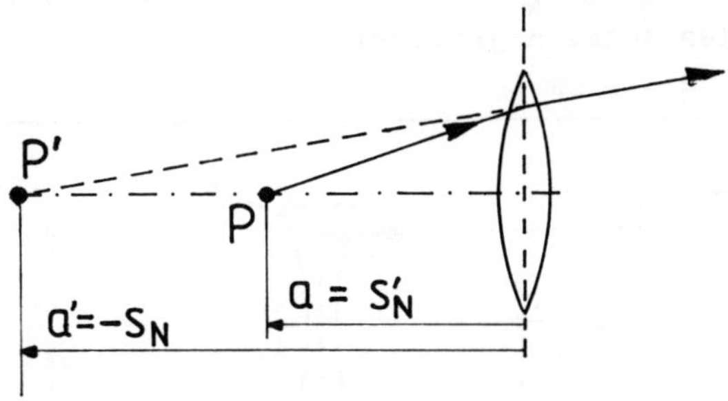

$$\frac{1}{f} = \frac{1}{a} + \frac{1}{a'}$$

$$\frac{1}{f} = \frac{1}{s_N'} - \frac{1}{s_N}$$

$$s_N = \frac{s_N' \, f}{f - s_N'} = 1000 \text{ mm}$$

5.5.3. Kurzsichtigkeit

Ein Kurzsichtiger kann auf Entfernungen zwischen s_N (Nahpunkt) und s_F (Fernpunkt) akkommodieren. Er braucht eine Brille, die einen unendlich fernen Achsenpunkt in seinen Fernpunkt abbildet.

a) Wie groß ist deren Brennweite f ?

b) In welcher Entfernung s'_N befindet sich der Punkt, der auf den Nahpunkt des Auges abgebildet wird?

s_N = 80 mm $\quad$ s_F = 400 mm

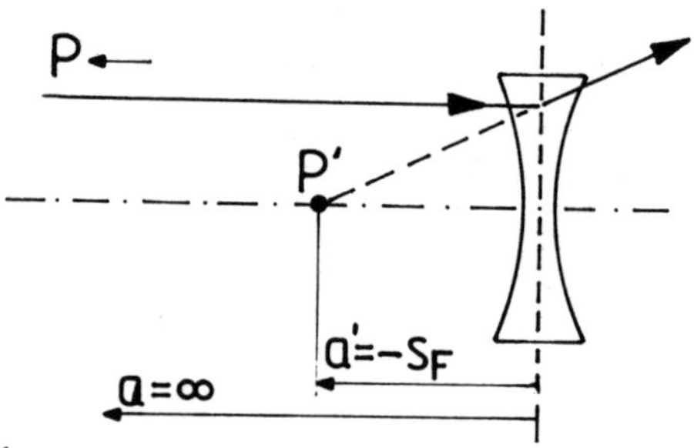

a) $\frac{1}{f} = \frac{1}{a} + \frac{1}{a'}$

$\frac{1}{f} = 0 - \frac{1}{s_F}$

$f = -s_F = -400$ mm

b) $\frac{1}{f} = \frac{1}{a} + \frac{1}{a'}$

$a' = -s_N$

$a = s'_N$

$f = -s_F$

$$s'_N = \frac{s_N s_F}{s_F - s_N} = 100 \text{ mm}$$

5.5.4. Sonnenbeobachtung

Zur Beobachtung der Sonne wird mit Hilfe eines Brillenglases das Bild der Sonne auf einen Schirm projiziert. Ein scharfes Sonnenbild mit dem Durchmesser d entsteht, wenn der Schirm den Abstand a' von der Linse hat.

a) Wie groß sind Brennweite f und Brechkraft D des Brillenglases?

b) Berechnen Sie den Sehwinkel σ_o, unter dem man die Sonne sieht!

c) Welche Vergrößerung Γ wird bei der Beobachtung auf dem Schirm erreicht?

d = 18,7 mm   a' = 2,0 m

---

a) $$\frac{1}{f} = \frac{1}{a} + \frac{1}{a'} \qquad a = \infty$$

$$\Longrightarrow \quad \underline{f = a'} = \underline{\underline{2{,}0\ \text{m}}} \qquad \underline{D = \frac{1}{f} = \frac{1}{a'}} = \underline{\underline{0{,}5\ \text{dpt}}}$$

b) $$\sigma_o = \frac{d}{f}$$

$$\underline{\sigma_o = \frac{d}{a'}} = \underline{\underline{32'}}$$

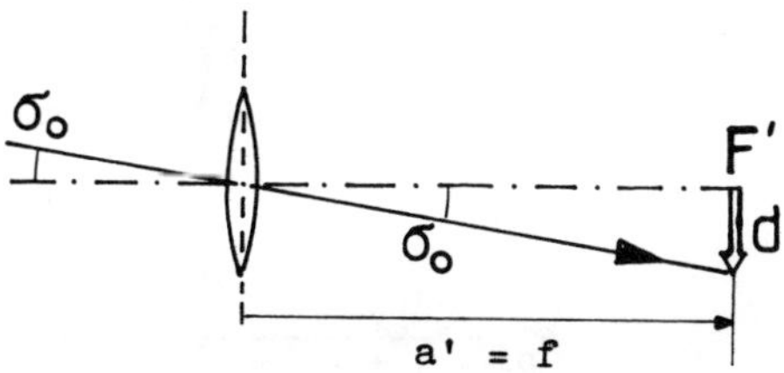

c) $$\Gamma = \frac{\sigma_m}{\sigma_o}$$

$$\sigma_m = \frac{d}{S}$$

$$\underline{\Gamma = \frac{a'}{S}} = \underline{\underline{8{,}0}}$$

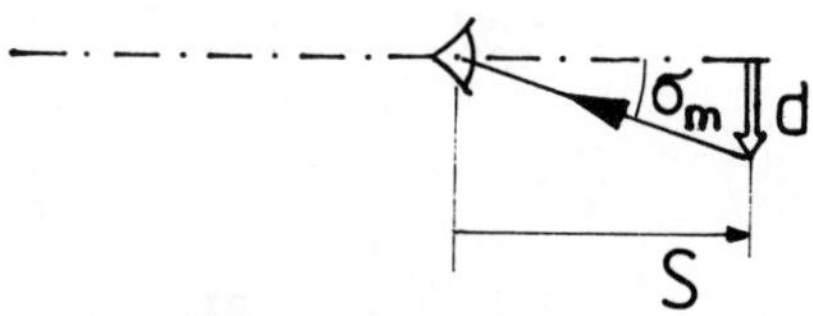

(einlinsiges "Fernrohr")

5.5.5. Vergrößerungen

Im Abstand a > f vor einer Linse der Brennweite f steht ein kleiner Gegenstand. Ein Beobachter betrachtet das Bild des Gegenstandes aus der Entfernung S.

Berechnen Sie die Vergrößerung Γ, indem Sie bei der Festlegung des Bezugssehwinkels folgende Fälle unterscheiden:

a) Betrachtung des Gegenstandes bei unveränderter Position von Gegenstand und Auge nach Entfernen der Linse,

b) Betrachtung des Gegenstandes aus der Bezugssehweite S!

a = 60 mm f = 50 mm

---

a) $$\Gamma = \frac{\sigma_m}{\sigma_o}$$

$$\sigma_m = \frac{-y'}{S}$$

(wegen $y' < 0$)

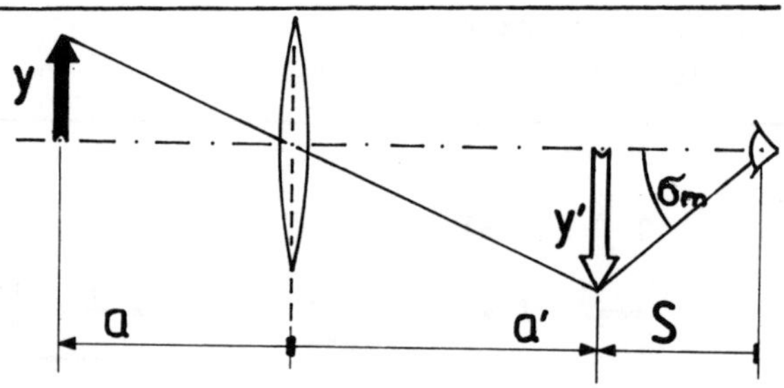

$$\sigma_o = \frac{y}{b}$$

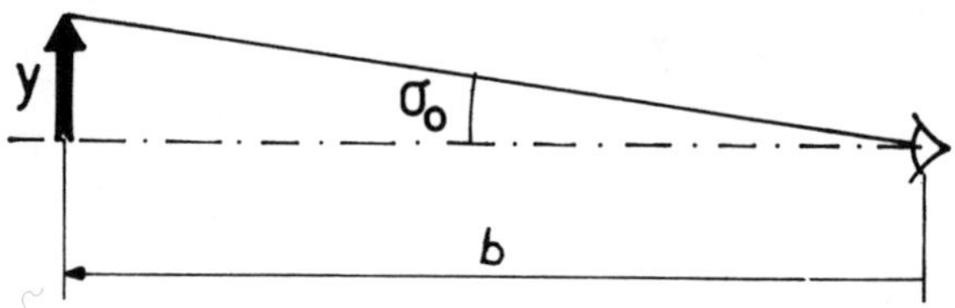

$$\sigma_o = \frac{y}{a + a' + S}$$

$$\Gamma = \frac{-y'}{y} \cdot \frac{a + a' + S}{S} = \frac{a'}{a} \cdot \frac{a + a' + S}{S}$$

$$\frac{1}{f} = \frac{1}{a} + \frac{1}{a'} \qquad a' = \frac{af}{a - f}$$

$$\Gamma = \frac{f}{a - f} \cdot \frac{a + \frac{af}{a - f} + S}{S}$$

$$\Gamma = \frac{f}{a - f} \left[\frac{a^2}{S(a - f)} + 1\right] = 12{,}2$$

b)

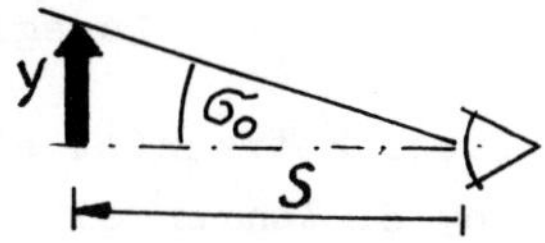

$$\Gamma = \frac{\sigma_m}{\sigma_o}$$

$$\sigma_m = \frac{-y'}{S} \qquad \sigma_o = \frac{y}{S}$$

$$\Gamma = -\frac{y'}{y} = \frac{a'}{a} \quad \text{mit } a' = \frac{af}{a - f} \text{ aus Teilaufgabe a)}$$

$$\underline{\Gamma = \frac{f}{a - f}} = \underline{\underline{5{,}0}}$$

5.5.6. Leseglas

Ein Leser betrachtet einen Buchstaben der Größe y aus der Entfernung S. Wenn er ein Leseglas (Brennweite f) benutzt, hält er dieses im Abstand a über der Schrift, ändert aber dabei den Abstand des Auges vom Buch nicht.

a) In welcher Entfernung s vom Auge entsteht das Bild?

b) Welche Größe y' hat das Bild des Buchstabens?

c) Welche Vergrößerung Γ erzielt der Leser auf diese beschriebene Weise?

$f = 50$ mm $a = 40$ mm $y = 2{,}5$ mm

---

a) $s = S - a - a'$

(wegen $a' < 0$)

$$\frac{1}{f} = \frac{1}{a} + \frac{1}{a'}$$

$$a' = \frac{af}{a - f}$$

$$s = S - a - \frac{af}{a - f}$$

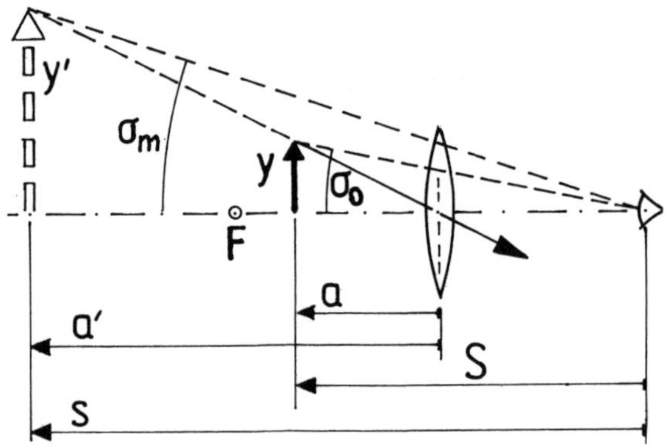

$$s = S + \frac{a^2}{f - a} = 410 \text{ mm}$$

b) $$\frac{y'}{y} = -\frac{a'}{a} = -\frac{f}{a - f}$$

$$y' = y\,\frac{f}{f - a} = 12{,}5 \text{ mm}$$

c) $$\Gamma = \frac{\sigma_m}{\sigma_o}$$

$$\sigma_m = \frac{y'}{s} \qquad \sigma_o = \frac{y}{S}$$

$$\Gamma = \frac{y'S}{y\,s} = \frac{f}{f - a} \cdot \frac{S}{S + \frac{a^2}{f - a}}$$

$$\Gamma = \frac{fS}{S(f - a) + a^2} = 3{,}0$$

5.5.7. Sonnenfinsternis

Bei einer Sonnenfinsternis benutzt ein Weitsichtiger seine Brille (Brechkraft D), um ein Bild der Sonne auf ein Blatt Papier zu erzeugen. Er betrachtet das Bild im Nahpunkt seines Auges.

Sieht er das Bild vergrößert?

(Hinweis: Man gehe davon aus, daß die Brille den Nahpunkt des Auges auf die Bezugssehweite korrigiert.)

D = 1 dpt

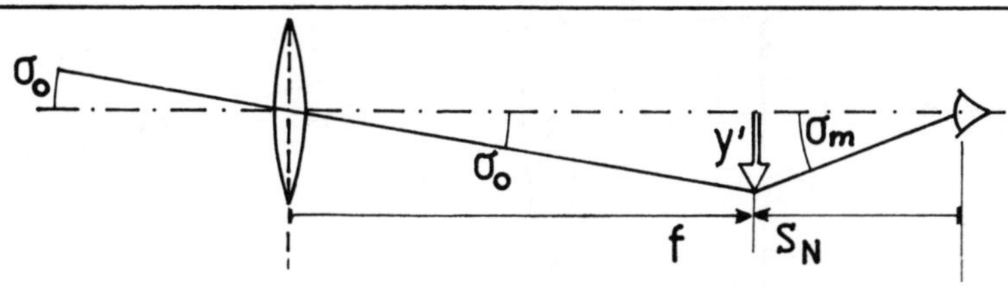

$a = \infty \qquad a' = f = \frac{1}{D}$

(In Wirklichkeit erfolgt die Betrachtung von links.)

$\Gamma = \frac{\sigma_m}{\sigma_o}$

$\sigma_m = \frac{y'}{s_N}$

$\sigma_o = \frac{y'}{f}$

$\Gamma = \frac{f}{s_N}$

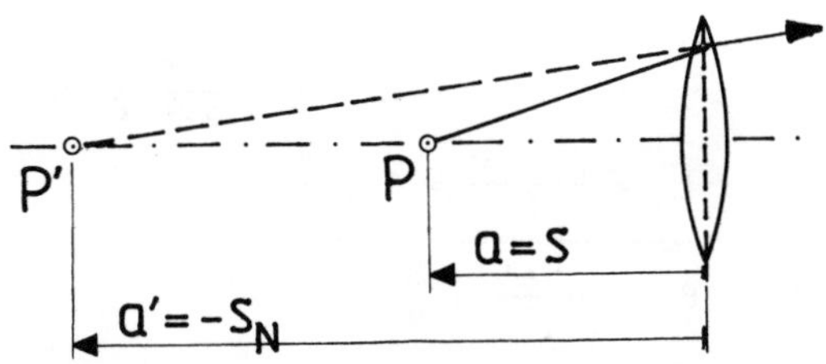

Ermittlung von s_N:

$\frac{1}{f} = \frac{1}{a} + \frac{1}{a'} = \frac{1}{s} - \frac{1}{s_N}$; $s_N = -\frac{fS}{S-f} = \frac{S}{D(\frac{1}{D} - S)}$

$$\Gamma = \frac{\frac{1}{D} - S}{S} = \frac{1}{DS} - 1 = 3{,}0$$

Das Bild wird vergrößert gesehen.

5.6.1. Lupe I

Bei einer Lupe der Brennweite f wird auf die Bezugssehweite S akkommodiert.

a) Welche Vergrößerung Γ_S erreicht man?

b) Wie groß ist der Abbildungsmaßstab β in diesem Fall?

c) Man vergleiche Γ_S mit der Normalvergrößerung Γ_0 !

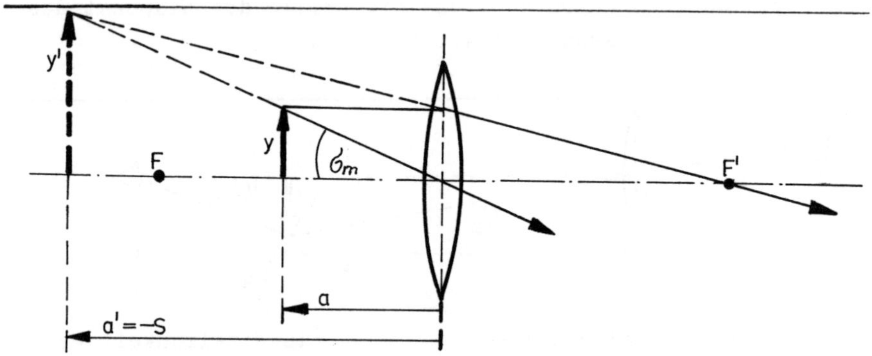

a) $\Gamma = \frac{\sigma_m}{\sigma_o}$ $\quad \sigma_m = \frac{y}{a}$ $\quad \sigma_o = \frac{y}{S}$

$$\Gamma_S = \frac{S}{a}$$

$$\frac{1}{f} = \frac{1}{a} + \frac{1}{a'} \qquad a' = -S$$

$$\Longrightarrow \quad a = \frac{Sf}{S + f}$$

$$\underline{\Gamma_S = \frac{S + f}{f} = 1 + \frac{S}{f}}$$

b) $\beta = -\frac{a'}{a} = \frac{S}{a}$

$$\underline{\beta = \Gamma_S}$$

c) $\Gamma_0 = \frac{S}{f} \quad \Longrightarrow \quad \underline{\Gamma_S = \Gamma_0 + 1}$

5.6.2. Lupe II

Eine Lupe (Brennweite f) wird von einem Weitsichtigen (ohne Brille) so benutzt, daß das Bild im Nahpunkt seines Auges, d.h. in der Entfernung s_N vor dem Auge entsteht.
Wie hoch ist die Vergrößerung Γ, wenn man den Bezugsehwinkel
a) eines Normalsichtigen,
b) des Weitsichtigen selbst
zugrundelegt?

$s_N = 80$ cm $f = 35$ mm

---

a) $$\Gamma = \frac{\sigma_m}{\sigma_o} \qquad \sigma_m = \frac{y}{a} \qquad \sigma_o = \frac{y}{S}$$

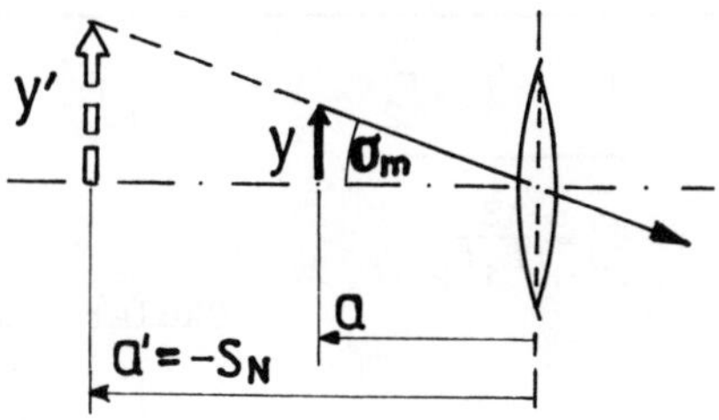

$$\Gamma = \frac{S}{a}$$

$$\frac{1}{f} = \frac{1}{a} + \frac{1}{a'}$$

$$a' = - s_N$$

$$a = \frac{s_N f}{s_N + f}$$

$$\Gamma = \frac{S(s_N + f)}{s_N f} = 7{,}5$$

b) $$\sigma_o = \frac{y}{s_N}$$ (Mindestentfernung des Gegenstandes (ohne Brille) ist s_N.)

$$\Longrightarrow \quad \Gamma = \frac{s_N}{a} = \frac{s_N}{f} + 1 = 24$$

5.6.3. Normalvergrößerung

Ein Mikroskop besitzt ein Objektiv mit der Aufschrift 40X und und ein Okular mit der Aufschrift 15X. (Diese Aufschriften bedeuten die Vergrößerungen Γ_1 und Γ_2 ; Endbild im Unendlichen.) Die Tubuslänge ist t.

a) Wie groß ist die Gesamtvergrößerung Γ_0 des Mikroskops?

b) Welche Brennweiten f_1 und f_2 haben Objektiv und Okular?

c) Welcher Abbildungsmaßstab β_1 liegt bei der Abbildung mit dem Objektiv vor?

t = 160 mm

---

a) $\Gamma_0 = \Gamma_1 \cdot \Gamma_2 = 600$ (1) $\left(\Gamma_1 = \frac{\sigma_m}{\sigma_o} \; ; \; \sigma_m = \frac{|y_1'|}{S} \; ; \; \sigma_o = \frac{|y_1|}{S} \right.$

$\left. \Gamma_1 = \left| \frac{y_1'}{y_1} \right| = |\beta_1| \right)$

b) $\Gamma_0 = \frac{tS}{f_1 f_2}$

Okular (Lupe):

$$\Gamma_2 = \frac{S}{f_2}$$

$$f_2 = \frac{S}{\Gamma_2} = 16{,}7 \text{ mm}$$

$$\Gamma_0 = \frac{t}{f_1} \Gamma_2$$

Ein Vergleich mit (1) liefert:

$$\Gamma_1 = \frac{t}{f_1}$$

$$f_1 = \frac{t}{\Gamma_1} = 4{,}0 \text{ mm}$$

c) $\beta_1 = -\frac{a_1'}{a_1}$ $a_1' = f_1 + t$ $\frac{1}{f_1} = \frac{1}{a_1} + \frac{1}{a_1'}$

$$a_1 = \frac{f_1(f_1 + t)}{t}$$

$\beta_1 = -\frac{t}{f_1} = -\Gamma_1 = -40$ Oder: $\beta_1 = -\Gamma_1 = -\frac{t}{f_1}$

5.6.4. Mikroaufnahme

Ein Mikroskop wird als Mikrokamera benutzt. Anstelle des Okulars wird ein Projektiv der Brennweite f_2 verwendet. Der Abstand des Films vom Projektiv ist a_2'. Mit dem Objektiv wird der Abbildungsmaßstab β_1 erreicht.

a) Skizzieren Sie den Strahlenverlauf für einen Dingpunkt außerhalb der optischen Achse!

b) Welche Größe y hat ein Objekt, von dem auf dem Film ein Bild der Größe y' entsteht?

$\beta_1 = -26$ $\quad f_2 = 25$ mm $\quad a_2' = 194$ mm $\quad y' = 30$ mm

---

a)

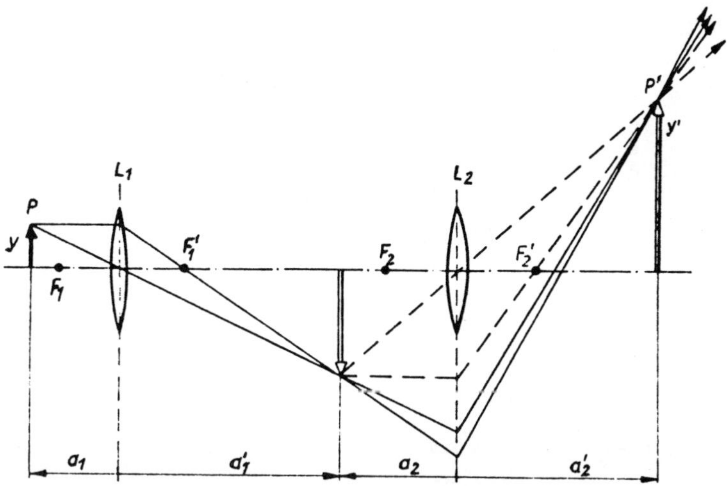

b)

$$\frac{y'}{y} = \beta_1 \cdot \beta_2$$

$$y = \frac{y'}{\beta_1 \beta_2} \qquad \beta_2 = -\frac{a_2'}{a_2}$$

$$\frac{1}{f_2} = \frac{1}{a_2} + \frac{1}{a_2'}$$

$$a_2 = \frac{a_2' f_2}{a_2' - f_2}$$

$$\beta_2 = 1 - \frac{a_2'}{f_2}$$

$$y = \frac{y'}{\beta_1 \left(1 - \frac{a_2'}{f_2}\right)} = 0{,}17 \text{ mm}$$

5.6.5. Meßmikroskop

Ein Strichgitter mit dem Strichabstand d wird durch ein Mikroskop mit entspanntem, normalsichtigem Auge betrachtet und soll dabei so groß wie eine Millimeterskale (Strichabstand e) erscheinen, die aus der Bezugssehweite S betrachtet wird. Das zur Verfügung stehende Objektiv hat die Vergrößerung Γ_1. Welche Brennweite f_2 muß das Okular haben?

$d = 2{,}0\ \mu m \qquad \Gamma_1 = 45 \qquad e = 1\ mm$

Gesamtvergrößerung des Gitters (ein Strichabstand):

$$\Gamma = \frac{\sigma_m}{\sigma_o} = \Gamma_0 \qquad \sigma_m = \frac{e}{S} \qquad \sigma_o = \frac{d}{S}$$

$$\Gamma_0 = \frac{e}{d} = \Gamma_1 \Gamma_2$$

$$\Gamma_2 = \frac{S}{f_2}$$

$$\frac{e}{d} = \Gamma_1 \frac{S}{f_2}$$

$$\underline{f_2 = \frac{\Gamma_1 S d}{e}} = \underline{\underline{22{,}5\ mm}}$$

5.6.6. Mikroskop

Das Objektiv eines Mikroskops hat die Brennweite f_1, das Okular die Brennweite f_2. Der Abstand der einander zugekehrten Brennpunkte ist t. Das Bild wird in der Bezugssehweite betrachtet.

a) Man skizziere die Bildkonstruktion!

b) Wie groß ist der Abbildungsmaßstab β_1 des reellen Zwischenbildes?

c) Wie hoch ist die Gesamtvergrößerung Γ des Mikroskops?

$f_1 = 5{,}00$ mm $\quad f_2 = 12{,}00$ mm $\quad t = 160$ mm

---

a)

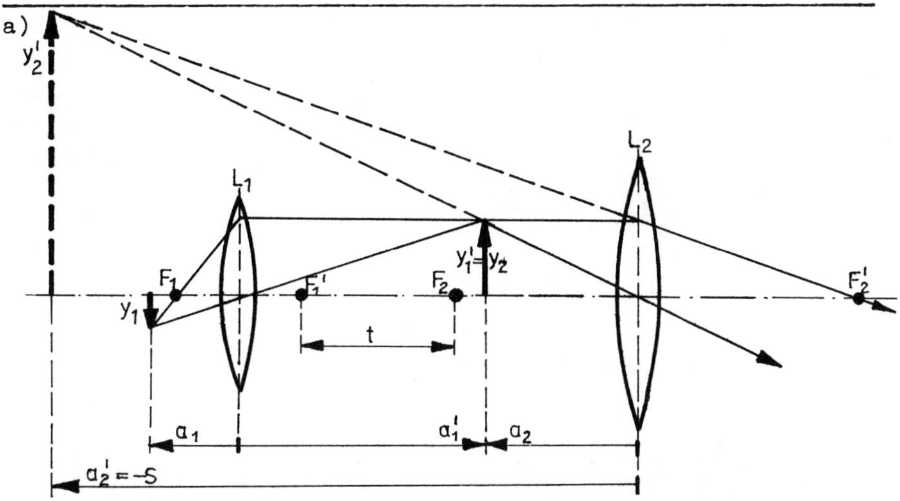

b)

$$\beta_1 = -\frac{a_1'}{a_1} \qquad \frac{1}{f_1} = \frac{1}{a_1} + \frac{1}{a_1'} \qquad a_1 = \frac{a_1' f_1}{a_1' - f_1}$$

$$\beta_1 = -\frac{a_1' - f_1}{f_1} \qquad a_1' = f_1 + t + f_2 - a_2 \qquad \frac{1}{f_2} = \frac{1}{a_2} + \frac{1}{a_2'}$$

$$a_2' = -S \qquad a_2 = \frac{Sf_2}{S + f_2}$$

$$a_1' = f_1 + t + \frac{f_2^2}{S + f_2}$$

$$\beta_1 = -\left(\frac{t}{f_1} + \frac{f_2^2}{f_1(S + f_2)}\right) = -32{,}1$$

c) $\Gamma = \frac{\sigma_m}{\sigma_o}$

$$\sigma_m = \left| \frac{y_2'}{S} \right| \qquad \sigma_o = \left| \frac{y_1}{S} \right|$$

$$\Gamma = \left|\frac{y_2'}{y_1}\right| \cdot \left|\frac{y_2}{y_2}\right| \qquad y_2 = y_1'$$

$$\Gamma = \left|\frac{y_2'}{y_2}\right| \cdot \left|\frac{y_1'}{y_1}\right| = |\beta_2| \cdot |\beta_1| = \beta$$

$$\beta_2' = - \frac{a_2'}{a_2}$$

$$a_2' = - S$$

$$a_2 = \frac{Sf_2}{S + f_2}$$

$$\beta_2 = \frac{S + f_2}{f_2}$$

β_1 aus Teilaufgabe b)

$$\Gamma = \left(\frac{t}{f_1} + \frac{f_2^2}{f_1(S + f_2)} \right)\left(\frac{S + f_2}{f_2} \right)$$

$$\Gamma = \frac{t}{f_1} \left(\frac{S}{f_2} + 1\right) + \frac{f_2}{f_1}$$

$$\Gamma = \frac{tS}{f_1 f_2} + \frac{f_2 + t}{f_1} = 701$$

(Normalvergrößerung: $\Gamma_0 = \frac{tS}{f_1 f_2} = 667$)

5.6.7. Schülermikroskop

Bei einem Schülermikroskop kann die Tubuslänge um die Strecke Δt verändert werden, so daß die Gesamtvergrößerung zwischen Γ_1 und Γ_2 kontinuierlich einstellbar ist. Die Vergrößerung des Okulars ist Γ_0 (Betrachtung mit entspanntem Auge).

a) Wie groß ist die Okularbrennweite f_0?

b) Wie groß ist die Objektivbrennweite f_A?

c) Welche Werte t_1 und t_2 der Tubuslänge gehören zu Γ_1 und Γ_2?

$\Delta t = 68$ mm $\quad \Gamma_0 = 6{,}25 \quad \Gamma_1 = 125 \quad \Gamma_2 = 225$

---

a)

$$\Gamma_0 = \frac{S}{f_0}$$

$$f_0 = \frac{S}{\Gamma_0} = 40 \text{ mm}$$

b)

$$\Gamma_1 = \frac{t_1 S}{f_A f_0} = \frac{t_1}{f_A}\Gamma_0 \qquad \Gamma_2 = \frac{t_2}{f_A}\Gamma_0$$

$$\Gamma_2 - \Gamma_1 = (t_2 - t_1)\frac{\Gamma_0}{f_A}$$

$$f_A = \frac{\Delta t\,\Gamma_0}{\Gamma_2 - \Gamma_1} = 4{,}25 \text{ mm}$$

c)

$$\Gamma_1 = \frac{t_1}{f_A}\Gamma_0$$

$$t_1 = \frac{\Gamma_1}{\Gamma_0} f_A = \frac{\Delta t\,\Gamma_1}{\Gamma_2 - \Gamma_1} = 85 \text{ mm}$$

$$t_2 = \frac{\Delta t\,\Gamma_2}{\Gamma_2 - \Gamma_1} = 153 \text{ mm}$$

5.6.8. Prismenfeldstecher

Zwei handelsübliche Prismenfeldstecher (als Keplersche Fernrohre anzusehen) haben die Bezeichnungen 8 X 30 und 7 X 50. Dabei bedeutet die erste Zahl die Normalvergrößerung Γ_0 und die zweite Zahl den Objektivdurchmesser D_1 in mm.

a) Wie groß ist bei beiden Feldstechern der Durchmesser D_2 des hinter dem Okular austretenden Parallellichtbündels, das von einem unendlich fernen Dingpunkt stammt?

b) Unter welchen Bedingungen bringt der (teurere und schwerere) Feldstecher 7 X 50 Vorteile im Leistungsvermögen gegenüber dem Feldstecher 8 X 30 ?

---

a)

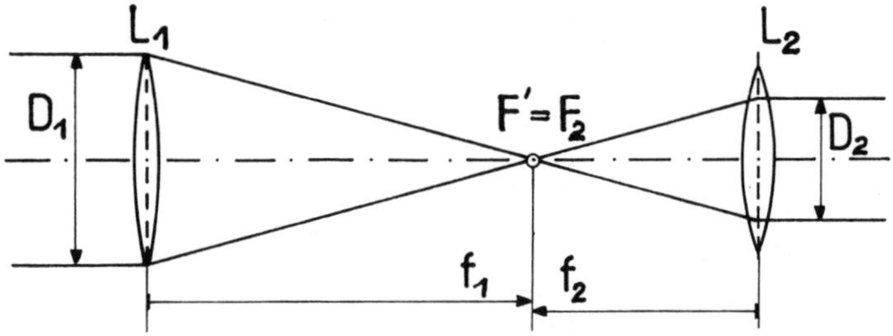

Strahlensatz:

$$\frac{D_2}{D_1} = \frac{f_2}{f_1}$$

$$\frac{f_1}{f_2} = \Gamma_0 \quad \text{(Normalvergrößerung)}$$

$$D_2 = \frac{D_1}{\Gamma_0}$$

8 X 30: $D_2 = 3{,}8$ mm

7 X 50: $D_2 = 7{,}1$ mm

b) In der Dämmerung, wenn der Durchmesser der Augenpupille größer als 3,8 mm ist.

5.6.9. Astronomisches Fernrohr

Ein astronomisches Fernrohr hat die Brennweiten f_1 und f_2. Die Pupille des beobachtenden Auges hat den Durchmesser d.

a) Wie hoch ist die Normalvergrößerung Γ_0?

b) Welchen Durchmesser d_1 muß das Objektiv mindestens haben, damit die Augenpupille das Lichtbündel begrenzt, das von einem unendlich fernen Punkt auf die Netzhaut gelangt?

c) Für die Sonnenbeobachtung wird ein Fernrohr häufig so benutzt, daß man das Zwischenbild in der Brennebene des Objektivs mit Hilfe des Okulars auf einen Schirm projiziert, der hinter dem Fernrohr angebracht ist.
Wie groß muß der Abstand e zwischen den einander zugekehrten Brennpunkten von Objektiv und Okular sein, damit das Sonnenbild auf dem Schirm den Durchmesser y_2' besitzt?
Der Durchmesser der Sonne erscheint unter dem Öffnungswinkel σ.
Man skizziere die Bildentstehung auf dem Schirm!

$f_1 = 1200$ mm $f_2 = 30$ mm $d = 3{,}5$ mm $y_2' = 100$ mm
$\sigma = 32'$

---

a) $\Gamma_0 = \frac{f_1}{f_2} = 40$

b)

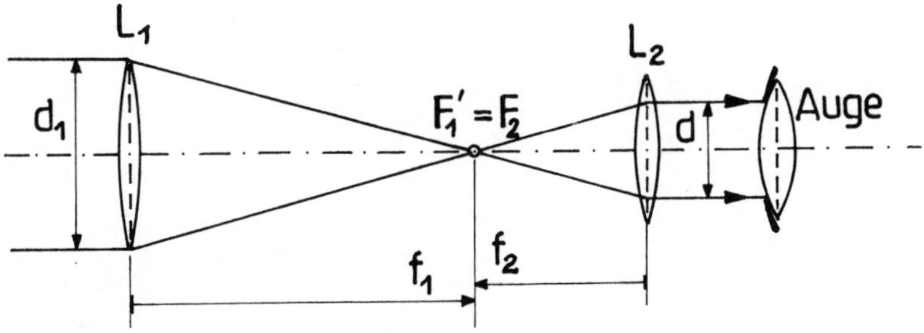

Strahlensatz:

$$\frac{d_1}{f_1} = \frac{d}{f_2} \qquad d_1 = d\,\frac{f_1}{f_2} = 140 \text{ mm}$$

c)

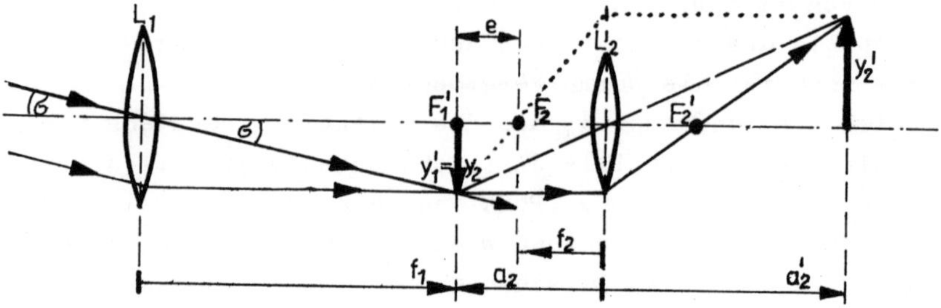

Strahlensatz:

[siehe Brennpunktstrahl in der Skizze (punktierte Linien)]

$$\frac{e}{f_2} = \frac{|y_2|}{y_2'}$$

$$|y_2| = y_1' = \sigma f_1$$

$$e = \sigma \frac{f_1 f_2}{y_2'} = 3{,}4 \text{ mm}$$

5.6.10. Fernglas

Bei einem Fernglas der Normalvergrößerung Γ_0 ist die Objektivbrennweite f_1. Es ist ein Keplersches Fernrohr.

a) Wie groß ist die Okularbrennweite f_2?

b) Das Okular läßt sich von einer Nullstellung aus, die der Beobachtung weit entfernter Gegenstände mit entspanntem, normalsichtigem Auge entspricht, gegenüber dem Objektiv um $\pm\,\Delta a'$ verschieben.
Wie groß ist der geringste Beobachtungsabstand a_1 mit diesem Fernglas bei entspanntem, normalsichtigem Auge?

c) Träger von Fernbrillen wollen das Fernglas für astronomische Beobachtung mit entspanntem Auge (ohne Brille) benutzen.
Für welchen Bereich der Fehlsichtigkeit - ausgedrückt durch die Brechkraft D ihrer Brillen - ist das möglich?
Berechnen Sie D_1 und D_2 für die untere und obere Grenze!

$f_1 = 200$ mm $\quad \Delta a' = 4{,}0$ mm $\quad \Gamma_0 = 6$

---

a) $$\Gamma_0 = \frac{f_1}{f_2}$$

$$f_2 = \frac{f_1}{\Gamma_0} = 33{,}3 \text{ mm}$$

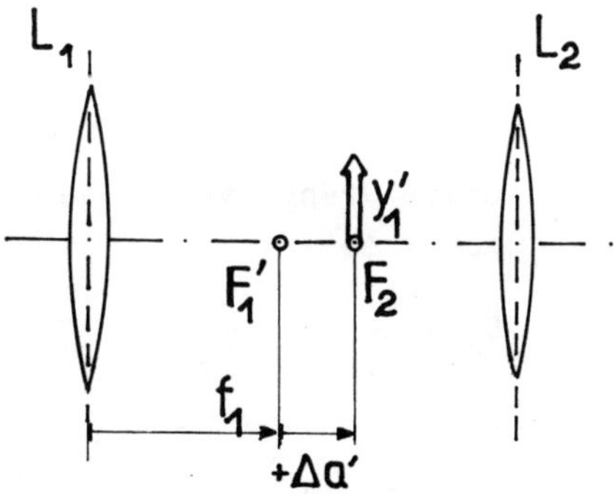

b) $$\frac{1}{f_1} = \frac{1}{a_1} + \frac{1}{a_1'}$$

$$a_1 = \frac{a_1' \, f_1}{a_1' - f_1}$$

$$a_1' = f_1 + \Delta a'$$

$$a_1 = \frac{(f_1 + \Delta a')f_1}{\Delta a'} = 10{,}2 \text{ m}$$

c) Abbildung eines unendlich fernen Punktes auf den Fernpunkt des Auges.

Mit dem Okular:

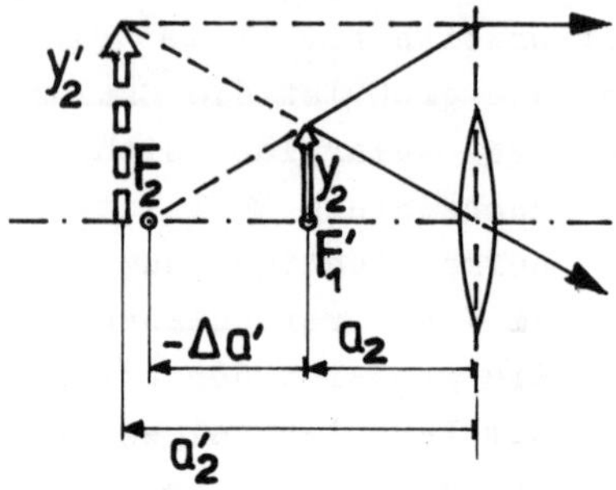

$$\frac{1}{f_2} = \frac{1}{a_2} + \frac{1}{a_2'}$$

$$a_2' = -s_F$$

$$a_2 = f_2 - \Delta a'$$

$$\frac{1}{f_2} = \frac{1}{f_2 - \Delta a'} - \frac{1}{s_F}$$

$$\frac{1}{s_F} = \frac{\Delta a'}{f_2(f_2 - \Delta a')} = \frac{1}{f_2(\frac{f_2}{\Delta a'} - 1)}$$

Untere Grenze von D (kurzsichtiges Auge); Verwendung von $-\Delta a'$:

$$D_1 = \frac{1}{f_{B1}} = -\frac{1}{s_F} = -\frac{1}{f_2(\frac{f_2}{\Delta a'} - 1)}$$

$$D_1 = \frac{1}{f_2(1 - \frac{f_2}{\Delta a'})} = \frac{\Gamma_0}{f_1(1 - \frac{f_1}{\Gamma_0 \Delta a'})} = -4{,}1 \text{ dpt}$$

Obere Grenze von D (weitsichtiges Auge); Verwendung von $+\Delta a'$:

$$D_2 = \frac{1}{f_{B2}} = -\frac{1}{s_F}$$

$$D_2 = \frac{1}{f_2(1 + \frac{f_2}{\Delta a'})} = \frac{\Gamma_0}{f_1(1 + \frac{f_1}{\Gamma_0 \Delta a'})} = +3{,}2 \text{ dpt}$$

5.6.11. Theaterglas

Bei einem Theaterglas (Galileisches Fernrohr) ist die Normalvergrößerung Γ_0 (für unendlich weit entfernte Objekte) gegeben. Bei der Einstellung auf Unendlich ist der Abstand zwischen Objektiv und Okular gleich l. Dieser Abstand kann beim Einstellen auf näher gelegene Objekte um die Strecke e vergrößert werden.

a) Wie groß sind die Brennweiten f_1 und f_2 von Objektiv und Okular?

b) Wie groß ist der kürzeste Beobachtungsabstand a bei Beobachtung mit entspanntem Auge?

$\Gamma_0 = 3$ $\quad l = 60$ mm $\quad e = 20$ mm

---

a)

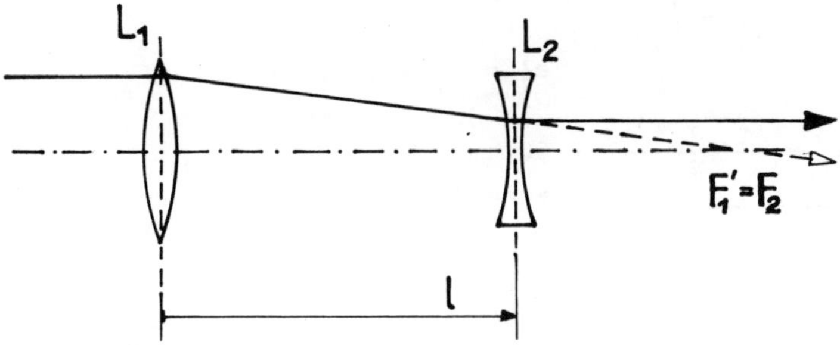

$$\Gamma_0 = \left| \frac{f_1}{f_2} \right| = - \frac{f_1}{f_2}$$

$$f_1 = -\Gamma_0 f_2 \qquad l = f_1 + f_2 \qquad (\text{wegen } f_2 < 0)$$

$$f_2 = l - f_1$$

$$f_1 = \frac{l}{1 - \frac{1}{\Gamma_0}} = 90 \text{ mm}$$

$$f_2 = - \frac{f_1}{\Gamma_0}$$

$$f_2 = - \frac{l}{\Gamma_0 - 1} = - 30 \text{ mm}$$

b)

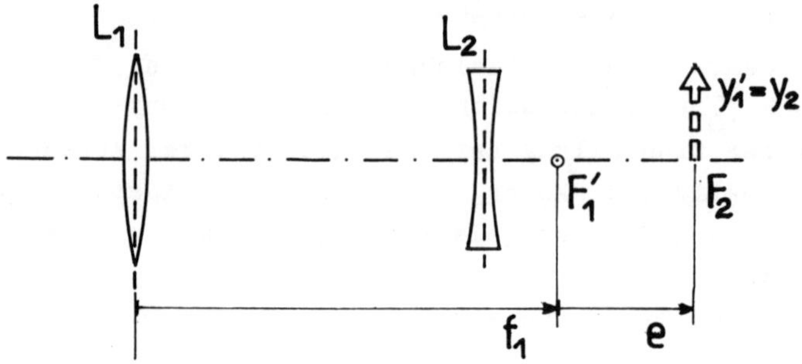

$$\frac{1}{f_1} = \frac{1}{a_1} + \frac{1}{a'_1}$$

$$a_1 = \frac{a'_1 \, f_1}{a'_1 - f_1}$$

$$a'_1 = f_1 + e$$

$$\underline{a_1 = \frac{(f_1 + e)f_1}{e}} = \underline{\underline{50 \text{ cm}}}$$

5.6.12. Opernglas

In einem Opernglas hat das Objektiv die Brennweite f_1 und den Durchmesser d_1, das Okular die Brennweite $f_2 < 0$.

a) Welchen Durchmesser d_2 muß das Okular mindestens haben, damit alles Licht, das von éinem Punkt auf der optischen Achse in der Entfernung a_1 ausgeht und vom Objektiv erfaßt wird, auch das Okular passieren kann? Es wird mit entspanntem Auge betrachtet.

b) Um welche Strecke s und in welche Richtung muß das Okular verschoben werden, damit das Fernrohrbild in der Bezugssehweite S erscheint?

(Man skizziere die Bildentstehung durch das Okular!)

$f_1 = 12{,}0$ cm $\quad f_2 = -4{,}5$ cm $\quad d_1 = 2{,}1$ cm $\quad a_1 = 30$ m

---

a)

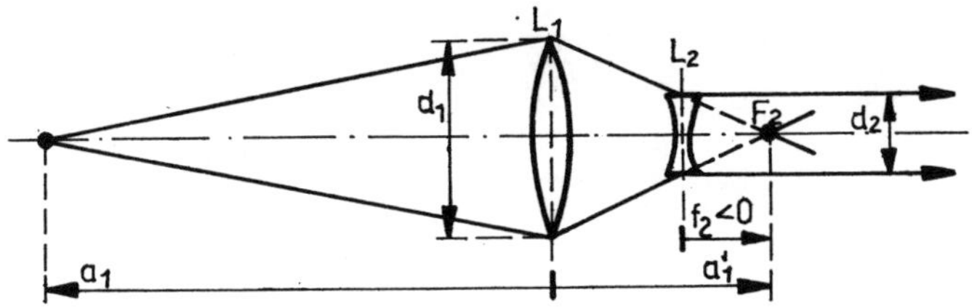

Strahlensatz:

$$\frac{d_2}{d_1} = -\frac{f_2}{a_1'} \qquad \text{(wegen } f_2 < 0\text{)}$$

$$d_2 = -d_1 \frac{f_2}{a_1'}$$

$$\frac{1}{f_1} = \frac{1}{a_1} + \frac{1}{a_1'}$$

$$a_1' = \frac{a_1 f_1}{a_1 - f_1}$$

$$d_2 = \frac{d_1 f_2}{f_1}\left(\frac{f_1}{a_1} - 1\right) = 7{,}9 \text{ mm}$$

b)

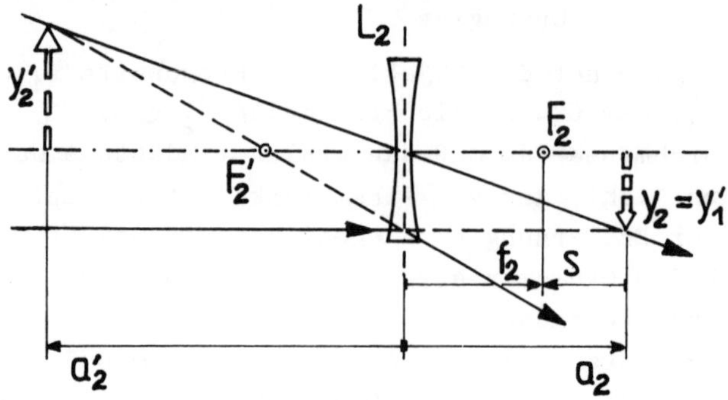

a_1 und a_1' unverändert

$s = |a_2| - |f_2| = f_2 - a_2$ (wegen $a_2 < 0$, $f_2 < 0$)

$$\frac{1}{f_2} = \frac{1}{a_2} + \frac{1}{a_2'}$$

$$a_2 = \frac{a_2' f_2}{a_2' - f_2} \qquad a_2' = -S$$

$$a_2 = \frac{Sf_2}{S + f_2}$$

$$s = f_2 - \frac{Sf_2}{S + f_2}$$

$$\underline{s = \frac{f_2^2}{S + f_2}} = \underline{\underline{9{,}9 \text{ mm}}}$$

Verschiebung zum Objektiv hin

5.6.13. Kollektivlinse

Ein Keplersches Fernrohr hat die Objektivbrennweite f_1, die Okularbrennweite f_2 und den Objektivdurchmesser d_1. Der Fixsternhimmel wird mit entspanntem Auge betrachtet.

a) Zeichnen Sie qualitativ den Strahlenverlauf unter Benutzung der Randstrahlen, die gerade noch durch das Objektiv gelangen, für einen Fixstern, der sich auf der optischen Achse befindet, und für einen weiteren Fixstern, der außerhalb der optischen Achse liegt!

b) Welchen Durchmesser d_2 hat das Lichtbündel, das von dem auf der optischen Achse liegenden Fixstern kommt, im Okular?

c) In welcher Entfernung a_2' hinter dem Okular fallen die Querschnittsflächen der von den beiden Fixsternen stammenden Lichtbündel zusammen?

d) Durch eine Sammellinse in der Zwischenbildebene (Kollektivlinse genannt) wird erreicht, daß die gemeinsame Querschnittsfläche der von verschiedenen Fixsternen stammenden Lichtbündel ins Okular fällt.
   Welche Brennweite f_3 hat die Kollektivlinse?

f_1 = 500 mm f_2 = 25,0 mm d_1 = 120 mm

---

a)

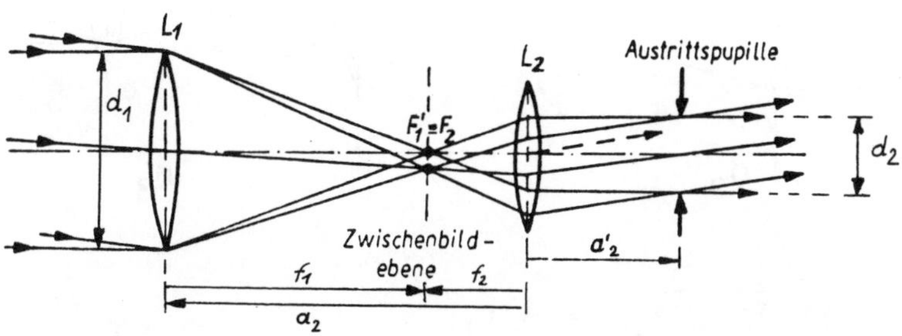

b) Strahlensatz:

$$\frac{d_2}{d_1} = \frac{f_2}{f_1}$$

$$\underline{d_2 = d_1 \frac{f_2}{f_1}} = \underline{\underline{6{,}0 \text{ mm}}}$$

c) $$\frac{1}{f_2} = \frac{1}{a_2} + \frac{1}{a_2'}$$

$$a_2' = \frac{a_2 f_2}{a_2 - f_2}$$

$$a_2 = f_1 + f_2$$

$$\underline{a_2' = \frac{(f_1 + f_2) f_2}{f_1}} = \underline{\underline{26{,}3 \text{ mm}}}$$

d)

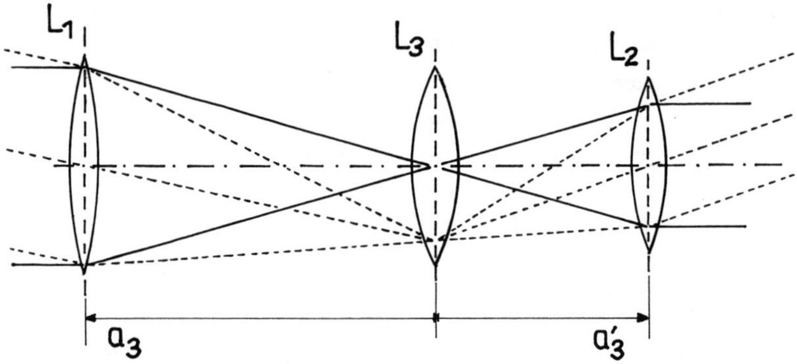

$$\frac{1}{f_3} = \frac{1}{a_3} + \frac{1}{a_3'} \qquad a_3 = f_1 \qquad a_3' = f_2$$

$$\underline{f_3 = \frac{f_1 f_2}{f_1 + f_2}} = \underline{\underline{23{,}8 \text{ mm}}}$$

5.7.1. Schallwellen

Eine ebene Schallwelle (W) mit der Frequenz f und der Ausbreitungsgeschwindigkeit c trifft auf ein Gitter (G) mit der Gitterkonstanten d.

a) Um welche Strecke s muß eine Person (P), die auf das Gitter aus der Entfernung a blickt, nach links oder rechts gehen, damit sie in das erste Beugungsmaximum der Schallstärke gerät?

b) Werden hohe oder tiefe Töne stärker gebeugt? (Begründen!)

$f = 16$ kHz $\quad c = 340$ m/s

$d = 60$ mm $\quad a = 16{,}0$ m

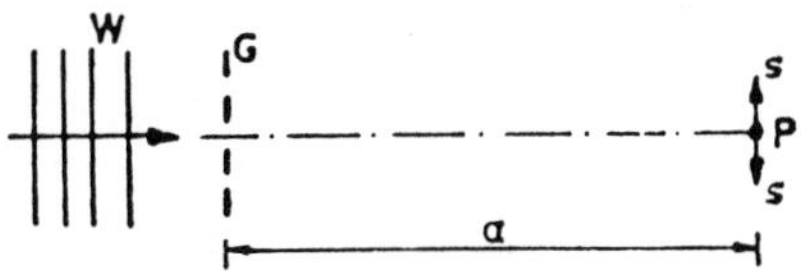

---

a) $\tan\alpha = \frac{s}{a}$

$s = a\tan\alpha$

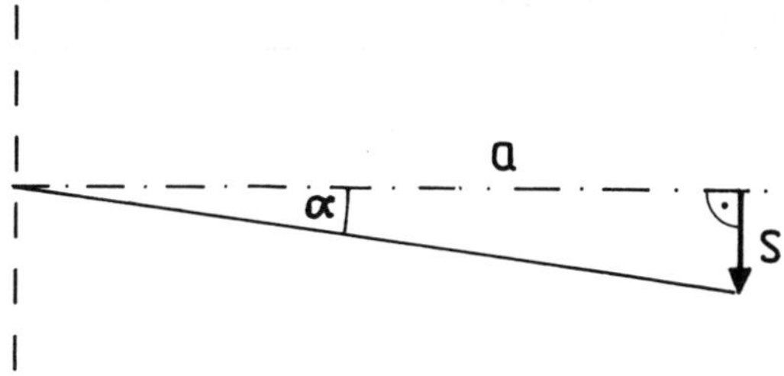

$$\sin\alpha = \frac{\lambda}{d} \qquad (m = 1)$$

$$\tan\alpha = \frac{\sin\alpha}{\cos\alpha} = \frac{\sin\alpha}{\sqrt{1-\sin^2\alpha}} = \frac{\frac{\lambda}{d}}{\sqrt{1-(\frac{\lambda}{d})^2}}$$

$$s = a\,\frac{\frac{\lambda}{d}}{\sqrt{1-(\frac{\lambda}{d})^2}} = \frac{a}{\sqrt{(\frac{d}{\lambda})^2-1}}$$

$$\lambda = \frac{c}{f}$$

$$s = \frac{a}{\sqrt{(\frac{fd}{c})^2-1}} = 6{,}0 \text{ m}$$

b) Tiefe Töne ≙ f kleiner
$\Longrightarrow$ s größer

5.7.2. Lautsprecher

Zwei im Abstand d voneinander angeordnete Lautsprecher Q_1 und Q_2 strahlen phasengleich einen Meßton ab, den ein Beobachter bei P_0 wahrnimmt. Wenn sich der Beobachter von P_0 nach P_1 bewegt, nimmt die Lautstärke ab und erreicht bei P_1 ein Minimum. Welche Frequenz f hat der Ton?

Schallgeschwindigkeit c = 345 m/s.

Die geometrischen Verhältnisse sind der Skizze zu entnehmen.

d = 2,50 m l = 3,50 m

y_1 = 1,55 m

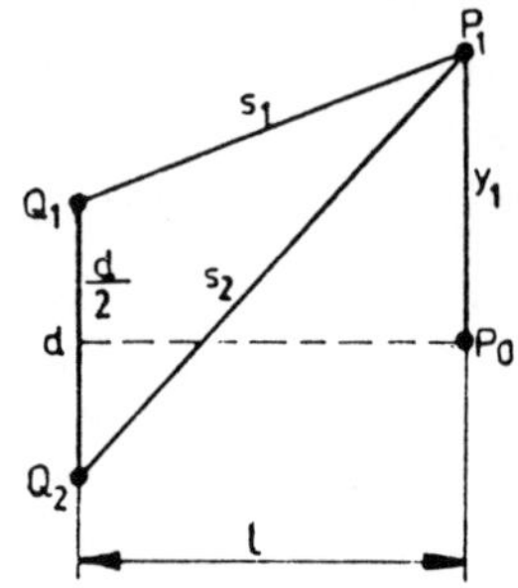

$$f = \frac{c}{\lambda}$$

Im Minimum:

$$s_2 - s_1 = \frac{\lambda}{2}$$

$$\lambda = 2(s_2 - s_1)$$

$$f = \frac{c}{2(s_2 - s_1)}$$

Der Skizze ist zu entnehmen:

$$s_1^2 = (y_1 - \frac{d}{2})^2 + l^2$$

$$s_2^2 = (y_1 + \frac{d}{2})^2 + l^2$$

$$f = \frac{c}{2\left(\sqrt{(y_1 + \frac{d}{2})^2 + l^2} - \sqrt{(y_1 - \frac{d}{2})^2 + l^2}\right)} = 178 \text{ Hz}$$

5.7.3. Beugungsbild

Paralleles Licht der Wellenlänge λ fällt senkrecht auf ein Gitter. Unmittelbar dahinter steht eine Linse der Brennweite f und entwirft in der Brennebene ein Beugungsbild, wobei die Maxima erster Ordnung den Abstand l voneinander haben.
Wie groß ist die Gitterkonstante d?

λ = 500 nm   f = 1,00 m   l = 60,0 mm

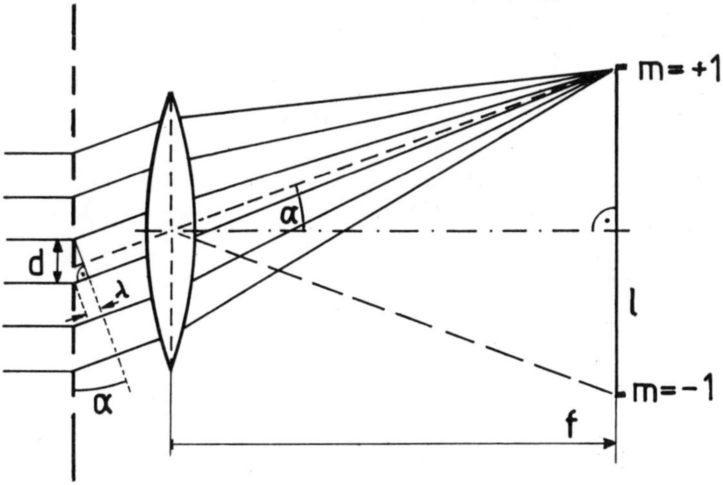

$\sin\alpha = \frac{\lambda}{d}$ (m = 1)

$d = \frac{\lambda}{\sin\alpha}$

$\tan\alpha = \frac{l}{2f}$

$\alpha \ll 1$: $\sin\alpha \approx \tan\alpha$

$d = \frac{2f\lambda}{l} = 16{,}7\ \mu m$

5.7.4. Gitterbreite

Welche Breite b muß ein Beugungsgitter der Gitterkonstanten d mindestens haben, wenn es die beiden Natrium-D-Linien im Spektrum erster Ordnung trennen soll?

$\lambda_1 = 589{,}6$ nm $\qquad \lambda_2 = 589{,}0$ nm $\qquad d = 5{,}0$ µm

---

$$b = Nd$$

$$\frac{\lambda}{\delta\lambda} = mN \qquad m = 1$$

$$\lambda \approx \lambda_1 \approx \lambda_2$$

$$\Delta\lambda = \lambda_1 - \lambda_2$$

$$N = \frac{\lambda_1}{\lambda_1 - \lambda_2}$$

$$\underline{b = \frac{\lambda_1 d}{\lambda_1 - \lambda_2}} = \underline{\underline{5\ \text{mm}}}$$

5.7.5. Überlappungsfreier Bereich

Senkrecht auf ein Beugungsgitter fällt Licht aus dem gesamten sichtbaren Bereich (λ_1 = 400 nm bis λ_2 = 700 nm).
Welches ist die höchste Beugungsordnung m, in der das Spektrum noch einen überlappungsfreien Bereich besitzt?
Zwischen welchen Wellenlängen λ_3 und λ_4 liegt dieser Bereich?

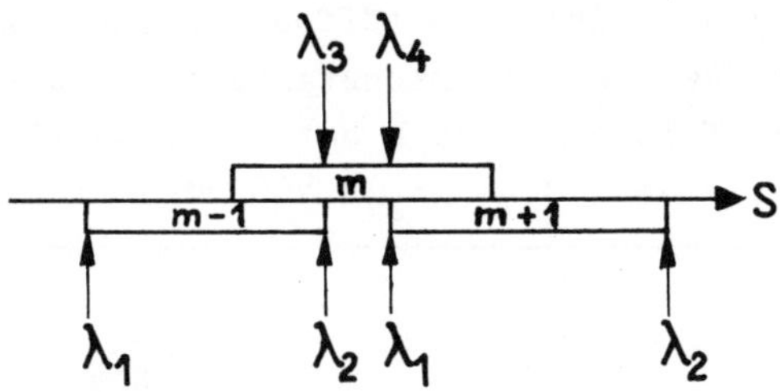

Bedingung:

Bereiche (m - 1) und (m + 1) erreichen sich nicht:

$\alpha_{m-1}(\lambda_2) < \alpha_{m+1}(\lambda_1)$

Für Beugung am Gitter gilt:

$d \sin \alpha = m\lambda$

$$\Longrightarrow \quad (m-1)\lambda_2 < (m+1)\lambda_1$$

$$m(\lambda_2 - \lambda_1) < \lambda_1 + \lambda_2$$

$$\underline{m < \frac{\lambda_1 + \lambda_2}{\lambda_2 - \lambda_1}} \qquad \underline{\underline{m = 3}}$$

$$(m-1)\lambda_2 = m\lambda_3 \qquad (m+1)\lambda_1 = m\lambda_4$$

$$\underline{\lambda_3 = \frac{m-1}{m}\lambda_2} = \underline{\underline{467 \text{ nm}}} \qquad \underline{\lambda_4 = \frac{m+1}{m}\lambda_1} = \underline{\underline{533 \text{ nm}}}$$

5.7.6. Gitterdimensionierung

Mit einem Beugungsgitter soll der Wellenlängenbereich zwischen λ_1 und λ_2 überlappungsfrei dargestellt werden. Es wird eine auflösbare Wellenlängendifferenz kleiner als $\delta\lambda$ gefordert. Der Beugungswinkel soll den Wert α nicht überschreiten.

a) Wie hoch kann die Beugungsordnung m höchstens gewählt werden?

b) Wie viele Spaltöffnungen muß das Gitter mindestens haben?

c) Welche Gitterkonstante d ist erforderlich?

d) Welche Breite b hat das Gitter?

$\lambda_1 = 480$ nm $\quad \lambda_2 = 500$ nm $\quad \delta\lambda = 10^{-2}$ nm $\quad \alpha = 30^\circ$

---

a) $m = \frac{\lambda}{\Delta\lambda} \qquad \lambda = \lambda_1 \qquad \lambda + \Delta\lambda = \lambda_2$

$$m \leq \frac{\lambda_1}{\lambda_2 - \lambda_1} = 24$$

b) $\frac{\lambda}{\delta\lambda} = mN$

$$N = \frac{\lambda}{m\,\delta\lambda}$$

$$N \geq \frac{\lambda_2}{m\,\delta\lambda} = 2083$$

c) $\sin\alpha_m = m\frac{\lambda}{d} < \sin\alpha$

$$d \geq \frac{m\,\lambda_2}{\sin\alpha} = 24\ \mu m$$

d) $b = Nd = 50$ mm

5.7.7. Reflexionsgitter

Auf ein Reflexionsgitter mit der Gitterkonstanten d fällt paralleles gelbes Licht der Wellenlänge λ unter dem Winkel α_1 gegenüber der Gitterebene.

a) Unter welchem Winkel α_2 wird das Maximum erster Ordnung des gelben Lichtes beobachtet?

b) Muß der Beobachtungswinkel α_2 vergrößert oder verkleinert werden, wenn das Maximum des roten bzw. des blauen Lichtes gleicher Ordnung gesehen werden soll?

$d = 0{,}10$ mm $\qquad \lambda = 589$ nm $\qquad \alpha_1 = 2{,}0^\circ$

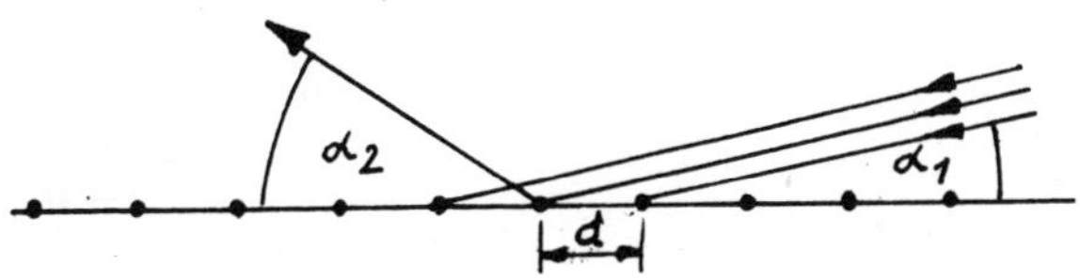

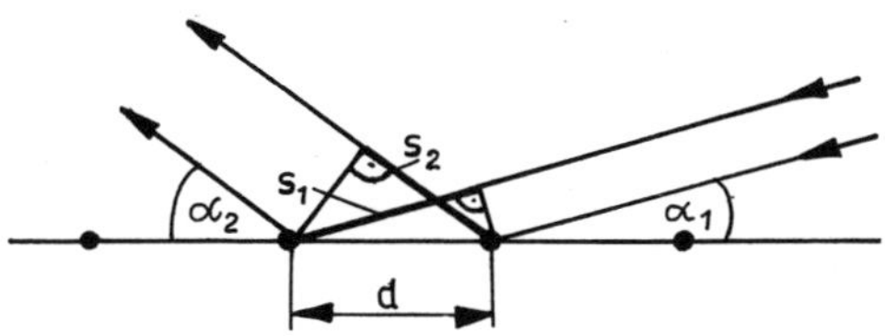

a) $\Delta s = s_1 - s_2 = m\lambda$

$s_1 = d \cos \alpha_1$

$s_2 = d \cos \alpha_2 \qquad m = \pm 1$

$\Delta s = d(\cos \alpha_1 - \cos \alpha_2) = \pm \lambda$

$\cos \alpha_2 = \cos \alpha_1 \underset{(+)}{-} \frac{\lambda}{d}$ (+) gibt keine Lösung, da α_1 zu klein.

$\cos \alpha_2 = \cos \alpha_1 - \frac{\lambda}{d} \qquad \alpha_2 = 6{,}5^\circ$

b) Rot: λ größer $\Longrightarrow$ $\cos \alpha_2$ kleiner

Rot: α_2 vergrößern Blau: α_2 verkleinern

5.7.8. Satellitenkamera

Schätzen Sie ab, welchen Durchmesser d ein Kameraobjektiv haben müßte, mit dem man von einem Satelliten aus der Höhe h ein lesbares Bild von einem Kraftfahrzeugkennzeichen erzeugen kann! Die erforderliche Auflösungsgrenze benachbarter Punkte (der Beschriftung) sei mit a angenommen. Das Licht hat die mittlere Wellenlänge λ.

h = 100 km $\quad$ a = 10 mm $\quad$ λ = 500 nm

$$\sin\alpha_0 = 0{,}61\frac{\lambda}{r}$$

$$\alpha_0 \approx 0{,}6\frac{\lambda}{r} = 1{,}2\frac{\lambda}{d}$$

$$\alpha_0 \approx \tan\alpha_0 = \frac{a}{h}$$

$$\frac{a}{h} = 1{,}2\frac{\lambda}{d}$$

$$d = 1{,}2\frac{\lambda h}{a} = \underline{\underline{6\,\text{m}}}$$

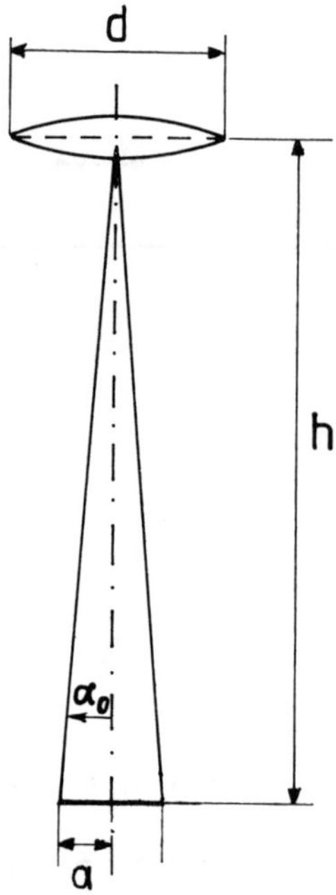

5.7.9. Laserlichtbündel

Mit einem streng parallelen Laserlichtbündel (Wellenlänge λ) vom Durchmesser d_0 soll von der Erde aus ein Fleck auf der Mondoberfläche bestrahlt werden. Die Entfernung Erde - Mond ist l.

Welchen Durchmesser d hat das bestrahlte Gebiet auf dem Mond?

$d_0 = 1{,}0$ m $\quad$ $l = 384000$ km $\quad$ $\lambda = 650$ nm

---

$$\sin \alpha_0 = 0{,}61 \frac{\lambda}{r}$$

$$r = \frac{d_0}{2}$$

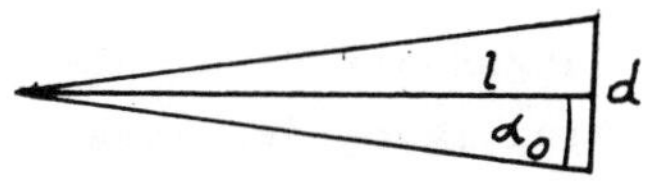

$$\alpha_0 \ll 1 :$$

$$\sin \alpha_0 \approx \alpha_0 = \frac{d}{2l}$$

$$\frac{d}{2l} = 0{,}61 \cdot 2 \frac{\lambda}{d_0}$$

$$d = 2{,}44 \frac{l\lambda}{d_0} = \underline{\underline{610 \text{ m}}}$$

5.7.10. Seifenblase

Das an der Oberfläche einer Seifenblase reflektierte Tageslicht erscheint bei Betrachtung unter dem Winkel α gegenüber dem Einfallslot grün; es hat die Wellenlänge λ_1 (Beugungsordnung m = 1).

a) Welche Dicke d hat die Flüssigkeitshaut?

b) Welche Wellenlänge λ_2 und Farbe hat das reflektierte Licht bei senkrechter Betrachtung (in Richtung des Einfallslotes)?

Brechzahl der Flüssigkeit: $n = 1{,}33$ $\quad \lambda_1 = 540$ nm $\quad \alpha = 50^\circ$

---

a) Gangunterschied unter Berücksichtigung des Phasensprunges am optisch dichteren Medium:

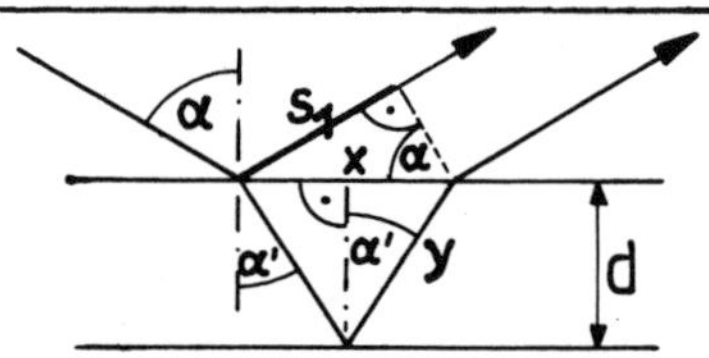

$$\Delta s = 2ny - s_1 + \frac{\lambda_1}{2}$$

$$\cos\alpha' = \frac{d}{y} \qquad y = \frac{d}{\cos\alpha'}$$

$$\Delta s = \frac{2nd}{\cos\alpha'} - s_1 + \frac{\lambda_1}{2}$$

Ermittlung von $\cos\alpha'$ mit dem Brechungsgesetz:

$$\sin\alpha = n\sin\alpha' \qquad \sin\alpha' = \frac{\sin\alpha}{n}$$

$$\cos\alpha' = \sqrt{1 - \left(\frac{\sin\alpha}{n}\right)^2}$$

Ermittlung von s_1:

$$\sin\alpha = \frac{s_1}{x} \qquad \tan\alpha' = \frac{x}{2d}$$

$$s_1 = 2d\sin\alpha\tan\alpha'$$

$$\Delta s = 2d\left(\frac{n}{\cos \alpha'} - \sin \alpha \frac{\sin \alpha'}{\cos \alpha'}\right) + \frac{\lambda_1}{2}$$

$$\Delta s = 2d\left(\frac{n}{\sqrt{1 - \left(\frac{\sin \alpha}{n}\right)^2}} - \frac{\sin^2\alpha}{n\sqrt{1 - \left(\frac{\sin \alpha}{n}\right)^2}}\right) + \frac{\lambda_1}{2}$$

$$\Delta s = \frac{2d\sqrt{1 - \left(\frac{\sin \alpha}{n}\right)^2}\, n\left[1 - \left(\frac{\sin \alpha}{n}\right)^2\right]}{1 - \left(\frac{\sin \alpha}{n}\right)^2} + \frac{\lambda_1}{2}$$

$$\Delta s = 2nd\sqrt{1 - \left(\frac{\sin \alpha}{n}\right)^2} + \frac{\lambda_1}{2}$$

$$d = \frac{\Delta s - \frac{\lambda_1}{2}}{2n\sqrt{1 - \left(\frac{\sin \alpha}{n}\right)^2}} = \frac{\Delta s - \frac{\lambda_1}{2}}{2\sqrt{n^2 - \sin^2\alpha}}$$

Maximum 1. Ordnung: $m = 1 \implies \Delta s = \lambda_1$

$$d = \frac{\lambda_1}{4\sqrt{n^2 - \sin^2\alpha}} = 124 \text{ nm}$$

b) Im Ergebnis von Teilaufgabe a) wird für $\alpha = 0$ und für λ_1 die gesuchte Wellenlänge λ_2 eingesetzt:

$$d = \frac{\lambda_2}{4n}$$

$$\lambda_2 = 4nd$$

$$\lambda_2 = \lambda_1 \frac{n}{\sqrt{n^2 - \sin^2\alpha}} = 660 \text{ nm} \quad \text{(Rot)}$$

5.7.11. Newtonsche Ringe

Den Krümmungsradius einer Linsenfläche kann man bestimmen, indem man diese auf eine ebene Glasplatte legt und die Durchmesser d_n der bei senkrechtem Einfall von monochromatischem Licht auftretenden Newtonschen Ringe mißt. Vereinfachend darf angenommen werden, daß die Richtungsänderung der Lichtstrahlen gegenüber dem Einfallslot bei Reflexion und Brechung vernachlässigbar klein ist, so daß allein die Höhe h der durchlaufenen Luftschicht den Gangunterschied der interferierenden Strahlen beeinflußt.

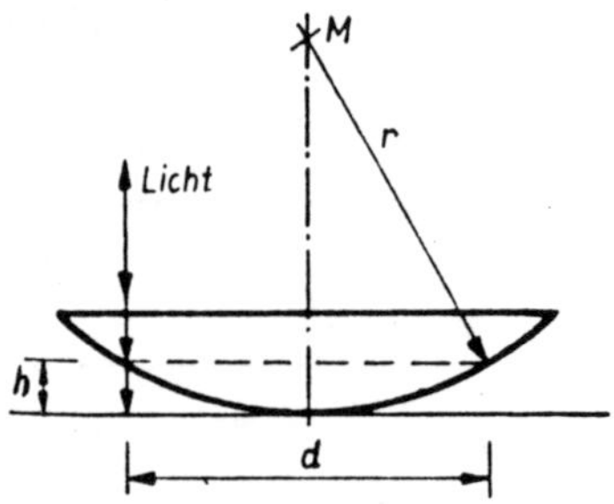

Welchen Krümmungsradius r hat die Linsenfläche, wenn für den n-ten hellen Ring bei Verwendung von Natriumlicht (Wellenlänge λ) der Durchmesser d_n festgestellt wird?

λ = 589 nm n = 20 d_n = 12,0 mm

$$r^2 = (r - h)^2 + (\frac{d}{2})^2$$

$$r^2 = r^2 - 2rh + h^2 + \frac{d^2}{4}$$

$$2rh = h^2 + \frac{d^2}{4} \approx \frac{d^2}{4}$$

$$r = \frac{d^2}{8h}$$

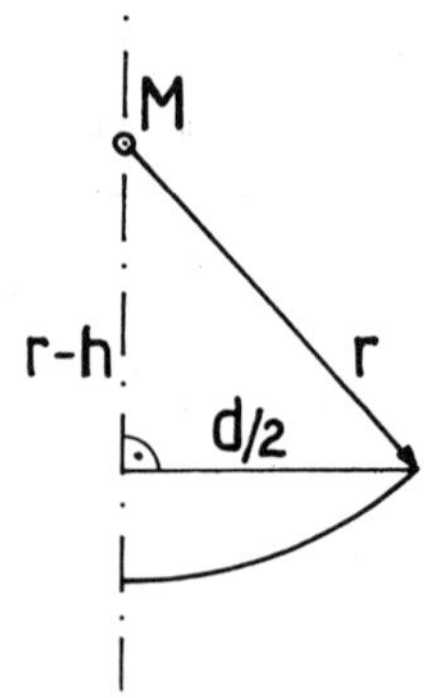

Ermittlung von h:

$$\Delta s_n = 2h_n + \frac{\lambda}{2} = n\lambda$$

(Gangunterschied für das n-te Maximum unter Berücksichtigung des Phasensprunges am dichteren Medium)

$$h_n = \frac{1}{2}(n - \frac{1}{2})\lambda$$

$$\underline{r = \frac{d_n^2}{4(n - \frac{1}{2})\lambda}} = \underline{\underline{3,1\ m}}$$

5.7.12 Tolansky-Verfahren

Die Dicke einer Aufdampfschicht kann nach Tolansky in der nachfolgend beschriebenen Weise gemessen werden:
Beim Aufdampfen wird die Unterlage A teilweise durch eine Blende B abgedeckt (Fig. a), so daß die Aufdampfschicht C durch eine Stufe begrenzt wird (Fig. b). Anschließend wird auf die Aufdampfschicht C und den unbedampften Teil der Unterlage eine reflektierende Schicht D (z.B. Silber) aufgebracht (Fig. b). Danach wird ein halbdurchlässiges verspiegeltes Deckgläschen E, um einen kleinen Winkel α ankippt, über die Stufe gelegt (Fig. c). Bei senkrecht einfallendem monochromatischem Licht (Wellenlänge λ) werden im reflektierten Licht Interferenzstreifen mit dem Abstand a beobachtet, die an der Stufe um die Strecke l gegeneinander versetzt sind (Fig. d).
Wie wird die Schichtdicke d aus a, l und λ berechnet? (Der Winkel α ist so klein, daß die Abweichung der Richtung des reflektierten Lichtes von der Senkrechten vernachlässigt werden darf.)

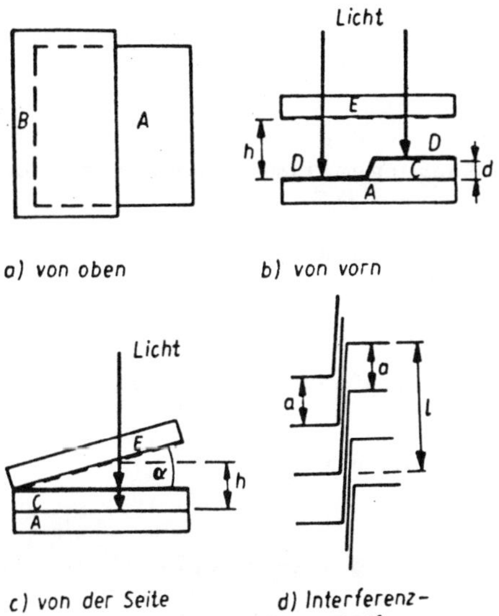

a) von oben b) von vorn c) von der Seite d) Interferenzstreifen

λ = 546 nm (für die grüne Spektrallinie des Quecksilbers)
a = 4,8 mm l = 13 mm

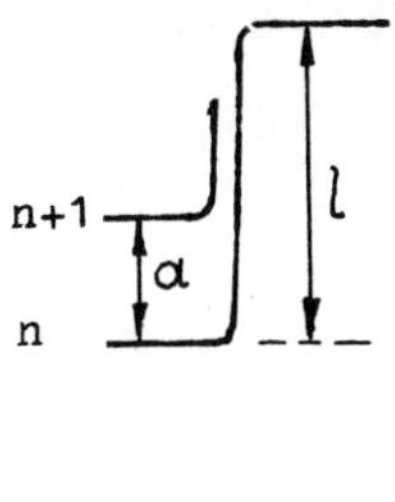

Das Entstehen der Interferenzstreifenbreite a (Ordnungen n und n + 1) sowie der Interferenzstreifenversetzung (an der Stufe), wie es in Fig. d dargestellt ist, wird in der folgenden Skizze deutlich:

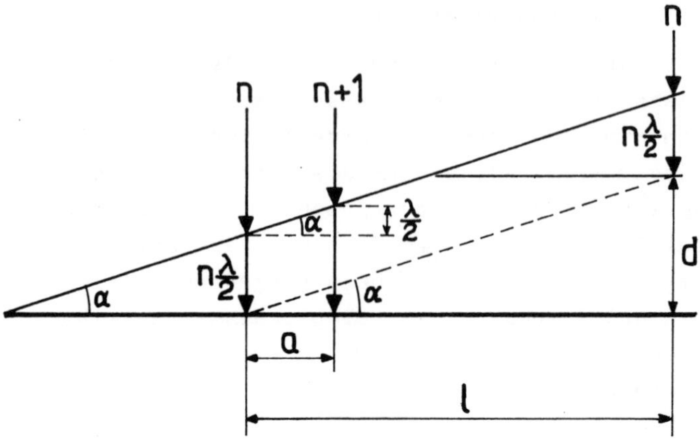

Beugungsmaxima benachbarter Beugungsordnungen (Abstand a):

$$\tan\alpha = \frac{\lambda}{2a}$$

Maximum der gleichen Beugungsordnung über und neben der Aufdampfschicht (Abstand l):

$$\tan\alpha = \frac{d}{l}$$

$$\Longrightarrow \quad d = \frac{\lambda l}{2a} = 0{,}74\ \mu m$$

6. STRUKTUR DER MATERIE

6.1.1. Photonenzahl

Gelbes Licht der Wellenlänge λ kann der Mensch mit bloßem Auge wahrnehmen, wenn die Netzhaut mindestens die Lichtleistung P empfängt.
Wie viele Photonen (Anzahl N) treffen dabei in der Zeit t auf die Netzhaut?

$\lambda = 600\ \text{nm}$ $\quad P = 1{,}7 \cdot 10^{-18}\,\text{W}$ $\quad t = 1{,}0\ \text{s}$

Lichtenergie in der Zeit t:

$$W = Pt = N \cdot hf = E$$

$$f = \frac{c}{\lambda}$$

$$\underline{N = \frac{Pt\lambda}{hc}} \approx \underline{\underline{5}}$$

6.1.2. Gamma-Quant

Ein γ-Quant hat die Energie E.
Berechnen Sie die Masse m, den Impuls p, die Frequenz f und die Wellenlänge λ für dieses Quant!

$E = 1{,}33$ MeV

$$E = mc^2 \implies \underline{m = \frac{E}{c^2}} = \underline{\underline{2{,}37 \cdot 10^{-30}\ \text{kg}}}$$

$$p = mc \implies \underline{p = \frac{E}{c}} = \underline{\underline{7{,}11 \cdot 10^{-22}\ \text{kg} \cdot \text{m/s}}}$$

$$E = hf \implies \underline{f = \frac{E}{h}} = \underline{\underline{3{,}22 \cdot 10^{20}\ \text{s}^{-1}}}$$

$$\lambda = \frac{c}{f} \implies \underline{\lambda = \frac{hc}{E}} = \underline{\underline{9{,}32 \cdot 10^{-13}\ \text{m}}}$$

6.1.3. De — Broglie — Wellenlänge I

Ein anfangs ruhendes Elektron wird zwischen zwei Elektroden mit der Spannung U beschleunigt. Seine Geschwindigkeit bleibt dabei im nichtrelativistischen Bereich ($v \ll c$).
Wie groß ist seine De-Broglie-Wellenlänge λ?

$U = 1$ kV

$$p = \frac{h}{\lambda} = m_e v$$

$$\lambda = \frac{h}{m_e v}$$

Bestimmung von v:

$$E_p(1) = E_k(2)$$

$$eU = \frac{m_e}{2} v^2$$

$$v = \sqrt{\frac{2eU}{m_e}}$$

$$\underline{\lambda = \frac{h}{\sqrt{2eUm_e}}} = \underline{\underline{3{,}9 \cdot 10^{-11}\ \text{m}}}$$

6.1.4. De — Broglie — Wellenlänge II

Ein Elektron bewegt sich mit der Geschwindigkeit $v = \frac{c}{2}$.
Wie groß ist seine De-Broglie-Wellenlänge λ?

$$p = \frac{h}{\lambda} = mv$$

$$\lambda = \frac{h}{mv}$$

$$m = \frac{m_e}{\sqrt{1 - (\frac{v}{c})^2}}$$

$$\lambda = \frac{h}{m_e v}\sqrt{1 - (\frac{v}{c})^2}$$

$$v = \frac{c}{2}$$

$$\underline{\lambda = \sqrt{3}\,\frac{h}{m_e c} = \sqrt{3}\,\lambda_C} = \underline{\underline{4{,}20 \cdot 10^{-12}\ \text{m}}}$$

6.1.5. Wellenlänge-Energie-Funktion

a) Berechnen Sie die De-Broglie-Wellenlänge λ eines Elektrons als Funktion seiner kinetischen Energie E_k im relativistischen Bereich!

b) Welche Näherungsformeln für $\lambda(E_k)$ erhält man als Ergebnis für $E_k \ll m_e c^2$ und $E_k \gg m_e c^2$?

Hinweis: Gehen Sie bei der Lösung von der relativistischen Energie-Impuls-Beziehung

$$E = c\sqrt{(mc)^2 + p^2} \quad \text{mit} \quad m_0 = m_e \quad \text{aus!}$$

---

a) $$\lambda = \frac{h}{p}$$

$$E = c\sqrt{(m_e c)^2 + p^2}$$

$$p = \sqrt{\left(\frac{E}{c}\right)^2 - (m_e c)^2}$$

$$\lambda = \frac{h}{\sqrt{\left(\frac{E}{c}\right)^2 - (m_e c)^2}}$$

$$E = m_e c^2 + E_k$$

$$\lambda = \frac{h}{\sqrt{\left(\frac{m_e c^2 + E_k}{c}\right)^2 - (m_e c)^2}} = \underline{\frac{hc}{\sqrt{E_k(E_k + 2m_e c^2)}}}$$

b) $E_k \ll m_e c^2$: $$\underline{\lambda = \frac{h}{\sqrt{2m_e E_k}}}$$

$E_k \gg m_e c^2$: $$\underline{\lambda = \frac{hc}{E_k}}$$

6.1.6. Photoelektronen

Eine Silberfläche wird mit Licht der Wellenlänge λ bestrahlt. Die Grenzwellenlänge des lichtelektrischen Effektes beim Silber ist λ_G.
Welche Geschwindigkeit v haben die ausgelösten Elektronen?

$\lambda = 150$ nm $\qquad \lambda_G = 261$ nm

$$E_{Photon} = E_{Elektron} + W_{Austritt}$$

$$hf = \frac{m_e}{2} v^2 + W_a$$

$$W_a = hf_G$$

$$hf = \frac{m_e}{2} v^2 + hf_G$$

$$f = \frac{c}{\lambda}$$

$$h\frac{c}{\lambda} = \frac{m_e}{2} v^2 + h\frac{c}{\lambda_G}$$

$$\frac{m_e}{2} v^2 = hc\left(\frac{1}{\lambda} - \frac{1}{\lambda_G}\right)$$

$$v = \sqrt{\frac{2hc}{m_e}\left(\frac{1}{\lambda} - \frac{1}{\lambda_G}\right)} = c\sqrt{2\lambda_C\left(\frac{1}{\lambda} - \frac{1}{\lambda_G}\right)} = 1{,}11 \cdot 10^6 \text{ m/s}$$

6.1.7. Wellenlängenbereich

An einer Wolframplatte (Austrittsarbeit W_a) wird ein Photostrom beobachtet, der bei der Gegenspannung U_g aussetzt.
Aus welchem Wellenlängenbereich (λ_1 bis λ_2) stammen die Photonen, die zu dem beobachteten Photostrom beitragen?
$W_a = 4{,}55$ eV $U_g = 2{,}38$ V

$$E_{Photon} = E_{Elektron} + W_{Austritt}$$

$$hf_1 = \frac{m_e}{2} v^2 + W_a$$

Bei Gegenspannung U_g verschwindet der Photostrom:

$$E_k(1) = E_p(2)$$

$$\frac{m_e}{2} v^2 = eU_g$$

$$f_1 = \frac{c}{\lambda_1}$$

$$\frac{hc}{\lambda_1} = eU_g + W_a$$

$$\lambda_1 = \frac{hc}{W_a + eU_g} = 179 \text{ nm}$$

$$W_a = hf_2$$

$$f_2 = \frac{c}{\lambda_2}$$

$$W_a = \frac{hc}{\lambda_2}$$

$$\lambda_2 = \frac{hc}{W_a} = 273 \text{ nm}$$

6.1.8. Compton-Effekt I

Ein Röntgenquant der Wellenlänge λ überträgt auf ein schwach gebundenes Elektron die Energie ΔE.

a) Wie groß ist die Wellenlänge λ' des gestreuten Röntgenquants?

b) Unter welchem Winkel ϑ wird das Röntgenquant gestreut?

$\lambda = 11{,}2\cdot 10^{-12}$ m $\qquad \Delta E = 13{,}8$ keV

---

a) Energiesatz :

$$E_{Ph} = E_{El} + E_{Ph'}$$

$$hf = \Delta E + hf' \qquad\qquad f = \frac{c}{\lambda}$$

$$\frac{hc}{\lambda} = \Delta E + \frac{hc}{\lambda'}$$

$$\frac{1}{\lambda'} = \frac{1}{\lambda} - \frac{\Delta E}{hc}$$

$$\lambda' = \frac{\lambda}{1 - \frac{\lambda\,\Delta E}{hc}} = 1{,}28\cdot 10^{-11}\text{ m}$$

b)

$$\Delta\lambda = \lambda' - \lambda = \lambda_C(1 - \cos\vartheta)$$

$$\cos\vartheta = 1 - \frac{\lambda' - \lambda}{\lambda_C}$$

$$\cos\vartheta = 1 - \frac{\lambda}{\lambda_C}\left[\frac{1}{1 - \frac{\lambda\,\Delta E}{hc}} - 1\right]$$

$$\cos\vartheta = 1 - \frac{\lambda}{\lambda_C}\cdot\frac{1}{\frac{hc}{\lambda\,\Delta E} - 1} = 0{,}3437$$

$$\vartheta = 69{,}9^\circ$$

6.1.9. Maximale Energieänderung

Um welchen Betrag ΔE kann sich die Energie E eines Lichtquants beim Compton-Effekt im Höchstfall ändern?

a) $E_1 = 25$ keV (Röntgenstrahlung)

b) $E_2 = 2{,}5$ eV (sichtbares Licht)

$\Delta\lambda = \lambda' - \lambda = \lambda_C(1 - \cos\vartheta)$

Maximale Wellenlängenänderung bei $\vartheta = 180^\circ$:

$\Delta\lambda = 2\,\lambda_C$

$\Longrightarrow$ Maximale Energieänderung:

$$\Delta E = E_{Ph} - E_{Ph'} \qquad E_{Ph} = E$$

$$\Delta E = hf - hf' \qquad f = \frac{c}{\lambda} \qquad f' = \frac{c}{\lambda + \Delta\lambda}$$

$$\Delta E = \frac{hc}{\lambda} - \frac{hc}{\lambda + \Delta\lambda}$$

$$\Delta E = \frac{hc}{\lambda}\left(1 - \frac{\lambda}{\lambda + \Delta\lambda}\right) \qquad \lambda = \frac{hc}{E}$$

$$\Delta\lambda = 2\,\frac{h}{m_e c}$$

$$\Delta E = \frac{E}{1 + \frac{m_e c^2}{2E}}$$

a) $\Delta E_1 = 2{,}2$ keV

b) $\Delta E_2 = 24$ µeV

6.1.10. Compton—Effekt II

Ein Röntgenquant der Wellenlänge λ wird an einem Elektron um den Winkel ϑ gestreut.

a) Welchen Energiebetrag ΔE nimmt das Elektron auf?

b) Unter welchem Winkel φ gegenüber der Röntgenstrahlrichtung bewegt sich das Elektron?

$\lambda = 0{,}102$ nm $\quad \vartheta = 77^\circ$

---

a) Die Energiezunahme des Elektrons ist gleich der Energieabnahme des Photons:

$$\Delta E = hf - hf' \qquad f = \frac{c}{\lambda}$$

$$\Delta E = hc\left(\frac{1}{\lambda} - \frac{1}{\lambda'}\right)$$

$$\lambda' - \lambda = \lambda_C(1 - \cos\vartheta)$$

$$\lambda' = \lambda + \lambda_C(1 - \cos\vartheta)$$

$$\Delta E = hc\left(\frac{1}{\lambda} - \frac{1}{\lambda + \lambda_C(1 - \cos\vartheta)}\right)$$

$$\Delta E = \frac{hc}{\lambda\left(1 + \frac{\lambda}{\lambda_C(1 - \cos\vartheta)}\right)} = \underline{\underline{220\ \text{eV}}}$$

---

b) Impulssatz: $\vec{p} = \vec{p}_e + \vec{p}\,'$

Zur Komponente in Richtung des ankommenden Photons ($\vec{p}$):

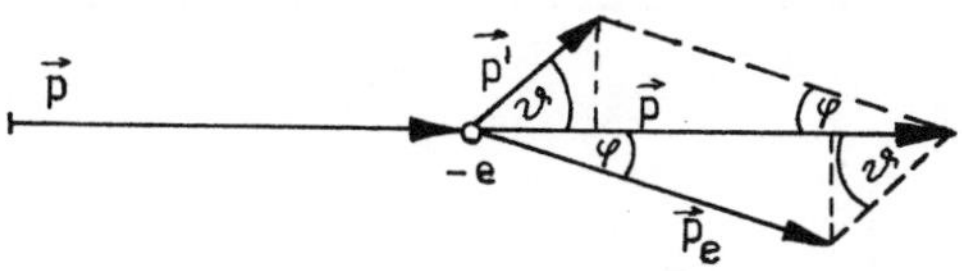

$$p = p'\cos\vartheta + p_e\cos\varphi \qquad (1)$$

Zur Komponente senkrecht dazu:

$$0 = p'\sin\vartheta - p_e\sin\varphi \qquad (2)$$

Außerdem gilt:

$$\tan\varphi = \frac{p_e\sin\varphi}{p_e\cos\varphi}$$

(1) und (2) liefern:

$$p_e \sin \varphi = p' \sin \vartheta$$

$$p_e \cos \varphi = p - p' \cos \vartheta$$

$$\tan \varphi = \frac{p' \sin \vartheta}{p - p' \sin \vartheta} = \frac{\sin \vartheta}{\frac{p}{p'} - \cos \vartheta}$$

$$p = \frac{h}{\lambda} \qquad p' = \frac{h}{\lambda'}$$

$$\tan \varphi = \frac{\sin \vartheta}{\frac{\lambda'}{\lambda} - \cos \vartheta}$$

$$\lambda' - \lambda = \lambda_C(1 - \cos \vartheta)$$

$$\lambda' = \lambda + \lambda_C(1 - \cos \vartheta)$$

$$\tan \varphi = \frac{\sin \vartheta}{\frac{\lambda + \lambda_C(1 - \cos \vartheta)}{\lambda} - \cos \vartheta}$$

$$\tan \varphi = \frac{\sin \vartheta}{(1 - \cos \vartheta)(1 + \frac{\lambda_C}{\lambda})} \qquad \varphi = 51^\circ$$

6.2.1. Balmerserie

Berechnen Sie die Wellenlängen des Wasserstoffspektrums im sichtbaren Spektralbereich ($380\ nm \leq \lambda \leq 780\ nm$)!

$$hf = E_{n_2} - E_{n_1} \qquad f = \frac{c}{\lambda}$$

$$\lambda = \frac{hc}{E_{n_2} - E_{n_1}} \qquad E_n = -\frac{RhZ}{n^2} \qquad Z = 1$$

$$\lambda = \frac{c}{R\left(\frac{1}{n_1^2} - \frac{1}{n_2^2}\right)} \qquad \frac{c}{R} = 91{,}1\ nm$$

Spektralserie: $n_1 = const\ ;\ n_2 > n_1$

Systematische Untersuchung der Serien:

n_1	n_2	λ/nm	Spektralbereich	
1	2 >2	121 <121	ultraviolett	
2	3 4 5 6 7 8 9 10	656 486 434 410 397 389 383 380	sichtbar	Balmerserie
	>10	<380	ultraviolett	
3	≥4	>820	infrarot	

6.2.2. Li^{++} — Radius

Berechnen Sie den Elektronenbahnradius des Li^{++}-Ions im Grundzustand!

$$r_n = \frac{\varepsilon_0 h^2}{\pi m_e Z e^2} n^2$$

Lithium: Z = 3
Grundzustand: n = 1

$$r_1 = \frac{\varepsilon_0 h^2}{3\pi m_e e^2} = 1{,}76 \cdot 10^{-11}\ \mathrm{m}$$

6.2.3. He^+-Linie

Welche Energie E und welche Wellenlänge λ hat die langwelligste Linie des He^+-Spektrums, die beim Übergang zum Grundzustand auftreten kann?

$$E = E_{n_2} - E_{n_1}$$

$$E_n = -\frac{RhZ^2}{n^2}$$

$$E = Z^2 Rh\left(\frac{1}{n_1^2} - \frac{1}{n_2^2}\right)$$

Helium: $Z = 2$

Grundzustand: $n_1 = 1$

Maximales λ bedingt minimales E

$$\left(E = hf = h\frac{c}{\lambda}\right)$$

und demzufolge auch minimales n_2

(siehe oben)

$\Longrightarrow \quad n_2 = 2$

$$E = 4Rh\left(1 - \frac{1}{4}\right)$$

$$E = 3Rh = 40{,}8 \text{ eV}$$

$$E = hf = \frac{hc}{\lambda}$$

$$\lambda = \frac{hc}{E} = \frac{c}{3R} = 30{,}4 \text{ nm}$$

6.2.4. Hauptquantenzahlen

Im Spektrum des Wasserstoffs tritt eine Linie mit der Wellenlänge $\lambda = 1874$ nm auf.

a) Untersuchen Sie, welche Hauptquantenzahlen n_1 und n_2 der Anfangs- und Endzustand bei dem entsprechenden Elektronenübergang im Atom haben!

Wenn der Endzustand bei dem betreffenden Elektronenübergang nicht mit dem Grundzustand übereinstimmt, finden noch weitere Elektronenübergänge statt, bis der Grundzustand erreicht ist.

b) Welche Wellenlängen haben dementsprechend die Spektrallinien, die zusammen mit der vorgegebenen Linie auftreten müssen?

---

a) $hf = E_{n_2} - E_{n_1}$ $\qquad E_n = -\frac{RhZ^2}{n^2} \qquad Z = 1 \qquad f = \frac{c}{\lambda}$

$$f = R\left(\frac{1}{n_1^2} - \frac{1}{n_2^2}\right) = \frac{c}{\lambda}$$

$$\frac{1}{n_1^2} - \frac{1}{n_2^2} = \frac{c}{\lambda R} = 4{,}86\cdot 10^{-2}$$

Lösen durch systematisches Probieren:

n_1	n_2	$\frac{1}{n_1^2} - \frac{1}{n_2^2}$
1	$\geqq 2$	$\geqq 0{,}75$
2	$\geqq 3$	$\geqq 0{,}139$
3	4	0,0486

$\Longrightarrow$ $n_1 = 3$ $\quad n_2 = 4$

b) $$\lambda = \frac{c}{R}\cdot\frac{1}{\frac{1}{n_1^2} - \frac{1}{n_2^2}}$$

n_1	n_2	λ/nm
2	3	656
1	2	121
1	3	102

6.2.5. Li — Linie

Für Li (Ordnungszahl 3) sind die Rydbergkorrekturen $a_0 = 0{,}588$ und $a_1 = -0{,}041$ bekannt.

a) Welche Wellenlänge λ_1 hat die Spektrallinie des Überganges $3P \longrightarrow 1S$?

b) Welche Wellenlänge λ_2 hat der Übergang zwischen den entsprechenden Elektronenzuständen beim Li^{++}-Ion?

---

a) $hf_1 = E_{n_2} - E_{n_1}$ $\qquad f_1 = \frac{c}{\lambda_1}$

$$\lambda_1 = \frac{hc}{E_{n_2} - E_{n_1}}$$

Alkaliterme: $E = -\frac{Rh}{(n^* + a_l)^2}$

1S-Niveau: $n^* = 1 \quad a_l = a_0$

3P-Niveau: $n^* = 3 \quad a_l = a_1$

$$\lambda_1 = \frac{\frac{c}{R}}{\frac{1}{(1 + a_0)^2} - \frac{1}{(3 + a_1)^2}} = 323 \text{ nm}$$

b) Zuordnung der Elektronenzustände zu den Alkaliniveaus des Lithiums:

n	l	Besetzung im Grundzustand	Niveaubezeichnung
1	0	$1s^2$	-
2	0	$2s^1$	1S
	1	-	2P
3	0	-	2S
	1	-	3P
	2	-	3D

1S-Niveau: n = 2 ; 3P-Niveau: n = 3

$$\lambda_2 = \frac{hc}{E'_{n_2} - E'_{n_1}}$$

Energieterme des Li^{++}-Ions:

$$E'_n = -\frac{Z^2 Rh}{n^2} \qquad Z = 3$$

$$\lambda_2 = \frac{\frac{c}{R}}{3^2\left(\frac{1}{2^2} - \frac{1}{3^2}\right)}$$

$$\lambda_2 = \frac{4c}{5R} = 72{,}9 \text{ nm}$$

6.2.6. Na — D — Linie

Die bekannte Natrium-D-Linie ensteht beim Übergang 2P ⟶ 1S. Der Grundzustand hat die Energie E_{1S}. Die D-Linie ist ein Dublett mit den Wellenlängen λ_1 und λ_2. Natrium hat die Ordnungszahl 11.

a) Bezeichnen Sie den Ausgangs- und Endzustand des Leuchtelektrons bei der Entstehung der Na-D-Linie!

b) Berechnen Sie die Rydbergkorrekturen für Ausgangs- und Endzustand! (Dublettaufspaltung vernachlässigen)

c) Welcher der beiden Terme ist infolge des Spins aufgespalten?

Um welche Energiedifferenz ΔE handelt es sich dabei?

$E_{1S} = -5{,}14$ eV $\qquad \lambda_1 = 589{,}0$ nm $\qquad \lambda_2 = 589{,}6$ nm

---

a) Elektronenkonfiguration des Na-Atoms (Z = 11) im Grundzustand: $1s^2 \quad 2s^2 \quad 2p^6 \quad 3s^1$

2P-Niveau: niedrigster im Grundzustand des Atoms unbesetzter p-Zustand: $\underline{3p}$ (Ausgangszustand)

1S-Niveau: Leuchtelektron im Grundzustand des Atoms: $\underline{3s}$ (Endzustand)

b) $$E = -\frac{Rh}{(n^* + a_l)^2}$$

1S: $n^* = 1 \qquad a_l = a_0$

$$E_{1S} = -\frac{Rh}{(1 + a_0)^2}$$

$$\underline{a_0 = \sqrt{-\frac{Rh}{E_{1S}}} - 1 = \underline{\underline{0{,}627}}}$$

$$hf_1 = E_{2P} - E_{1S} \qquad f_1 = \frac{c}{\lambda_1}$$

2P: $n^* = 2 \qquad a_l = a_1$

$$E_{1S} = -\frac{Rh}{(1 + a_0)^2}$$

$$\frac{hc}{\lambda_1} = -\frac{Rh}{(2 + a_1)^2} - E_{1S}$$

$$\underline{a_1 = \sqrt{\frac{-Rh}{E_{1S} + \frac{hc}{\lambda_1}}} - 2 = \underline{\underline{0{,}117}}}$$

c) <u>Aufspaltung des P-Terms</u>

(S-Term wegen l = 0 nicht aufgespalten)

$$\Delta E_{2P} = h(f_1 - f_2)$$

$$\Delta E_{2P} = hc\left(\frac{1}{\lambda_1} - \frac{1}{\lambda_2}\right)$$

$$\Delta E_{2P} = hc\left(\frac{\lambda_2 - \lambda_1}{\lambda_1 \lambda_2}\right) = \underline{\underline{2{,}1\ \text{meV}}}$$

6.2.7. Rubidium

Rubidium (Ordnungszahl 37) hat die Rydbergkorrekturen $a_0 = 0{,}804$ und $a_1 = 0{,}279$.

a) Geben Sie die Elektronenzustände an, die dem jeweils niedrigsten Niveau der S-, P-, D- und F-Termfolge entsprechen!

b) Berechnen Sie die jeweils größte Wellenlänge, die bei den S $\longrightarrow$ P-Übergängen (λ_1) und den P $\longrightarrow$ S-Übergängen (λ_2) vorkommt!

---

a) Elektronenkonfiguration des Rb-Atoms entsprechend der Besetzungsfolge:

$1s^2 \quad 2s^2 \quad 2p^6 \quad 3s^2 \quad 3p^6 \quad 4s^2 \quad 3d^{10} \quad 4p^6 \quad 5s^1$

Gesamtzahl aller Elektronen = Z = 37

Term	Zuordnung	Elektronenzustand
1S	Leuchtelektron im Grundzustand	5s
2P 3D 4F	Niedrigste unbesetzte Zustände bei der jeweiligen Bahndrehimpulsquantenzahl	5p 4d 4f

b) $hf = E_{2S} - E_{2P} \qquad f = \frac{c}{\lambda} \qquad E = -\frac{Rh}{(n^* + a_l)^2}$

$$\frac{hc}{\lambda_1} = E_{2S} - E_{2P} = -Rh\left(\frac{1}{(2 + a_0)^2} - \frac{1}{(2 + a_1)^2}\right)$$

$$\frac{hc}{\lambda_2} = E_{2P} - E_{1S} = -Rh\left(\frac{1}{(2 + a_1)^2} - \frac{1}{(1 + a_0)^2}\right)$$

$$\underline{\lambda_1 = \frac{\frac{c}{R}}{\frac{1}{(2 + a_1)^2} - \frac{1}{(2 + a_0)^2}}} = \underline{\underline{1394 \text{ nm}}}$$

$$\underline{\lambda_2 = \frac{\frac{c}{R}}{\frac{1}{(1 + a_0)^2} - \frac{1}{(2 + a_1)^2}}} = \underline{\underline{794 \text{ nm}}}$$

6.2.8. Elektronenkonfiguration

Geben Sie die Elektronenkonfiguration des Eisenatoms (Ordnungszahl 26) an!

Aus der Besetzungsfolge ergibt sich folgende Zusammenstellung:

Elektronenzustand	1s	2s	2p	3s	3p	4s	3d
Maximalzahl der Elektronen im betreffenden Zustand	2	2	6	2	6	2	10
Gesamtzahl der Elektronen in der Besetzungsfolge	2	4	10	12	18	20	30

Das Eisenatom enthält insgesamt 26 Elektronen;
im 3d-Zustand wird damit die Maximalzahl nicht mehr ausgeschöpft.
Es gibt nur 6 3d-Elektronen.

Elektronenkonfiguration des Eisenatoms:

$$1s^2 \quad 2s^2 \quad 2p^6 \quad 3s^2 \quad 3p^6 \quad 3d^6 \quad 4s^2$$

6.2.9. Anodenmaterial

Eine Röntgenfeinstrukturanlage hat eine maximale Anodenspannung U.
Für welches Anodenmaterial könnten gerade noch alle Röntgenlinien angeregt werden?
U = 40 kV

Anregungsbedingung:

$E_{el} \geqq E_{Rö}$

$eU \geqq hf$

$$f = R(Z - b_1)^2\left(\frac{1}{n_2^2} - \frac{1}{n_1^2}\right)$$

Energiereichste Strahlung:

$n_2 = 1 \qquad (b_1 = 1)$

$n_1 \gg 1$

$$f = R(Z - 1)^2\left(\frac{1}{1^2} - 0\right)$$

$eU \geqq (Z - 1)^2 hR$

$\underline{Z \leqq \sqrt{\frac{eU}{hR}} + 1}$ $\qquad \underline{\underline{Z = 55}}$ (Cäsium)

6.2.10. W-Röntgenstrahlung

Wolfram hat die Ordnungszahl 74.

a) Schätzen Sie die Wellenlänge λ der energiereichsten Röntgenlinie ab!

b) Welche Elektronenenergie E (in eV) ist zur Anregung dieser Röntgenlinie mindestens erforderlich?

---

a) $$f = R(Z - b_1)^2\left(\frac{1}{n_1^2} - \frac{1}{n_2^2}\right) \qquad f = \frac{c}{\lambda}$$

Energiereichste Strahlung:

$n_1 = 1$ $\qquad (b_1 = 1)$

$n_2 \gg 1$

$$\Longrightarrow \quad f = R(Z - 1)^2$$

$$\lambda = \frac{c}{R(Z - 1)^2} = 1{,}7 \cdot 10^{-11}\ \text{m}$$

b) $E = hf = hR(Z - 1)^2 = 73\ \text{keV}$

6.2.11. K_α- Strahlung

Die K_α-Strahlung eines unbekannten Elements hat die Wellenlänge λ = 0,335 nm.
Welche Ordnungszahl und welche Elektronenkonfiguration hat das betreffende Element?

$$f = \frac{c}{\lambda} = R(Z - b_1)^2\left(\frac{1}{n_1^2} - \frac{1}{n_2^2}\right)$$

K_α-Strahlung:

$n_1 = 1$ $\qquad (b_1 = 1)$

$n_2 = 2$

$$\frac{c}{\lambda} = R(Z - 1)^2\left(1 - \frac{1}{4}\right)$$

$$(Z - 1)^2 = \frac{4c}{3\lambda R}$$

$$Z = \sqrt{\frac{4c}{3\lambda R}} + 1 = \underline{\underline{20}}$$ (Calcium)

Elektronenzustand	1s	2s	2p	3s	3p	4s
Maximalzahl der Elektronen im betreffenden Zustand	2	2	6	2	6	2
Gesamtzahl der Elektronen in der Besetzungsfolge	2	4	10	12	18	20

Elektronenkonfiguration des Ca (Z = 20):

$$1s^2 \quad 2s^2 \quad 2p^6 \quad 3s^2 \quad 3p^6 \quad 4s^2$$

6.2.12. Abschirmkonstante

Die Wellenlänge des M → L-Röntgenüberganges beim Zirkonium ($Z = 40$) beträgt $\lambda = 0{,}606$ nm.

a) Wie groß ist die Abschirmkonstante b_2?

b) Welche Wellenlängen hat der gleiche Übergang beim Chrom ($Z = 24$) und beim Uran ($Z = 92$)?

---

a)
$$f = R(Z - b_2)^2\left(\frac{1}{n_1^2} - \frac{1}{n_2^2}\right) = \frac{c}{\lambda}$$

M → L-Übergang:

$n_1 = 2 \qquad n_2 = 3$

$$\frac{c}{\lambda} = R(Z - b_2)^2\left(\frac{1}{4} - \frac{1}{9}\right)$$

$$(Z - b_2)^2 = \frac{36c}{5\lambda R}$$

$$b_2 = Z - \sqrt{\frac{36c}{5\lambda R}} = 7{,}10$$

b)
$$\lambda = \frac{36c}{5R(Z - b_2)^2}$$

$$\lambda_{Cr} = 2{,}3 \text{ nm}$$

$$\lambda_U = 0{,}091 \text{ nm}$$

6.2.13. Li — Röntgenübergang

Welche Energie E und Wellenlänge λ hat der einzig mögliche Röntgenübergang beim Lithium (Ordnungszahl 3)?

$$f = R(Z - b_1)^2\left(\frac{1}{n_1^2} - \frac{1}{n_2^2}\right)$$

Nur die K-Schale ist voll besetzt:

$n_1 = 1$

Außerhalb der K-Schale existiert nur das 2s-Elektron:

$n_2 = 2$ $(b_1 = 1)$

$$f = R(Z - 1)^2\left(1 - \frac{1}{2^2}\right)$$

$Z = 3$

$$f = 3R$$

$$E = hf = 3Rh = 40{,}8\ \text{eV}$$

$$\lambda = \frac{c}{f} = \frac{c}{3\,R} = 30{,}4\ \text{nm}$$

6.3.1. Kasten mit unendlich hohen Wänden

Ein Teilchen befindet sich in einem Kastenpotential mit unendlich hohen Wänden.

Berechnen Sie die Eigenwerte E_n der Energie und die zugehörigen Wellenfunktionen $\psi_n(x)$!

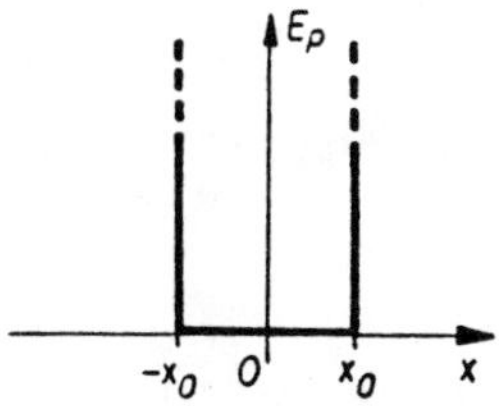

Hinweis:

$$\int \cos^2 x \, dx = \frac{1}{2}(x + \sin x \cdot \cos x) + C$$

Zeitunabhängige Schrödinger-Gleichung:

$$\frac{\partial^2 \psi}{\partial x^2} = -\frac{2m}{\hbar^2}(E - E_p)\psi$$

$|x| \geq x_0$ $\quad E_p = \infty$ $\quad$ Daraus folgt

$\psi = 0.$

$|x| \leq x_0$ $\quad E_p = 0$ $\quad$ Daraus folgt

$\psi(x) = A \cos \frac{\sqrt{2mE}}{\hbar} x$ $\qquad$ $\psi(x) = B \sin \frac{\sqrt{2mE}}{\hbar} x$.

symmetrisch $\qquad$ antisymmetrisch

Randbedingungen: $\quad \psi(\pm x_0) = 0$

$$\cos \frac{\sqrt{2mE}}{\hbar} x_0 = 0 \qquad \sin \frac{\sqrt{2mE}}{\hbar} x_0 = 0$$

$$\frac{\sqrt{2mE}}{\hbar} x_0 = n \frac{\pi}{2}$$

$n = 1, 3, 5, \ldots$ $\qquad$ $n = 2, 4, 6, \ldots$

Die daraus folgenden Energieeigenwerte und die ihnen zugeordneten Wellenfunktionen werden mit n indiziert:

$$E_n = \frac{\pi^2 \hbar^2}{8 m x_0^2} n^2 = \frac{h^2}{32 \, m x_0^2} n^2 \qquad n = 1, 2, 3, \ldots$$

Normierung der Wellenfunktion $\int_{-\infty}^{+\infty} \psi_n^2(x) \, dx = 1$:

$$A^2 \int_{-x_0}^{+x_0} \cos^2 \frac{\sqrt{2mE_n}}{\hbar} x \, dx = 1 \qquad B^2 \int_{-x_0}^{+x_0} \sin^2 \frac{\sqrt{2mE_n}}{\hbar} x \, dx = 1$$

Substitution: $\frac{\sqrt{2mE_n}}{\hbar} x = \xi \qquad \xi_0 = \frac{\sqrt{2mE_n}}{\hbar} x_0 = n \frac{\pi}{2}$

$$dx = d\xi \frac{\hbar}{\sqrt{2mE_n}}$$

$$\int_{-x_0}^{+x_0} \cos^2 \frac{\sqrt{2mE_n}}{\hbar} x \, dx = \frac{\hbar}{\sqrt{2mE_n}} \int_{-n\frac{\pi}{2}}^{+n\frac{\pi}{2}} \cos^2 \xi \, d\xi$$

$$= \frac{\hbar}{\sqrt{2mE_n}} \cdot \frac{1}{2}\left[\xi + \sin\xi \cos\xi \right]_{-n\frac{\pi}{2}}^{+n\frac{\pi}{2}}$$

$$= \frac{\hbar}{\sqrt{2mE_n}} \cdot \frac{n\pi}{2} = x_0$$

$$A^2 x_0 = 1$$

Wegen $\int_{-n\frac{\pi}{2}}^{+n\frac{\pi}{2}} \cos^2 \xi \, d\xi = \int_{-n\frac{\pi}{2}}^{+n\frac{\pi}{2}} \sin^2 \xi \, d\xi$ gilt außerdem

$$B^2 x_0 = 1 \, .$$

Vollständige Wellenfunktionen:

$$\underline{\psi_n(x) = \frac{1}{\sqrt{x_0}} \cos(\frac{n\pi x}{2x_0})} \qquad \underline{\psi_n(x) = \frac{1}{\sqrt{x_0}} \sin(\frac{n\pi x}{2x_0})}$$

$n = 1, 3, 5, \ldots \qquad n = 2, 4, 6, \ldots$

6.3.2. Lichtquant

Ein Elektron befindet sich in einem Kastenpotential mit unendlich hohen Wänden, dessen halbe Breite x_0 gleich dem Bohrschen Wasserstoffradius r_0 ist.
Welche Wellenlänge λ hat ein Lichtquant, das beim Übergang des Elektrons vom ersten angeregten Zustand in den Grundzustand emittiert wird?
$r_0 = 0{,}5292 \cdot 10^{-10}$ m

$$hf = E_2 - E_1 = h\frac{c}{\lambda}$$

Energieeigenwerte aus Aufgabe 6.3.1.:

$$E_n = \frac{h^2}{32\, m_e r_0^2}\, n^2$$

$$h\frac{c}{\lambda} = \frac{h^2}{32\, m_e r_0^2}\,(n_2^2 - n_1^2)$$

$$\frac{c}{\lambda} = \frac{h}{32\, m_e r_0^2}\,(4 - 1)$$

$$\lambda = \frac{32}{3}\,\frac{m_e r_0^2 c}{h} = 12{,}3\ \text{nm}$$

6.3.3. Harmonischer Oszillator

Ein harmonischer Oszillator (Teilchenmasse m, Eigenfrequenz ω_0) hat das Potential

$$E_p(x) = \frac{1}{2} m\omega_0^2 x^2.$$

a) Die Funktion $\psi_1(x) = Axe^{-\alpha x^2}$ ist eine Lösung der Schrödinger-Gleichung. Welchen Wert muß α haben?

b) Welchen Eigenwert E_1 hat die Energie?

c) Berechnen Sie die Wahrscheinlichkeitsdichte w(x) und stellen Sie diese grafisch dar!

Hinweis: $\int\limits_{-\infty}^{+\infty} x^2 e^{-x^2} dx = \frac{1}{2}\sqrt{\pi}$

---

a) Schrödinger-Gleichung:

$$\psi'' + \frac{2m}{\hbar^2}(E - \frac{1}{2} m\omega_0^2 x^2)\psi = 0$$

Lösungsansatz und Ableitungen dazu:

$$\psi_1 = Axe^{-\alpha x^2}$$

$$\psi_1' = Ae^{-\alpha x^2} + Ax(-2\alpha x)e^{-\alpha x^2}$$

$$= A(1 - 2\alpha x^2)e^{-\alpha x^2}$$

$$\psi_1'' = A(-4\alpha x)e^{-\alpha x^2} + A(1 - 2\alpha x^2)(-2\alpha x)e^{-\alpha x^2}$$

$$= A(-6\alpha x + 4\alpha^2 x^3)e^{-\alpha x^2}$$

Einsetzen in die Schrödinger-Gleichung:

$$- 6\alpha x + 4\alpha^2 x^3 + \frac{2m}{\hbar^2}(E - \frac{1}{2} m\omega_0^2 x^2)x = 0$$

Da die Schrödinger-Gleichung für beliebige x erfüllt sein soll, müssen die Koeffizienten von x und x^3 einzeln verschwinden:

$$\frac{m^2\omega_0^2}{\hbar^2} = 4\alpha^2 \quad (1) \qquad \frac{2mE}{\hbar^2} = 6\alpha \qquad (2)$$

(1) liefert: $\alpha = \frac{m\omega_0}{2\hbar}$

b) (2) liefert: $E_1 = \frac{3\alpha\hbar^2}{m} = \frac{3}{2}\hbar\omega_0$

c) Wellenfunktion:

$$\psi_1 = Axe^{-\frac{m\omega_0}{2\hbar}x^2}$$

Bestimmung der Amplitude A aus der Normierungsbedingung:

$$1 = \int_{-\infty}^{+\infty}\psi_1^2(x)dx = A^2\int_{-\infty}^{+\infty}x^2 e^{-\frac{m\omega_0}{\hbar}x^2}dx$$

Substitution: $\sqrt{\frac{m\omega_0}{\hbar}}\,x = \xi \qquad dx = d\xi\sqrt{\frac{\hbar}{m\omega_0}}$

$$1 = A^2\sqrt{\frac{\hbar}{m\omega_0}}^{\,3}\int_{-\infty}^{+\infty}\xi^2 e^{-\xi^2}d\xi = A^2\sqrt{\frac{\hbar}{m\omega_0}}^{\,3}\frac{\sqrt{\pi}}{2}$$

$$A^2 = \frac{2}{\sqrt{\pi}}\sqrt{\frac{m\omega_0}{\hbar}}^{\,3}$$

Wahrscheinlichkeitsdichte:

$$w(x) = \psi_1^2(x) = A^2x^2e^{-\frac{m\omega_0}{\hbar}x^2}$$

$$w(x) = \frac{2}{\sqrt{\pi}}\sqrt{\frac{m\omega_0}{\hbar}}^{\,3}x^2e^{-\frac{m\omega_0}{\hbar}x^2}$$

Die Funktion w(x) hat bei

$x_{1/2} = \pm\sqrt{\frac{\hbar}{m\omega_0}}$ Maxima,

bei $x_0 = 0$ ein Minimum.

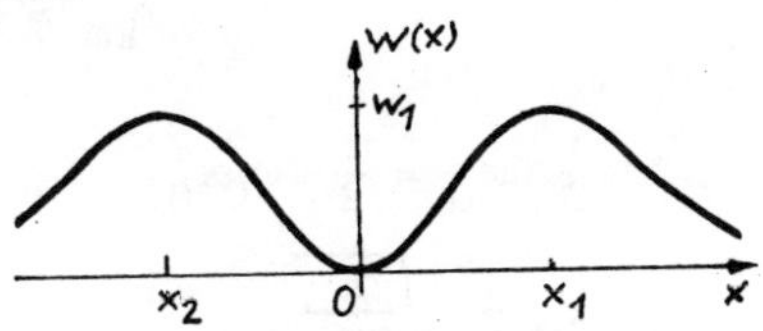

6.3.4. Klassischer harmonischer Oszillator

a) Welche Schwingungsamplitude x_0 hätte ein klassischer harmonischer Oszillator, dessen Schwingungsenergie gleich der Energie $E_0 = \frac{1}{2}\hbar\omega_0$ des quantenmechanischen Grundzustandes ist?

b) Welche Wahrscheinlichkeitsdichte $w_1(x)$ für den Aufenthalt an einer Stelle x hat der klassische harmonische Oszillator?

c) Stellen Sie $w_1(x)$ und $w_0(x)$ in einem Diagramm dar!

$$w_0(x) = \frac{1}{x_0\sqrt{\pi}}\, e^{-\left(\frac{x}{x_0}\right)^2}$$

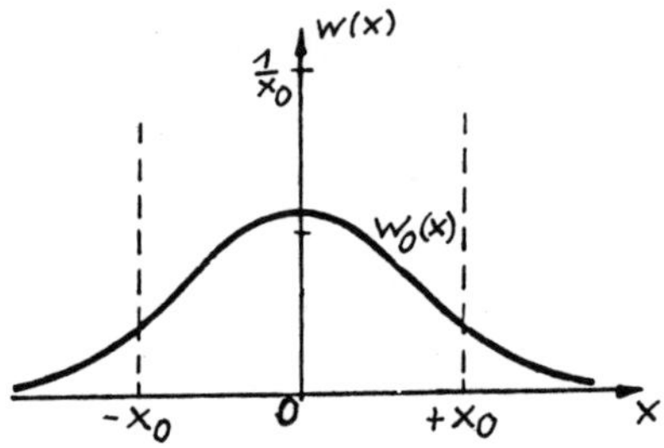

Lösungshinweis: Die klassische Funktion $w_1(x)$ ergibt sich aus den Vorschriften

$$w_1(x) \sim \frac{1}{|v_x|} \quad \text{und} \quad \int_{-\infty}^{+\infty} w_1(x)\, dx = 1 .$$

Weiterhin wird benötigt: $$\int \frac{dx}{\sqrt{x_0^2 - x^2}} = \arcsin\frac{x}{x_0} + C$$

---

a) $$E_0 = E_k + E_p = E_{km} + 0$$

$$x = x_0 \sin\omega_0 t$$

$$v_x = \omega_0 x_0 \cos\omega_0 t$$

$$v_m = \omega_0 x_0$$

$$E_{km} = \frac{m}{2} v_m^2 = \frac{1}{2} m\omega_0^2 x_0^2$$

$$\frac{1}{2}\hbar\omega_0 = \frac{1}{2} m\omega_0^2 x_0^2$$

$$\underline{x_0 = \sqrt{\frac{\hbar}{m\omega_0}}}$$

b) $w(x) = \frac{A}{|v_x|}$ A ist eine willkürlich angenommene Konstante, deren Wert sich aus der Normierungsbedingung ergibt.

$$w(x) = \frac{A}{\omega_0 x_0 \sqrt{\cos^2 \omega_0 t}} = \frac{A}{\omega_0 x_0 \sqrt{1 - \sin^2 \omega_0 t}}$$

$$w(x) = \frac{A}{\omega_0 \sqrt{x_0^2 - x^2}}$$

Bestimmung von A aus der Normierungsbedingung:

$$1 = \frac{A}{\omega_0} \int_{-x_0}^{+x_0} \frac{dx}{\sqrt{x_0^2 - x^2}}$$

$$1 = \frac{A}{\omega_0} \left[\arcsin \frac{x}{x_0}\right]_{-x_0}^{+x_0} = \pi \frac{A}{\omega_0}$$

$$A = \frac{\omega_0}{\pi}$$

$$\underline{w(x) = \frac{1}{\pi \sqrt{x_0^2 - x^2}}}$$

c) $w_0(0) = \frac{1}{\sqrt{\pi} x_0}$

$w_1(0) = \frac{1}{\pi x_0}$

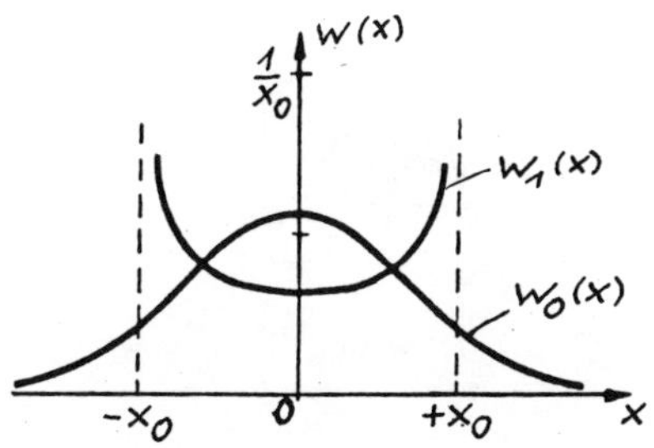

6.3.5. Elektron im Kastenpotential

Ein Elektron befindet sich in einem Kastenpotential der "Wandhöhe" V und der halben Kastenbreite x_0.

a) Welche Energie E_0 hat der Grundzustand?

b) Wie viele Zustände (Anzahl N) besitzt das Elektron?

$V = 100\ \text{eV} \qquad x_0 = 10^{-10}\ \text{m}$

Lösungshinweis: Die Eigenwertgleichung wird in der Form

$$\varphi = \arctan\sqrt{\left(\frac{a}{\varphi}\right)^2 - 1}$$

angewendet, um aus einem gegebenen Näherungswert von φ einen genaueren Wert zu berechnen.

---

a) $a = \sqrt{\frac{2m_eV}{\hbar}}\,x_0 = 5{,}1235$

Eigenwertgleichung: $\varphi = \arctan\sqrt{\left(\frac{a}{\varphi}\right)^2 - 1}$
(für n gerade)

Startwert für Iteration: $\varphi_{(0)} = 1{,}0000$

Näherungen:

$\varphi_{(1)} = 1{,}3740$
$\varphi_{(2)} = 1{,}2992$
$\varphi_{(3)} = 1{,}3144$
$\varphi_{(4)} = 1{,}3113$
$\varphi_{(5)} = 1{,}3120$
$\varphi_{(6)} = 1{,}3118$
$\varphi_{(7)} = 1{,}3119 = \varphi_0$

$$\varphi_0 = \frac{\sqrt{2m_eE_0}}{\hbar}\,x_0$$

$$\frac{\varphi_0}{a} = \sqrt{\frac{E_0}{V}} \qquad E_0 = V\left(\frac{\varphi_0}{a}\right)^2 = 6{,}56\ \text{eV}$$

b) $N = \text{int}\,\frac{2a}{\pi} + 1 = 4$

6.3.6. Erbse

Eine Erbse der Masse m befindet sich in einer Schüssel mit der Randhöhe h_S und dem Durchmesser d. Es soll näherungsweise angenommen werden, daß es sich um ein Kastenpotential handelt.

a) Wie viele Energiezustände (Anzahl N) hat die Erbse in der Schüssel?

b) Welche Energie E_0 hat der Grundzustand?

c) Welche Geschwindigkeit v_0 hat die Erbse im Grundzustand?

$m = 0{,}5\ \text{g} \qquad h_S = 0{,}1\ \text{m} \qquad d = 0{,}3\ \text{m}$

---

a) Potentielle Energie am Schüsselrand: $V = mgh_S$

Halbe Kastenbreite: $x_0 = \frac{d}{2}$

Konstante der Eigenwertgleichung:

$$a = \sqrt{\frac{2mV}{\hbar}}\,x_0 = \frac{m\sqrt{2gh_S}\,d}{2\hbar}$$

$$N = \text{int}\,\frac{2a}{\pi} + 1 \approx \frac{2a}{\pi} \qquad (N \gg 1)$$

$$N = \frac{2md\sqrt{2gh_S}}{2\pi\hbar} = \frac{2md}{h}\sqrt{2gh_S} = 6{,}3\cdot 10^{29}$$

b) Eigenwertgleichung (n = 0):

$$\tan\varphi_0 = \sqrt{\left(\frac{a}{\varphi_0}\right)^2 - 1} \qquad a \gg \varphi_0 \implies \varphi_0 \approx \frac{\pi}{2}$$

$$\varphi_0 = \frac{\sqrt{2mE_0}}{\hbar}\,x_0$$

$$E_0 = \frac{\varphi_0^2\,\hbar^2}{2mx_0^2} = \frac{h^2}{8\,md^2} = 1{,}2\cdot 10^{-65}\ \text{J}$$

c)

$$E_0 = \frac{m}{2}v_0^2$$

$$v_0 = \sqrt{\frac{2E_0}{m}} = \frac{h}{2md} = 2{,}2\cdot 10^{-32}\ \text{m/s}$$

6.3.7. Ein Zustand

Wie groß kann die halbe Breite x_0 eines Kastenpotentials der "Wandhöhe" V höchstens sein, wenn ein darin gebundenes Elektron nur einen einzigen erlaubten Zustand besitzt?

$V = 1\,\mathrm{eV}$

Zahl der Eigenwerte:

$$N = \mathrm{int}\,\frac{2a}{\pi} + 1$$

Nur ein Zustand für $\frac{2a}{\pi} < 1$ **:**

$$a < \frac{\pi}{2}$$

Wegen $a = \frac{\sqrt{2m_eV}}{\hbar}\,x_0$ wird:

$$\underline{x_0 < \frac{\pi}{2}\,\frac{\hbar}{\sqrt{2m_eV}} = \frac{h}{4\,\sqrt{2m_eV}}} = \underline{\underline{3{,}07 \cdot 10^{-10}\,\mathrm{m}}}$$

6.3.8. Alpha-Zerfall

Ein α-Teilchen (Masse m) ist bei der Energie E in einem Potentialtopf mit Wänden endlicher Dicke quasistationär gebunden (Modell eines Atomkerns).

Wie groß ist die wahrscheinlichste Lebensdauer τ_0 des "Atomkerns"?

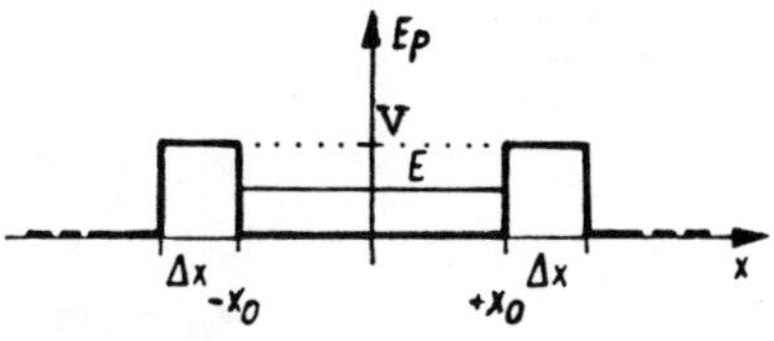

$m = 6{,}643 \cdot 10^{-27}$ kg

$x_0 = 7{,}30 \cdot 10^{-15}$ m

$\Delta x = 15{,}47 \cdot 10^{-15}$ m

$E = 4{,}78$ MeV

$V = 33{,}9$ MeV

Lösungshinweis:
Die Zeit, die zwischen zwei aufeinanderfolgenden Wandstößen des α-Teilchens vergeht, ist klassisch zu berechnen.

Schrödinger-Gleichung im Bereich der Potentialwand:

$$\psi'' - \frac{2m}{\hbar^2}(V - E)\psi = 0$$

Lösungsansatz im positiven x-Bereich:

$$\psi = A\,e^{-\frac{\sqrt{2m(V-E)}}{\hbar}x}$$

Verhältnis der Aufenthaltswahrscheinlichkeiten (Außenseite und Innenseite der Wand):

$$\frac{w(x_0+\Delta x)}{w(x_0)} = \frac{\psi^2(x_0+\Delta x)}{\psi^2(x_0)}$$

$$\frac{w(x_0+\Delta x)}{w(x_0)} = \frac{e^{-2\frac{\sqrt{2m(V-E)}}{\hbar}(x_0+\Delta x)}}{e^{-2\frac{\sqrt{2m(V-E)}}{\hbar}x_0}}$$

$$\frac{w(x_0+\Delta x)}{w(x_0)} = e^{-2\Delta x\frac{\sqrt{2m(V-E)}}{\hbar}}$$

Das ist die Wahrscheinlichkeit für das Austreten des α-Teilchens bei einem Wandstoß.

Zeit zwischen zwei Wandstößen:

$$t_0 = \frac{2\,x_0}{v_0}$$

$$E = \frac{m}{2}\,v_0^2$$

$$v_0 = \sqrt{\frac{2E}{m}}$$

$$t_0 = x_0\sqrt{\frac{2m}{E}}$$

Wahrscheinlichste Aufenthaltsdauer:

$$\tau_0 = \frac{w(x_0)}{w(x_0+\Delta x)}\,t_0$$

$$\underline{\tau_0 = x_0\sqrt{\frac{2m}{E}}\,e^{\frac{2\Delta x}{\hbar}\sqrt{2m(V-E)}}} = \underline{\underline{1600\ a}}$$

6.4.1. Präparat-Alter

Ein radioaktiver Stoff enthält die Radiummasse m (Zerfallskonstante λ).
Vor wieviel Jahren betrug die gesamte Radiummasse noch m_0?
$m = 4$ mg $m_0 = 10$ mg $\lambda = 4{,}38 \cdot 10^{-4}\ a^{-1}$ (a = 1 Jahr)

$$N = N_0 e^{-\lambda t} \qquad m = \varrho V = \mu N, \text{ d.h.: } m \sim N$$

$$\Longrightarrow \quad \frac{m}{m_0} = \frac{N}{N_0} = e^{-\lambda t}$$

$$-\lambda t = \ln \frac{m}{m_0}$$

$$t = \frac{1}{\lambda} \ln \frac{m_0}{m} = 2100 \text{ a}$$

6.4.2. Aktivität

Die Aktivität A einer radioaktiven Substanz hat sich in der Zeit t um den Faktor f geändert.
Ermitteln Sie die Zerfallskonstante λ und die Halbwertszeit $T_{1/2}$!

$t = 5\ d$ (d = 1 Tag) $f = 0{,}6$

$$f = \frac{A}{A_0} \qquad A = \lambda N, \text{ d.h.: } A \sim N$$

$$\Longrightarrow \quad f = \frac{N}{N_0} = e^{-\lambda t}$$

$$\ln f = -\lambda t$$

$$\lambda = \frac{1}{t} \ln \frac{1}{f} = 1{,}2 \cdot 10^{-6}\ s^{-1}$$

$$T_{1/2} = \frac{\ln 2}{\lambda} = 6{,}8\ d$$

6.4.3. Neutronenstern

a) Welchen Durchmesser d_1 hätte ein Stern von der Masse m_S der Sonne, der die Dichte eines Atomkerns besitzt (Neutronenstern)?

b) Die Sonne hat den Durchmesser d_S und die Rotationsdauer T_S. Auf welchen Wert T_1 würde sich die Rotationsdauer der Sonne bei ihrer Umwandlung in einen Neutronenstern verändern? (Der Drehimpuls bleibt konstant.)

$d_S = 1{,}4 \cdot 10^6$ km $\qquad T_S = 27$ d

---

a) Stern:

$$m_S = \varrho_K \frac{4}{3} \pi r_1^3$$

Atom mit Massezahl A = 1 (Masse im Kern konzentriert):

$$m_A = \varrho_K \frac{4}{3} \pi r_K^3 \qquad m_A = 1\ u$$

$$r_K = r_0 \sqrt[3]{A} = r_0$$

$$u = \varrho_K \frac{4}{3} \pi r_0^3$$

$$\frac{m_S}{u} = \left(\frac{r_1}{r_0}\right)^3$$

$$d_1 = 2r_1 = 2r_0 \sqrt[3]{\frac{m_S}{u}} = 25\ \text{km}$$

b) $$L = J\omega = \text{const}$$

$$J_S\omega_S = J_1\omega_1$$

$$J = \frac{2}{5} mr^2 = \frac{1}{10} m\, d^2$$

$$\omega = \frac{2\pi}{T}$$

$$\frac{d_S^2}{T_s} = \frac{d_1^2}{T_1}$$

$$T_1 = T_S\left(\frac{d_1}{d_S}\right)^2 = 8 \cdot 10^{-4}\ \text{s}$$

6.4.4. P — Nuklide

Durch Beschuß des Nuklids ${}^{31}_{15}P$ mit Deuteronen (${}^{2}_{1}H$) entsteht das radioaktive Nuklid ${}^{32}_{15}P$, dessen Halbwertszeit $T_{1/2}$ bekannt ist.

a) Geben Sie die Reaktionsgleichung an!

b) Bei Abbruch der Bestrahlung ist die Anzahl der radioaktiven Kerne N_0.
Nach welcher Zeit t ist davon noch der Anteil $\frac{N}{N_0} = 0{,}1$ vorhanden?

$T_{1/2} = 14{,}5$ d

---

a) $${}^{31}_{15}P + {}^{2}_{1}H \longrightarrow {}^{32}_{15}P + {}^{1}_{1}H$$

bzw. $$\underline{{}^{31}_{15}P(d,p){}^{32}_{15}P}$$

b) $$\frac{N}{N_0} = e^{-\lambda t}$$

$$\ln \frac{N}{N_0} = -\lambda t$$

$$t = \frac{1}{\lambda} \ln \frac{N_0}{N}$$

$$T_{1/2} = \frac{\ln 2}{\lambda}$$

$$\frac{1}{\lambda} = \frac{T_{1/2}}{\ln 2}$$

$$\underline{t = \frac{T_{1/2} \ln \frac{N_0}{N}}{\ln 2}} = \underline{\underline{48 \text{ d}}}$$

6.4.5. Bindungsenergie I

Man berechne die Bindungsenergie E_B (in MeV)

a) eines Deuterons,

b) eines α-Teilchens!

Atommassen: $m_A(^2_1D) = 2{,}014102$ u $\quad$ $m_A(^4_2He) = 4{,}002604$ u

---

a) $E_B = -\Delta m\, c^2$

m_p	1,007 276 u
$+ m_n$	+ 1,008 665 u
$+ m_e$	+ 0,000 549 u
$- m_A(^2_1D)$	− 2,014 102 u
Δm	+ 0,002 388 u

$uc^2 = 931{,}49$ MeV

$E_B = -\ 2{,}224$ MeV

b) $E_B = -\Delta m\, c^2$

$2\, m_p$	2,014 552 u
$+ 2\, m_n$	+ 2,017 330 u
$+ 2\, m_e$	+ 0,001 098 u
$- m_A(^4_2He)$	− 4,002 604 u
Δm	+ 0,030 376 u

$E_B = -\ 28{,}295$ MeV

6.4.6. Bindungsenergie II

Berechnen Sie die Bindungsenergie E_B des Nuklids ${}^{12}_{6}C$ (in MeV)!

$$E_B = - \Delta m \, c^2$$

$$\Delta m = 6\, m_p + 6\, m_n + 6\, m_e - m_A({}^{12}_{6}C)$$

$$E_B = - [\, 6(m_p + m_n + m_e) - m_A({}^{12}_{6}C)\,]c^2$$

$$m_A({}^{12}_{6}C) = 12 \text{ u}$$

(Definition!)

$$E_B = - 0{,}09894 \text{ u } c^2 \qquad uc^2 = 931{,}49 \text{ MeV}$$

$$E_B = - 92{,}16 \text{ MeV}$$

6.4.7. C — N — Umwandlung

Ein $^{12}_{6}C$— Atomkern wird von einem α-Teilchen getroffen. Dabei entstehen ein Deuteron und ein Stickstoffkern.

a) Geben Sie die Reaktionsgleichung an!

b) Wie groß ist die Reaktionsenergie E?
Wird diese Energie freigesetzt oder verbraucht?

$m_A(^2_1D) = 2{,}014102\ u$ $\qquad m_A(^4_2He) = 4{,}002604\ u$

$m_A(^{14}_{7}N) = 14{,}003074\ u$

---

a) $$^{12}_{6}C + ^4_2He \longrightarrow ^2_1H + ^{14}_{7}N$$

bzw. $$^{12}_{6}C(\alpha,d)^{14}_{7}N$$

b) $E = -\Delta m_0\ c^2$ $\qquad m_A(^{12}_{6}C) = 12\ u$

$m_A(^2_1D)$	$2{,}014\ 102\ u$
$+\ m_A(^{14}_{7}N)$	$+\ 14{,}003\ 074\ u$
$-\ m_A(^4_2He)$	$-\ 4{,}002\ 604\ u$
$-\ m_A(^{12}_{6}C)$	$-\ 12{,}000\ 000\ u$
$=\Delta m_0$	$+\ 0{,}014\ 572\ u$

Hinweis: Da in der Massenbilanz die Atommassen (und nicht die Kernmassen) von ^2_1D und ^4_2He aufgenommen worden sind, ist die Zahl der Hüllenelektronen vor und nach der Reaktion gleich.

$u\ c^2 = 931{,}49\ MeV$

$E = -\ 13{,}57\ MeV$

Diese Energie wird verbraucht.

6.4.8. Li — He — Umwandlung

Die Kernreaktion ${}^{7}_{3}Li + {}^{1}_{1}H \longrightarrow 2\ {}^{4}_{2}He$ wird mit Protonen der kinetischen Energie E_1 durchgeführt. Die beiden α-Teilchen erhalten jedes die kinetische Energie E_2.

a) Welche Ruhmassenänderung Δm_0 tritt dabei ein?
Geben Sie Δm_0 in atomaren Masseeinheiten an!

b) Berechnen Sie die Kernmasse $m_K(Li)$ des Lithiumnuklids!

$m_K(He) = 4{,}001507$ u $E_1 = 600$ keV $E_2 = 8{,}94$ MeV

---

a) $$E_1 = 2\,E_2 + \Delta m_0\,c^2$$

$$\Delta m_0 = \frac{E_1 - 2E_2}{c^2} = -\,0{,}01855\ \text{u}$$

b) $$\Delta m_0 = m(\text{Endprodukt}) - m(\text{Ausgangsprodukte})$$

$$\Delta m_0 = 2\,m_K({}^{4}_{2}He) - m_p - m_K({}^{7}_{3}Li)$$

$$m_K({}^{7}_{3}Li) = 2m_K({}^{4}_{2}He) - m_p - \Delta m_0 = 7{,}01429\ \text{u}$$

6.4.9. Lebensdauer der Sonne

Die Solarkonstante B gibt die durch die Sonne hervorgerufene Bestrahlungsstärke außerhalb der Erdatmosphäre an.
Welche Gesamtlebensdauer T hätte die Sonne bei konstant angenommener Solarkonstante, wenn man voraussetzt, daß sie zu Beginn ihrer Entwicklung nur aus Wasserstoff (^1_1H) bestanden hat und am Ende nur aus Helium (^4_2He) besteht?
(Anmerkung: Seit der Entstehung der Sonne sind $4{,}5 \cdot 10^9$ Jahre vergangen.)

$B = 1{,}32\ kW/m^2$ $\quad m_A(^4_2He) = 4{,}002604\ u$

Abgestrahlte Gesamtenergie = gesamte Reaktionsenergie

$$PT = -\Delta m_S\, c^2$$

P = Strahlungsleistung der Sonne

Δm_S = Ruhmassenänderung der gesamten Sonnenmasse

$$T = -\frac{\Delta m_S\, c^2}{P}$$

$P = B \cdot 4\pi r_0^2$ $\quad r_0$ = Erdbahnradius

$$T = -\frac{\Delta m_S\, c^2}{4\pi r_0^2 B}$$

$$\frac{\Delta m_S}{m_S} = \frac{\Delta m}{m_A(^4_2He)}$$

Δm = Ruhmassenänderung bei der Bildung eines He-Kerns

$$\Delta m = m_A(^4_2He) - 4\, m_p - 4\, m_e$$

$$T = \frac{m_S\, c^2}{4\pi r_0^2 B} \left(4\, \frac{m_p + m_e}{m_A(^4_2He)} - 1 \right) = 1{,}1 \cdot 10^{11}\ a$$

6.4.10. Weltmeere

a) Welche Energie E könnte aus den Weltmeeren gewonnen werden, wenn es möglich wäre, das gesamte enthaltene Deuterium durch Kernfusion zu Helium zu "verbrennen"?

b) Für wie viele Jahre könnte dadurch die Energie, die die Sonnenstrahlung der Erde liefert, ersetzt werden?

Volumen der Weltmeere: $V = 1{,}37 \cdot 10^9\ \text{km}^3$
Masseanteil des Deuteriums im natürlichen Wasserstoff:
$\varepsilon = 0{,}015\ ‰$
Solarkonstante: $B = 1{,}32\ \text{kW/m}^2$
$m_A({}^2_1\text{D}) = 2{,}014102\ \text{u}$ $\quad m_A({}^4_2\text{He}) = 4{,}002604\ \text{u}$

---

a) $$E = -\Delta m_D\, c^2$$

Δm_D = Ruhmassenänderung des gesamten vorhandenen Deuteriums

$$\frac{\Delta m_D}{m_D} = \frac{\Delta m}{m_A({}^2_1\text{D})}$$

Δm = Ruhmassenänderung bei der Fusion eines ${}^2_1$D-Atoms

$$\Delta m = \frac{1}{2}[m_A({}^4_2\text{He}) - 2\, m_A({}^2_1\text{D})]$$

m_D = Gesamtmasse des Deuteriums

$$m_D = \varepsilon\, \varrho_W V\, \frac{M_r(H_2)}{M_r(H_2O)}$$

$$E = \varepsilon \varrho_W V\, \frac{M_r(H_2)}{M_r(H_2O)} \left[1 - \frac{m_A({}^4_2\text{He})}{2 m_A({}^2_1\text{D})}\right] c^2 = 3{,}6 \cdot 10^{24}\ \text{kWh}$$

b) $$E = Pt \qquad P = B(\pi r_E^2)$$

πr_E^2 = Querschnittsfläche der Erde

$$t = \frac{E}{\pi r_E^2 B} = 2{,}5 \cdot 10^6\ \text{a}$$

6.4.11. Stern-Energie

Im Inneren der Sterne wird Energie durch die Verschmelzung von Protonen zu ${}^4_2$He-Kernen erzeugt. In der ersten Phase des dabei ablaufenden Proton — Proton — Zyklus entsteht aus zwei Protonen ein Deuteron.

a) Welche kinetische Energie E_1 (in eV) muß jedes von zwei Protonen mindestens haben, damit sich beide einander auf den Reaktionsabstand r_1 nähern können?

b) Welche Temperatur T_1 müßte im Sterneninneren herrschen, damit die mittlere kinetische Energie der Photonen gleich E_1 ist? Es gilt $E_k = \frac{3}{2}$ kT.

c) Wie groß ist der bei der Reaktion freigesetzte Energiebetrag E_2 ?

$r_1 = 5 \cdot 10^{-15}$ m $\qquad m_d = 2{,}013553$ u (Deuteronenmasse)

---

a) Energiesatz bei der Annäherung zweier Protonen gleicher kinetischer Energie E_1:

$$E_p(\infty) + 2\,E_1 = E_p(r_1) + 0$$

Potentielle Energie der Coulombkraft:

$$E_p(r\ ) = \frac{e^2}{4\pi\varepsilon_0 r}$$

$$2\,E_1 = \frac{e^2}{4\pi\varepsilon_0 r_1}$$

$$E_1 = \frac{e^2}{8\pi\varepsilon_0 r_1} = 2{,}3 \cdot 10^{-14}\ \text{Ws} = 144\ \text{keV}$$

b) $$E_1 = \frac{3}{2}\,kT_1$$

$$T_1 = \frac{2\,E_1}{3k} = 1{,}1 \cdot 10^9\ \text{K}$$

c) $$E_2 = -\,\Delta m\,c^2$$

Hinweis: Bei der Bildung eines Deuterons aus 2 Protonen wird auch ein Hüllenelektron des Wasserstoffs "verbraucht".

$$\Delta m = m_d - 2\, m_p - m_e$$

$$\underline{E_2 = (2\, m_p + m_e - m_d)\, c^2} = \underline{\underline{1{,}44 \text{ MeV}}}$$

6.4.12. Altersbestimmung

Natürliches Uran besteht zu 99,27 °/o aus dem Isotop $^{238}_{92}U$, dessen Halbwertszeit $T_{1/2}$ die aller seiner Folgeprodukte um mindestens das 10^4fache übersteigt. Bei der Altersbestimmung uranhaltiger Mineralien kann man deshalb so rechnen, als zerfalle das Uran mit seiner eigenen Halbwertszeit direkt in das Endprodukt $^{206}_{82}Pb$.

Pechblende aus Schmiedeberg enthält x = 60,03 °/o Uran und y = 2,26 °/o Blei.

Welches Alter findet man für das Mineral, wenn man vereinfachend annimmt, daß das gesamte Uran aus dem Isotop $^{238}_{92}U$ besteht?

$T_{1/2} = 4{,}49 \cdot 10^9$ a

Zahl der Uranatome: $N_1 = N_0\, e^{-\lambda_1 t}$

Zahl der Bleiatome: $N_2 = N_0(1 - e^{-\lambda_1 t})$

Uranmasse: $m_1 = N_1\, m_A(^{238}_{92}U)$

Bleimasse: $m_2 = N_2\, m_A(^{206}_{82}Pb)$

$$\frac{y}{x} = \frac{m_2}{m_1} = \frac{m_A(Pb)}{m_A(U)}\,(e^{\lambda_1 t} - 1)$$

$$e^{\lambda_1 t} = \frac{y\, m_A(U)}{x\, m_A(Pb)} + 1$$

$$T_{1/2} = \frac{\ln 2}{\lambda_1}$$

$$t = \frac{T_{1/2}}{\ln 2} \ln\left[1 + \frac{y\, m_A(U)}{x\, m_A(Pb)}\right]$$

$$t \approx \frac{T_{1/2}}{\ln 2} \ln\left[1 + \frac{y\, A(^{238}U)}{x\, A(^{206}Pb)}\right]$$

$$t \approx \frac{T_{1/2}}{\ln 2} \cdot \frac{A(^{238}U)}{A(^{206}Pb)} \cdot \frac{y}{x} = 2{,}8 \cdot 10^8 \text{ a}$$

6.4.13 Kern — Rückstoß

Welche kinetische Energie E_1 (in MeV) muß ein α-Teilchen mindestens besitzen, um in einen $^{58}_{28}Ni$-Kern eindringen zu können? Man rechne

a) unter Vernachlässigung

b) unter Berücksichtigung

der kinetischen Energie, die die Stoßpartner auf Grund des Impulserhaltungssatzes im Augenblick der größten Annäherung (unmittelbar vor dem Eindringen des α-Teilchens in das Kerninnere) noch haben.

Hinweis: Für die erforderliche Genauigkeit des Ergebnisses genügt es, mit den Massezahlen $A_1(^4_2He)$ und $A_2(^{58}_{28}Ni)$ zu rechnen.

---

a) Energiesatz für ein α-Teilchen im Coulombfeld eines festgehaltenen Ni-Kerns:

$$E_p(\infty) + E_1 = E_p(r_K) + 0$$

Potentielle Energie der Coulombkraft:

$$E_p = \frac{Z_1 Z_2 e^2}{4\pi\varepsilon_0 r}$$

$$E_p(r_K) = \frac{Z_1 Z_2 e^2}{4\pi\varepsilon_0 r_K}$$

$$r_K = r_0 \sqrt[3]{A_2}$$

$$E_p(\infty) = 0$$

$$E_1 = \frac{Z_1 Z_2 e^2}{4\pi\varepsilon_0 r_0 \sqrt[3]{A_2}}$$

$Z_1 = 2$ $Z_2 = 28$ $A_2 = 58$

$$E_1 = 17{,}4 \text{ MeV}$$

b) Energiesatz unter Berücksichtigung der Impulserhaltung:

$$E_1 = E_p(r_K) + E_k$$

E_k berücksichtigt die gemeinsame Geschwindigkeit v' von α-Teilchen und Ni-Kern nach dem unelastischen Stoß.

$$E_1 = \frac{Z_1 Z_2 e^2}{4\pi\varepsilon_0 r_K} + \frac{m_1 + m_2}{2} v'^2$$

Massen:

m_1 (α-Teilchen)

m_2 (Ni-Kern)

Impulssatz:

$$m_1 v_1 = (m_1 + m_2) v'$$

$$E_1 = \frac{m_1}{2} v_1^2$$

$$v_1^2 = \frac{2E_1}{m_1}$$

$$v'^2 = \left(\frac{m_1}{m_1 + m_2}\right)^2 \frac{2E_1}{m_1}$$

$$E_1 = \frac{Z_1 Z_2 e^2}{4\pi\varepsilon_0 r_K} + \frac{m_1}{m_1 + m_2} E_1$$

$$E_1\left(1 - \frac{m_1}{m_1 + m_2}\right) = \frac{Z_1 Z_2 e^2}{4\pi\varepsilon_0 r_K}$$

$$\frac{m_1}{m_2} \approx \frac{A_1}{A_2}$$

$$E_1 \frac{A_2}{A_1 + A_2} = \frac{Z_1 Z_2 e^2}{4\pi\varepsilon_0 r_K} \qquad r_K = r_0 \sqrt[3]{A_2}$$

$$E_1 = \frac{Z_1 Z_2 e^2}{4\pi\varepsilon_0 r_0 \sqrt[3]{A_2}} \left(1 + \frac{A_1}{A_2}\right) = 18{,}6 \text{ MeV}$$

6.4.14. Rückstoßenergie

Berechnen Sie die Rückstoßenergie E_R in den folgenden Fällen radioaktiven Zerfalls:

a) ${}^{240}_{94}Pu$ sendet α-Strahlung mit E = 5,16 MeV Energie aus.

b) ${}^{233}_{90}Th$ sendet β-Strahlung mit E = 1,23 MeV Energie aus.

(Für die β-Strahlung sind die relativistischen Formeln für Energie und Masse anzuwenden.)

---

a) Rückstoßenergie des Pu-Kerns (Masse m_2):

$$E_R = \frac{m_2}{2} v_2^2$$

Kinetische Energie des α-Teilchens (Masse m_1):

$$E = \frac{m_1}{2} v_1^2$$

Impulssatz:

$$0 = m_1 v_1 + m_2 v_2$$

$$v_2 = -\frac{m_1}{m_2} v_1$$

$$E_R = \frac{m_1}{m_2} E$$

$$m_1 = m_K({}^4_2He) \approx 4\ u$$

$$m_2 = m_A({}^{240}_{94}Pu) - m_1 \approx 236\ u$$

$$\underline{E_R = \frac{4}{236} E} = \underline{\underline{86\ keV}}$$

b) Rückstoßenergie des Th-Kerns:

$$E_R = \frac{m_2}{2} v_2^2$$

Impulssatz:
(m_1 = Masse des β-Teilchens)

$$0 = m_1 v_1 + m_2 v_2$$

$$v_2 = - \frac{m_1}{m_2} v_1$$

Kinetische Energie des β-Teilchens:

$$E = (m_1 - m_e)c^2 \qquad (1)$$

$$m_1 = \frac{m_e}{\sqrt{1 - (\frac{v_1}{c})^2}}$$

$$\frac{E}{c^2} = \frac{m_e}{\sqrt{1 - (\frac{v_1}{c})^2}} - m_e$$

$$\frac{1}{\sqrt{1 - (\frac{v_1}{c})^2}} = 1 + \frac{E}{m_e c^2}$$

$$v_1^2 = c^2\left(1 - \frac{1}{(1 + \frac{E}{m_e c^2})^2}\right) \qquad (2)$$

(1) liefert:

$$m_1 = m_e\left(1 + \frac{E}{m_e c^2}\right) \qquad (3)$$

(2) und (3) ergeben:

$$m_1^2 v_1^2 = (m_e c)^2 \left(1 + \frac{E}{m_e c^2}\right)^2 \left[1 - \frac{1}{(1 + \frac{E}{m_e c^2})^2}\right]$$

$$E_R = \frac{(m_e c)^2}{2 m_2} \left[\left(1 + \frac{E}{m_e c^2}\right)^2 - 1\right] \qquad m_2 = m_A({}^{233}_{90}\mathrm{Th}) \approx 233 \text{ u}$$

$$E_R = \frac{m_e}{233 \text{ u}} \left(1 + \frac{E}{2 m_e c^2}\right) E = 6{,}4 \text{ eV}$$